Des méduses en eau douce

Fabien SIRET

DES MÉDUSES EN EAU DOUCE

ISBN numérique : 979-10-262-9486-3

EAN papier : 9791026294870

Librinova

Courriel : contact@librinova.com
Internet : www.librinova.com

Tout a une fin, même l'enfer
Tahar Ben Jelloun

Partie 1
Ombrageuses ombrelles

Les carnets de Bruno

Je suis persuadé que j'aurais pu tuer Boss de colère ce jour-là. J'aurais même dû le faire. Moi je voulais simplement leur ressembler, je voulais faire partie de la bande, je voulais juste être normal.

Boss déconnait souvent au sujet de l'hygiène dans ma famille. Il disait que ça chlinguait chez moi, que Rita puait la mort, que je chlinguais : « Chleuh qui chlingue ! Chlingue qui Chleuh ! », criait-il le nez entre les doigts en guettant les rires des copains. Je me dis parfois qu'il était peut-être plus à plaindre que moi. C'était un gosse gâté qui sentait le parfum de fille ou l'après-rasage qu'il avait sans doute piqué à son père... Mais réflexion faite, il n'était pas à plaindre, loin de là. Et il a eu du pot que je ne l'aie pas étranglé de mes mains après ça ! Ce dimanche-là, fait rare, mes parents étaient absents, partis rendre visite à ma grand-mère sur la côte. Ils ne sortaient pas beaucoup de la maison, sauf pour aller rapporter les bouteilles consignées deux fois par semaine au supermarché pour en revenir chargés de sacs pleins de vinasse prête à consommer. Mais cette fois, la maison était exceptionnellement vide tout l'après-midi. Les gars glandaient devant ma maison, il faisait sacrément chaud, je m'en rappelle bien, en fait je m'en souviens parfaitement. « Qu'est-ce qu'on fait ?» a demandé Fred. Personne ne savait, comme d'habitude tous pendus aux désirs de monsieur Boss. Moi je m'en fichais, j'étais là, simplement, avec eux, et ma mère n'allait pas me gueuler dessus pour rentrer dans cinq minutes pour une fois. Je me sentais bien et je souriais. Tout le monde attendait et Boss a fini par dire avec un air à la con « Hey les gars on fait un concours ? » Tout le monde était d'accord, forcément, Boss avait parlé : « Celui qui tient le plus longtemps sans crever dans les chiottes de chez Chleuh ! ». C'était l'idée lumineuse du siècle. Tout le monde a trouvé ça trop cool, comme une sorte de défi hyper dangereux. Plus tôt le matin le voisin avait dit aux copains que chez moi ça sentait un peu les égouts (il venait parfois pour m'apporter un devoir de l'école mais c'était rare) et tout le monde s'était marré. Bon moi y compris vu que ça ne sent rien chez moi. Je ne sais pas à quoi j'ai pensé à ce moment-là. J'ai dû me dire que ouais j'étais avec eux, on allait faire un truc ensemble, ils allaient passer un bon moment grâce à moi, et je serais alors complètement des leurs. Ils allaient venir dans ma maison, je ne serais plus à part. J'ai quand même dit que je trouvais l'idée complètement con vu que ça ne sent rien du tout dans mes chiottes… enfin je le croyais. Mais j'ai quand même dit OK. J'étais même excité du truc car l'attraction des copains aujourd'hui allait être mes chiottes ! Chez moi ! Aujourd'hui encore je ne comprends pas pourquoi j'ai dit oui.

J'ai fait entrer les gars, Rita a aboyé comme une folle en les regardant dans l'allée tous les quatre. Personne ne la remonte sauf le facteur et parfois la voisine. D'entrée de jeu les gars, Boss le premier, se sont mis à beugler que le chien puait jusqu'ici, pauvre Rita. J'ai ouvert la porte de la maison et les copains sont entrés en me poussant tellement ils étaient pressés pour le concours. Je me suis fêlé ou cassé une côte contre la poignée et j'ai marché de traviole pendant plus d'un mois après ça mais j'ai serré les dents. Dès l'entrée franchie, ils ont poussé des cris et faisaient semblant de dégueuler. Moi je me marrais… enfin je crois. Ils ont déboulé dans toutes les pièces et quand ils sont entrés dans la cuisine ils ont tous hurlé que c'était comme dans les poubelles. Ils ne faisaient pas attention à moi. C'est comme s'ils étaient dans le train fantôme ou un truc comme ça, une attraction à la fête foraine mais gratis. Boss a trouvé les chiottes et a dit aux autres que c'était là, dans le couloir de la mort et qui c'est qui allait y aller le premier ? Les gars se tenaient déjà tous le nez et ils ont fait des signes de croix. Ils ont tiré au sort, sauf Boss mais ça n'a choqué personne. C'est Fred qui a perdu, de peu. Son morceau d'allumette était vraiment à peine plus petit que celui de Rann. Il avait même fallu mesurer. Rann a soupiré de soulagement pendant que Fred a serré la main de tout le monde. Il a dit que s'il ne revenait pas il faudrait prendre soin de sa petite sœur. Puis il est entré comme ça, sans même prendre sa respiration, tout comme moi je le fais tous les jours, sauf qu'il a crié « Banzaï » en ouvrant la porte. Sitôt Fred entré, Boss a mis son pied en bas de la porte pour empêcher Fred de sortir. Au bout de trente secondes la poignée s'est baissée mais la porte est restée fermée. Fred a surement commencé à paniquer car il y allait fort en secouant la poignée. Au bout d'un moment on a entendu une grande respiration suivie d'un hoquet. J'espérais qu'il ne s'était pas mis à gerber. Boss tenait toujours la porte fermée quand Fred s'est mis à crier qu'il fallait lui ouvrir, qu'il allait crever bande d'enculés. Puis il s'est mis à pleurer de rage et Boss se marrait comme un tordu. Je le regardais, il avait l'air tellement heureux de ce qu'il était en train de faire, je suis sûr qu'il bandait. J'ai essayé de lui dire que ça suffisait mais à peine avais-je ouvert la bouche qu'il me traitait de sale chleuh qui chlingue. Je l'ai fermée. Boss est resté comme ça pas loin de dix minutes. Les deux autres copains commençaient déjà à se désintéresser de l'affaire et avaient sorti les osselets dans le couloir : plus de spectateur pour Boss donc plus aucun intérêt. De toute façon il ne se passait plus grand-chose à l'intérieur, on entendait juste Fred sangloter. Boss a fini par lâcher la porte et a gueulé « Entrez c'est ouvert ». Fred a poussé la porte et est sorti à quatre pattes les yeux rougis, le visage mouillé de larmes, de la gerbe sur le menton. Je me suis dit que c'était impossible d'en gerber, il n'avait pas pu faire ça, pas chez moi, pas dans mes chiottes ! Alors je me suis penché à l'intérieur et Boss m'a fichu un violent coup de pied avant de refermer la porte. Je l'ai entendu gueuler qu'on lui amène une chaise et ce vicelard l'a coincée dans la poignée pour ne pas que je sorte. « T'es dans ton élément Chleuh non ? » Et il se marrait, il se marrait. J'ai essayé de dédramatiser et lui ai demandé de m'ouvrir, pensant qu'il avait bien rigolé grâce à moi et qu'il pouvait faire un geste, mais non. Au lieu de ça il a dit « Allez les mecs on se casse », et les mecs se sont cassés.

J'ai regardé autour de moi et Fred avait effectivement bien dégueulé. Il y en avait partout. Et moi j'étais enfermé là-dedans ! Il fallait que je sorte, que je nettoie surtout. Si mes parents rentraient et découvraient ça j'allais prendre la branlée du siècle. Peut-être même qu'ils allaient me tuer. Tuer… Boss… Je n'avais plus que cette envie-là, lui faire la peau, et je le jurai à haute voix en pleurant de rage et de tristesse.

1

12 novembre 2014

— Merde alors, Chleuh c'est toi ? Qu'est-ce que tu fous là ? Hey Chleuh !

Bruno Canif s'arrête. Chleuh... en pleine face ! Il se revoit enfant et une injection de pure souffrance pénètre son présent. C'était il y a si longtemps. Pourtant ça fait toujours partie de lui, comme une glu nauséabonde, à cet instant même. Chleuh... C'est lui qu'on interpelle, personne d'autre ne peut être affublé d'un tel sobriquet. Et cette voix bon sang, il la connaît. Il se retourne, son plateau supportant son premier déjeuner entre les mains : un steak haché trop cuit, des haricots verts trop verts, deux clémentines pas assez orange et un morceau de pain pas assez décongelé. Des gars sont assis dans la salle, tous devant leurs plateaux, et il a remarqué avant même de se faire apostropher que les tables sont comme typées : tables de vieux, tables de blacks, tables de beurs, tables de gros durs, et même une table de gars à lunettes. On dirait que même ici on fait une sainte affaire des différences. Finalement ça ne change pas de l'extérieur, quand on est catalogué, peu importe l'endroit, on l'est pour la vie tellement il est difficile de sortir du rang et des convenances instituées. Il cherche l'origine de l'appel et voit s'approcher un gars, tout sourire, enfin ce qu'il en reste car il manque quelques touches à son piano. Il reconnaît instantanément cet œil fermé, enfin quasi fermé, le droit. Il est bien plus vieux mais oui, c'est Rann, un des gars de la bande quand ils étaient enfants, ou plus exactement jeunes adolescents car Rann s'était greffé assez tard au groupe. Enfin le groupe... passons. Il ne connaissait pas son vrai nom, tout le monde à l'époque l'appelait Rann : Rann le bagarreur, Rann la grande gueule, Rann le dragueur, puis plus tard Rann l'alcoolo, Rann le borgne, Rann le drogué, Rann le voleur, puis Rann le tôlard. À priori il vit toujours sous cette dernière étiquette puisqu'il vient de lancer son « Hey Chleuh ! » au beau milieu du réfectoire de la prison de Nantes. Et la discrétion, ça il ne connait toujours pas ! Il a encore cette grande gueule qui le caractérisait autrefois, si on omet son œil fermé bien sûr. Rann arrive face à Bruno Canif en tenant son plateau de la main gauche alors qu'il l'enlace de la droite :

— Putain ça fait plaisir de voir une vieille connaissance ! Chleuh merde, si j'm'attendais. J'ai entendu parler de ton affaire mais j'aurais pas pensé qu'ils t'auraient largué ici après que tu as dessoudé ces enflures. Je te voyais à Fleury ou un truc comme ça, avec les cadors... d'ailleurs j'y ai pas réfléchi en fait.

Rann n'avait à vrai dire jamais beaucoup réfléchi de toute sa vie et le voilà qui part dans un rire bon enfant que la cinquantaine n'a pas altéré, visiblement heureux comme un poisson dans l'eau. Bruno vient d'arriver, un peu sonné et dérouté, mais il pense s'y faire rapidement, enfin il l'espère vu les années qu'il va surement passer ici. Il s'était bien habitué à Fleury... Rann a visé juste sur ce point, pourtant ce dernier ne brillait pas par ses capacités intellectuelles à l'époque où ils se connaissaient. Mais il faut croire qu'il a de l'intuition... ou qu'il regarde simplement la télé. Il avait en effet passé deux mois à Fleury avant le transfert à Nantes. Il n'avait vu personne là-bas hormis la police, les avocats, les matons et ses collègues tôlards. Ça fait donc du bien finalement de voir un visage connu, ne serait-ce que celui de Rann. Avec les détenus ça s'était plutôt bien passé là-bas, il n'avait pas fait d'esbroufe, il avait courbé le dos, n'avait provoqué personne, s'était plié aux règles, tant officielles que codifiées. Bref, il n'avait pas eu d'ennui notable. Depuis hier il est à Nantes, sa ville d'origine, la ville où commencèrent les galères, la ville où il naquit.

— Salut Rann, dit Bruno finalement pas vraiment surpris, toi ici ?

— Ben ouais, bienvenu chez moi, dit Rann en riant d'une joie non feinte, je suis un habitué, j'en ai fait quelques-uns des séjours ici, je suis connu comme le loup blanc dans cette turne.

— Rann, ne reste pas dans le passage, va t'asseoir et prends le nouveau avec toi, dit le maton de faction.

— Oui chef, dit Rann toujours en se marrant. T'inquiète Chleuh, c'est Pince-à-Sucre, il est pas méchant, il aime bien montrer qu'il est de l'autre côté, il balance des ordres et ça lui fait sentir qu'il est quelqu'un, mais c'est un bon maton, il est cool, pas comme certains.

— Pince-à-Sucre ?

— Ben ouais t'as pas vu ? Il n'a que trois doigts à la main droite. Paraît qu'il s'est fait bouffer les deux autres par la chatte de sa femme ! Putain la salope !

Et le voilà qui se remet à rigoler comme un bossu. Il a vraiment l'air à son aise le Rann, comme s'il était en colo ou un truc comme ça.

— Suis-moi que je te présente au gratin de la casbah.

Bruno lui emboite le pas en faisant attention à ne pas foutre en l'air son déjeuner. Ils passent à côté de la table des binoclards qui ne le remarquent même pas, puis de celle des vieux qui ne lèvent pas plus le nez.

— Pousse-toi Quanah t'es vraiment un gros sac, dit Rann à un gars en bout de table, bouge ton cul d'indien pour faire un peu de place à mon copain.

Quanah lève la tête, manifestement contrarié par la remarque.

– C'est quoi ça, tu fais la nounou ?

Sans se départir de son sourire Rann répond au gars tatoué jusqu'au sommet du crâne :

– C'est mon pote d'enfance, je l'invite à la table des grands, allez ripe un peu ton gras !

Quanah se décale sur le banc en maugréant. Bruno pose son plateau et s'assied aux côtés dudit Quanah pendant que Rann s'installe en face de lui. Il regarde les hommes attablés, ça a l'air d'être une table de durs à cuire, méfiance. Tout le monde le scrute : regards évaluateurs et hostiles. Ils ne sont pas loin d'une dizaine et Bruno à la sensation d'être un bout de viande fraiche balancé au beau milieu de l'enclos des lions du zoo de Vincennes. Il n'a plus vraiment faim tout à coup et il est heureux de connaître Rann, ça va peut-être freiner la ruée des fauves affamés vers le bout de barbaque fraîche. Ils ont de ces têtes les gars, ça n'inspire pas la franche camaraderie. Le premier point commun à toute la tablée est qu'il est le point de mire de tous les regards, comme autant de faisceaux laser qui dessineraient leurs points rouges sur tout son visage. Il perçoit presque la chaleur concentrée entre ses deux yeux et il se sent rougir jusqu'aux oreilles. Bon sang ça ne lui passera donc jamais ce truc de virer au cramoisi dès qu'on le regarde ? Il se sent comme à chaque fois dans ces cas-là comme jugé, tel un intrus, un inférieur, un indésirable, un anormal. Un gars passe derrière son dos et le bouscule en lui démettant presque l'épaule avec pour effet d'envoyer valdinguer ses deux clémentines. Rann en rattrape une mais la deuxième tente une évasion en se laissant tomber de la table. Elle fonce vers la sortie par le coup de pied d'un complice providentiel qui l'envoie rouler en direction de la porte. Rann bondit du bout de son banc et rattrape l'homme en lui agrippant l'oreille.

– Oh Jeff, refais jamais ça putain ! C'est mon pote, on

touche pas !

Le Jeff se retourne en s'arrachant de l'emprise de Rann.

— Y'a pas de copain qui tienne ici, on prend pas de nouveau.

Rann plante son œil valide dans un des siens. Leurs visages sont à deux centimètres l'un de l'autre. Bruno les regarde, attentif. Il se dit que ça va dégénérer et que sa première entrée en scène va déjà causer une histoire, lui qui veut se faire le plus discret possible c'est plutôt mal parti.

— Jeff va t'asseoir, dépêche ! dit Pince-à-Sucre qui avait dû flairer qu'un petit nouveau pouvait créer quelque désordre dans la cantine. Il leur avait collé au train pour désamorcer toute genèse d'embrouille possible.

Jeff et Rann continuent de se défier du regard encore quelques instants à la « le premier qui lâche est une tafiole... ». Rann a malgré tout toujours son sourire aux lèvres alors que Jeff n'a pas très envie de rire avec son oreille sérieusement rougie de s'être fait agripper de la sorte.

— Jeff merde, tu fais quoi ? Je t'ai dit d'aller t'asseoir !

Pince-à-Sucre s'est encore approché et colle sa tête entre les leurs comme un arbitre de catch. Jeff attend encore quelques secondes en continuant sa lutte à deux yeux contre un.

— Sandro va pas être content, il va pas être content du tout, dit-il entre ses dents.

— C'est pas tes oignons, dit Rann sans se départir d'un sourire contrastant avec la froideur de son œil, et fais gaffe, t'es décoiffé.

Jeff recule et opère un demi-tour au ralenti pour bien signifier qu'il n'a perdu ni le bras de fer oculaire ni la face. Il retourne s'asseoir non sans balancer un dernier regard qui tue à Bruno, au nouveau, à ce « Chleuh » comme l'a appelé

Rann. On n'en a pas fini semble-t-il lui dire. Il sort alors son peigne et se le passe dans les cheveux en les balayant vers l'arrière de son autre main pour bien s'assurer que tout est en ordre.

– Mange Chleuh ça va refroidir, dit Rann.

Bruno regarde son assiette et ses pauvres haricots. Tiens, y'avait pas de la viande ? pense-t-il. Le résidu de sauce semble bien confirmer son interrogation. Il se tourne vers le gros Quanah et sa tête entièrement tatouée de rouge (quelle idée…) et le regarde mastiquer ce qui fut sans doute feu le steak recherché. Il se repenche sur son plateau et le pain a aussi disparu. Il sourit intérieurement et note dans un coin de son esprit que la gloutonnerie de Quanah pourrait un jour lui servir. En prison il faut tout jauger, tout capter… et tout utiliser. Bruno cherche la clémentine rescapée mais elle a aussi mystérieusement disparu.

– Hey les gars, Rann s'est levé, je vous présente mon pote Chleuh, il est en vacances ici pour une durée indéterminée. Ah oui au fait t'as pris combien ?

– Je ne sais pas encore, je n'ai pas encore été jugé, répond Bruno.

– C'est mon copain alors je compte sur vous pour l'accueillir comme il faut les gars, compris ? Et le premier qui fait une remarque à la con sur son visage aura affaire à moi.

Rann n'a encore rien demandé à Bruno sur l'origine de sa blessure, ayant sans doute lui-même vécu tellement de railleries au sujet de son œil fermé.

Les gars lèvent la tête, une dizaine de visages plus vraiment hostiles se tournent vers lui. Instantanément la chaleur lui remonte aux joues et il se sent tellement con et faible devant la tablée qu'il en a la nausée. Il pense comme à chaque fois que les gens se demandent ce qui lui est arrivé, d'où vient cette cicatrice boursouflée sur la moitié de son visage, qu'il est sans doute débile et faible. Il ne sait pas quoi faire ni quoi dire, et une tension s'opère dans ses bras. Il a un mal fou à ne pas se les claquer contre le torse, réflexe à la con hérité de sa connasse de mère bourrée de tics quand il est soumis au stress.

Les attablés ne répondent pas, comme s'il n'était pas l'heure de statuer. Il est sans doute trop tôt pour lui faire la peau, mieux vaut finir les haricots.

– Présentations sommaires, mais t'es présenté, dit Rann en se marrant. Tu vas voir, finalement on n'est pas si mal ici, tu vas t'y faire. Une fois qu'on a fait son trou on te fout à peu près la paix. Je vais m'arranger pour que Sandro t'accepte dans le groupe. De lui dépendra ce que penseront les autres.

– Sandro ?

– C'est le boss des tatoués, des vrais, des plus beaux.

Bruno regarde le plus discrètement possible ses convives et effectivement, on se croirait à un rassemblement de motards. Sans les blousons… Les gars sont tous plus tatoués les uns que les autres. Rann ne dépareille pas, il est peinturluré sur les mains, les avant-bras, et de la nuque jusqu'aux oreilles. Quanah, lui, est tout rouge avec des motifs noirs étranges qui lui dessinent une simili-chevelure. Il ne saurait dire la nature des dessins, c'est comme si c'était un brouillon ou que la peinture avait coulé. Sans doute le tatoueur n'était-il pas le meilleur du coin. Pour Jeff, même chose, tatoué de motifs tribaux sur toute la figure, les mains, le reste étant impossible à déterminer sans le scruter plus avant mais il ne vaut mieux pas le titiller. Les autres convives sont tout aussi décorés, sans doute le signe d'appartenance au groupe, peut-être un préalable d'admission. S'il a dans l'idée de s'y intégrer ça risque d'être compliqué, étant loin de remplir le critère. Il n'a qu'un seul tatouage à l'intérieur du bras. Bon, il verra bien, mais ça pourrait être une bonne idée de se faire admettre chez ces tarés, ou au moins être toléré, ce serait déjà pas mal. Finalement il est content de voir Rann ici. Il ne faut négliger aucun atout dans ce type d'endroit.

– Il est où Sandro, il ne mange pas avec vous ?

– Il est au trou, il sort demain normalement, dit Rann en portant sa fourchette à sa bouche.

– Ah oui ? Qu'est-ce qu'il a fait ?

Rann se penche au-dessus de la table et dit à voix basse :

– Il a dérouillé un mec qui lui a chouré de la coke... Le type est à l'hosto, on ne l'a pas revu. Sandro lui a pété la quasi-totalité du râtelier. Le gars ne pourra plus jamais avoir un sourire Colgate et il va bouffer de la compote pendant un sacré moment !

Quanah se lève en rotant bruyamment et enjambe le banc en poussant Bruno comme s'il n'existait pas.

– Eh Quanah, je t'ai dit quoi ? C'est mon pote alors respect merde !

L'indien le regarde sans expression. Il s'en tape, il a mangé, ça le met de bonne humeur avec le rab qu'il s'est octroyé dans l'assiette de son voisin.

– Ok, dit Quanah en exhibant ses chicots pourris, on verra ce que dit Sandro de ton petit protégé.

Et là-dessus il s'éloigne en dandinant sa graisse vers le chariot des plateaux vides.

– Pourquoi il a fait ça ? demande Bruno.

– Il te connaît pas, mais t'inquiète, ça va venir, il est plutôt sympa, en particulier quand il a le ventre plein. Il se prend pour un comanche. Donne-lui à bouffer et tu l'apprivoises comme un petit chien. Il repart dans un éclat de rire.

– Non pas Quanah, je parlais de Sandro, pourquoi a-t-il défoncé ce gars aussi violemment ?

Rann s'approche encore mais parle plus bas :

– Sandro c'est le patron, faut pas le rouler, et il doit se

faire respecter, dit-il soudain moins à l'aise et cette fois sans sourire. Quand on a un deal avec Sandro, il n'y a pas d'entourloupe qui tienne. Il dit un truc, on le fait. Il prête… on rend. Si on n'a pas compris ça, normalement on est mort. Le type a eu du pot là, il va manger de la soupe, mais il pourra encore avaler. C'est pas le cas de tous ceux qui l'ont déçu. Il a un paquet de macchabées à son actif, je peux te le dire. Remarque, si ça se trouve vous allez bien vous entendre de ce côté-là, t'en as un paquet aussi non ?

Et il repart dans un rire sonore en lui donnant une grande tape sur l'épaule. Bruno n'apprécie pas plus que ça la plaisanterie mais se force à sourire.

Rann range ses clémentines dans sa poche, se fourre un bout de pain dans la bouche et se lève.

— Allez c'était bon non ? Bon, la prochaine fois tu feras gaffe à ton voisin, surveille ton assiette… C'est l'heure de la sieste, ça c'est bien, un luxe de tôlard, pas comme tous ces cons dans leurs burlingues.

Ils se lèvent et se dirigent à leur tour vers le chariot à plateaux. Ils passent devant Pince-à-Sucre qui discute avec un de ses collègues, une vraie gueule de bulldozer, grand et gras avec une bonne tête de vainqueur :

— Putain d'enculé d'Plantu, il a pas accepté mes congés, comment je vais faire moi, j'ai tout calé avec l'autre conne.

— Oh-là Milou, je te vois venir, mais je ne peux pas décaler les miens, dit Pince-à-Sucre, ma mère descend pour les vacances.

— Je te rappelle que tu me dois quelques services…

Bruno n'entend pas la suite de la conversation, il pense juste que « Milou » pour un molosse comme ça n'est pas forcément le bon surnom. Lui il l'aurait appelé « Pit » comme pitbull ou « Dob » pour doberman ou encore « Dog » pour dogue allemand… Il mesure bien un mètre quatre-vingt-quinze, plus gras que musclé mais quand même, blond coupé très court avec des yeux bleu d'enculé d'officier de la Gestapo ou de la Waffen SS. Enfin bon, « Milou » c'est rigolo. En baissant les yeux devant le molosse, Bruno constate que sa clémentine a été stoppée nette dans sa cavale par le pied du chien de garde. Il la regarde exhaler son dernier jus… Milou le cerbère veille au grain…

Les mains derrière la nuque, allongé sur le lit de sa cellule, Bruno réfléchit, seul, miraculeusement seul. Il a la chance pour le moment d'être l'unique occupant de l'espace démesuré de dix-sept mètres carrés de sa cellule. Le maton qui l'a fait entrer hier soir lui a expliqué qu'il était comme un VIP vu que le deuxième locataire est absent. Il s'est fait prescrire des vacances à l'hôpital suite à un accident au retour de promenade. Bruno se fait la réflexion qu'il n'est pas impossible que ledit blessé ait eu maille à partir avec Sandro. Le troisième locataire quant à lui s'était gentiment suicidé en s'ouvrant les veines ici-même la semaine dernière.

« Pour te laisser la place » avait dit le maton. Drôle d'humour mais bon, on n'est pas dans un one-man-show, on est dans la vraie vie, ou dans la vie parallèle de la détention, avec ses codes à part dont celui de l'humour. En tout cas merci au gars, petite prière pour qu'il ne se soit pas gouré de porte devant Saint-Pierre, il avait au moins fait quelque chose de bien. L'humour du maton a déjà déteint sur lui, finalement il apprend vite. Il regarde les murs de sa chambrette. Il a déjà scotché quelques dessins sur les murs, dérisoires réconforts. Ses croquis lui avaient déjà procuré du bien dans son enfance, et ils lui permettaient jadis de s'évader de la geôle qu'était la maison de ses parents. Ils représentent presque tous des scènes ou des armes de la deuxième guerre mondiale. Un char Tigre de la Wehrmacht, un bombardier Lancaster anglais, un Halftrack américain, un zéro japonais et même un Mig-21 russe, un des premiers avions de guerre à réaction, tapissent les murs de la cellule. Entre les engins il a dessiné une scène du débarquement, le cuirassé allemand Bismarck en train de sombrer ainsi qu'une scène de la libération de Paris avec un portrait du général Leclerc en surimpression, Rommel sur un Panzer au milieu du désert et la magnifique explosion nucléaire d'Hiroshima vue du cockpit d'Enola Gay, l'avion largueur de Little Boy, le funeste colis offert à Hiro Hito. Il avait crayonné tous ces dessins à Fleury pendant ces deux derniers mois : des dessins stupéfiants, mélange de réalisme et d'interprétation personnelle, combinaisons de couleurs improbables, visages ressemblants et expressifs, lumière jaillissant des scènes les plus noires, comme un espoir, comme pour dire que dans toute noirceur subsiste l'espoir de l'éclat. Même l'explosion nucléaire a l'allure d'une fleur magnifique, fragile, irisée de mille couleurs. En la regardant on a la sensation de la voir évoluer, se transformer. On entend presque une musique envoutante rien qu'à s'attarder sur les traits de pastel. Mais on réussit sans peine à percevoir la puissance dévastatrice qu'elle engendre, la mort essaimant à vitesse grand V dans un rayon grandissant en un cercle magnifique dessiné par l'onde de choc : une splendeur de catastrophe en quelque sorte. La main de Bruno est bien loin de celle qu'elle était alors qu'il dessinait pendant les cours de primaire au lieu d'écouter ce que la maitresse essayait d'inculquer à la classe.

— Bruno tu es avec nous ? demandait madame Glardon.

— Oui madame, répondait Bruno toujours poli et respectueux.

— Eh bien qu'est-ce que je disais ?

Il rougissait alors pendant que les autres riaient. Tous les jours la maitresse de CE1 essayait de capter son attention.

Mais il était souvent ailleurs. Il regardait par la fenêtre ou il dessinait. Il griffonnait des arbres, des animaux, des châteaux ou des forêts avec déjà beaucoup de précision. On y voyait des arbres innombrables qu'il mettait des heures, des jours, des semaines à dessiner, avec toujours autant d'application. Le conifère au plus loin de la forêt était aussi détaillé que celui né au premier plan sur son cahier. Son casier était truffé de croquis, de bouts de papier noircis. Côté cours on ne peut pas dire que c'était un bon élève, c'était même un cancre pour le reste de la classe. Mais pour madame Glardon c'était un petit garçon trainant son lot de problèmes, aussi ne le punissait-elle que très rarement. Il allait cependant au coin de temps en temps pour ne pas heurter la compréhension du reste de la classe. Elle essayait de l'intéresser mais si son attention allait trop longtemps se balader ailleurs elle le réprimandait sans toutefois lui donner de lignes à copier. Elle ne voulait pas provoquer d'ennuis supplémentaires à la maison. C'était un enfant triste, mal coiffé, avec cet épi sur le haut de sa tête brune, les cheveux souvent gras. Il n'était pas très bien habillé mais ça pouvait encore passer. Il avait les dents un peu en avant, manifestement pas vraiment entretenues, le visage maigre et les joues creuses. Il marchait voûté, l'air malhabile et emprunté, ne sachant que faire de ses bras qu'il avait longs. Son regard était chargé de peine et il regardait souvent ses chaussures pendant les récréations, la plupart du temps seul car comme toute personne différente, il était mis à la marge par la multitude normale de la fourmilière enfantine piaffante de la cour.

Il parlait cependant de temps à autre avec deux enfants de la classe : le premier s'appelait Fabrice, premier de la classe, son voisin de pupitre mais également en dehors car sa famille habitait la plus proche maison de la leur : une maison neuve de lotissement contrastant avec la vieille demeure nantaise de sa famille. Cette dernière n'était plus isolée depuis la construction de cet ensemble de logements ouvriers en 1967. La deuxième enfant à considérer Bruno de la même façon que les autres s'appelait, et s'appelle toujours d'ailleurs, Betty. Elle était à l'époque la première de la classe aussi et elle se tirait constamment la bourre avec Fabrice pour obtenir les meilleurs résultats. Elle n'avait pas plus d'ego que Fabrice mais ils prenaient cette joute tous les deux comme un jeu. Madame Glardon était très reconnaissante envers les deux gamins de passer parfois un peu de temps avec Bruno et de ce fait de l'intégrer un tant soit peu à la vie sociale de la classe. Ça lui faisait mal au cœur de voir ce garçon être la cible de certains et ne susciter au mieux que l'indifférence du reste des élèves. Ça le faisait certainement se sentir encore plus singulier, à part, celui qui ne méritait pas l'attention, celui qui ne méritait pas d'affection. La semaine précédente, Fabrice et Betty avaient chacun donné une grande image à Bruno. Pour en obtenir une il fallait avoir dix bons points, soit dix petites images au format carte à jouer que les enfants récoltaient au fil des jours pour avoir correctement répondu aux questions de la maitresse. Ensuite il fallait rendre le paquet de dix images pour obtenir la consécration de la grande image format quinze par quinze. Fabrice et Betty étaient blindés de ces grandes images, une collection quasi-complète. Il ne se passait pas une journée sans que les deux-là aient au moins une petite représentation d'animaux ou autre paysage. Madame Glardon avait d'ailleurs commencé à parler à leurs parents pour leur faire sauter une classe, le CE1 étant vraiment trop facile pour eux. Quant à Bruno, il n'avait pas l'ombre d'une chance de pouvoir obtenir ne serait-ce qu'une minuscule image au cours de l'année. Ce jour-là était le jour où on sortait les cahiers de la Caisse d'Épargne. Les enfants achetaient à la maitresse des timbres tous plus jolis les uns que les autres. Ils collaient leurs timbres dans les cases d'un cahier spécial et le prix d'achat des vignettes allait quelque peu gonfler leur livret. Cette année-là, tous les enfants de la classe achetaient pour quelques francs un ou plusieurs timbres, et ceci chaque mardi après-midi après le cours de mathématiques. Tout le monde... excepté Bruno. Ses parents avaient en effet décrété (surtout sa mère) qu'il y avait autre part à mettre l'argent. Le malheureux se sentait encore plus différent et pendant que tout le monde se pressait autour de la maitresse pour essayer d'acheter les plus beaux timbres, Bruno attendait à sa place. Comme d'habitude il dessinait. Mais ce jour-là, il pleurait doucement. La maitresse avait déjà essayé de savoir ce qui se passait le matin même car il était arrivé les yeux rouges, le visage humide et la goutte au nez. Mais il n'avait rien dit. Il avait une blessure sur la joue, un hématome avec une petite plaie en son centre. La maitresse pensait bien qu'il ne se l'était vraisemblablement pas fait tout seul, d'autant plus que ça n'était pas la première fois. Betty, d'un naturel empathique, était donc allée trouver Fabrice pour lui faire remarquer la tristesse de Bruno. D'un commun accord ils avaient décidé de lui offrir une grande image chacun, et de plus il pourrait choisir laquelle. C'étaient des braves gamins et madame Glardon était fière d'eux. Bruno avait reçu les images avec émotion et bonheur, il pleurait encore doucement en reniflant, mais à cet instant c'était plutôt la gratitude qui teintait son chagrin. Du paquet de Betty il avait choisi l'image d'un joli chaton dans son panier. Dans celui de Fabrice, il avait eu envie de prendre le cosmonaute mais ne voulait pas exagérer car quand il l'avait saisie, il avait senti que Fabrice s'était crispé. C'était peut-être une idée, mais il ne voulait pas l'en priver. Il avait alors opté pour un paysage forestier, avec une vieille roue de carriole sur le côté d'un chemin sortant de l'hiver encore parsemé de paquets de neige résiduels. Au milieu du sentier se tenait une biche qui regardait vers le photographe. Il eut la sensation que la chaleur du geste de ses deux camarades le dardait des yeux de l'animal... Il avait alors pensé que le monde était peut-être moins sombre que ce qu'il avait imaginé jusqu'alors de par sa courte expérience d'enfant.

Les carnets de Bruno

« Lucieeeeeeeeeen! Lucieeeeeeeen! T'es oùùùù? Lucieeeeeeenn! » Ma mère hurlait. Allongée sur le trottoir devant la maison, elle avait la tête carrément dans le caniveau près de la bouche d'évacuation des eaux de pluie et elle appelait mon père de tous ses poumons. « Revieeeeeeeens, je t'en supplie! » Les voisins étaient sortis, formant un demi-cercle à distance respectable. Quelle bande de cons. Ils assistaient au pitoyable spectacle de ma mère perdue dans ses délires de poivrote cherchant mon père dans les eaux d'écoulement. Dix minutes plus tôt papa avait enfourché non sans mal sa mobylette bleue et avait dévalé la pente en sortant du garage comme un fou. Il avait pris le virage avec difficulté en hurlant des « Bon Dieu, j'vais m'flinguer Annie, j'vais m'foutre à l'eau nom de Dieu! ». Ma sœur Cécile s'était terrée sous la table de la cuisine, les genoux repliés sous la tête et les mains sur les oreilles. Ça avait encore crié ce soir-là et ils étaient tous les deux complètement saouls. Mon père s'était pris une casserole remplie de pates bouillantes en pleine gueule. Il avait alors foncé dans le garage et Rita n'avait pas bronché, sentant qu'il valait mieux se faire toute petite. Il était sorti comme un cinglé sur son engin pétaradant. Il avait eu le temps de balancer son verre de vin au visage de ma mère, si bien qu'elle était dégoulinante de pinard, le visage dans la poussière. Sa figure avait dû heurter le sol un peu trop fort et ses lunettes étaient cassées en deux. Et elle hurlait… « Lucieeeeen, Lucieeeeeeeeeen! » J'étais sorti, et pas un voisin n'avait bougé. Je tirais ma mère en criant « maman », essayant de la remettre sur pieds et de la soustraire au spectacle qu'elle donnait au voisinage. J'avais mal au cœur, j'étais en colère contre elle, contre mon père, contre moi-même qui n'arrivait pas à la remettre debout. Et surtout j'étais en colère contre les voisins. Qu'est-ce qu'ils foutaient là, qu'est-ce qu'ils regardaient ? Ça les faisait rire ou quoi ? C'était surement mieux qu'une émission de Maritie et Gilbert Carpentier, ça les changeait. Je les voyais discuter en petits groupes mais pas un n'était assez courageux pour venir m'aider. J'étais seul, j'avais honte, j'étais terrifié, j'avais treize ans. Je m'en rappelle comme si c'était hier. Au bout de quinze minutes à m'acharner sur ma pauvre mère sous le regard des voisins j'ai entendu la sirène et un gyrophare a inondé la rue de sa lumière bleue. Quand les gendarmes se sont approchés, les voisins ont fait de même comme si la bête était maitrisée et qu'ils allaient maintenant pouvoir cancaner tranquillement et sans danger au plus près de leur divertissement de la soirée. Connards. Les gendarmes ont aidé ma mère à se lever et ils l'ont mise au lit, simplement. Mon père est arrivé sain et sauf, enfin à peu près car la mobylette s'est encastrée un peu trop vite dans le garage et il s'est effondré dans le bric-à-brac qui prenait de plus en plus de place partout dans la maison. Rita n'a pas aboyé.

2

13 novembre 2014

— Allez debout Canif, petit déjeuner dans trente minutes.

La porte de la cellule s'est ouverte et Bruno ne dormait déjà plus depuis au moins deux heures, s'il avait vraiment dormi. La nuit, jalonnée de bruits divers parmi lesquels des cris et certainement une bagarre vers deux heures du matin, a été compliquée. Malgré ses deux mois à Fleury il n'est pas encore vraiment habitué à l'univers carcéral. Pourtant il se sent plutôt bien et la voix qu'il reconnaît déjà comme appartenant à Pince-à-Sucre n'entame pas sa bonne humeur, aussi incongru cela semble-t-il.

— Bonjour, dit-il au maton en s'étirant, quelle heure est-il ?

— 7H05, le petit dej arrive, dépêche-toi de te laver et de ranger ta piaule, et n'oublie pas ton plumard.

Bruno regarde autour de lui et se demande bien ce qu'il va ranger pour faire plaisir au maton. Il est arrivé hier après quatre jours passés dans la zone des nouveaux arrivants. Il a sorti ses crayons, son carnet de feuilles à dessins, a rangé ses affaires dans le placard et posé le nécessaire de toilette offert par l'administration sous le lavabo. Eh bien il va les ranger dans le placard si ça peut faire plaisir à Mister Pince. Il a eu peur à son arrivée de se faire confisquer ses pastels et nécessaire (sommaire) à dessin, mais il a eu l'autorisation de les garder avec lui. Il ne sait pas si c'est une faveur locale ou si c'est dû au fait qu'il les avait déjà dans sa précédente demeure administrative. Le fait aussi qu'il n'ait jamais été source d'ennui quelconque a peut-être pu jouer. En tout cas il est très heureux de voir les bâtons colorés dans la petite trousse sur la table près de son carnet. Finalement, qu'aurait-il besoin de plus ? Il peut être chez lui partout, et ses dessins sont une évasion qui l'a toujours soulagé. Ils l'ont en tout cas aidé à supporter bien des épreuves. Le gardien repart en fermant la porte et Bruno contemple sa chambre. La déco est très sommaire : les lits, les bureaux ou plutôt les tables, les chaises en plastique dur, le lavabo et la glace juste au-dessus comme il se doit. Deux placards lui font face sur le mur opposé. L'un est probablement occupé par l'autre vacancier vu le cadenas qui le ferme. Quelques cases genre meubles suédois déjà bien colonisées sans doute par son compagnon de cellule fignolent la déco. De l'autre côté d'une séparation à mi-hauteur se trouve la douche (purée c'est le luxe ultime) et des toilettes en inox, propres à priori. Sympa, assis sur le trône on doit pouvoir (si on se tient bien droit) regarder les conneries à la télé. Il n'avait même pas remarqué depuis son arrivée qu'une télévision trônait dans un angle sur un bras accroché au mur, la grande classe, presque comme au Ritz. De toute façon il ne regardait quasiment jamais le petit écran. Mais ça c'était avant, et il se dit que le temps allait être certainement difficile à combler pour ce qui allait possiblement être le reste de sa vie. Il serait peut-être parfois bien content (à défaut d'être heureux) de regarder Koh-Lanta et ses poteaux à la con surmontés de glands masochistes. Cette pensée de passer l'éternité ici ne l'effraie pas, il a eu le temps de réfléchir et de s'être déjà fait à cette idée. Terminus, dernière demeure, à cinquante-quatre ans ça peut paraître tôt, mais il s'en fiche. Il prend ça comme la retraite de sa vie de merde. Oh bien sûr il avait eu des périodes paisibles, ceci bien entendu grâce à Judith. Il la chasse aussitôt de ses pensées. Et il avait aussi vécu cette période de paix intérieure et d'évasion avec Sasha, avant que ça ne se soit transformé en enfer. Se repasser le film était toujours douloureux mais arrêter la projection ne l'était jamais moins. De toute façon dorénavant, terminé de réfléchir, terminé de se ronger les sangs, terminées les épreuves, terminées les erreurs et au diable les regrets, terminées les trahisons, terminées les responsabilités. Ici, il est en vacances, ou plutôt en retraite, et que peut-il bien lui arriver puisqu'il n'attend plus rien ? Se faire descendre par un caïd ? On verra bien... Choper une maladie ? Ça c'est déjà fait... Se faire dépouiller ? De quoi, de ses crayons ? Non, il n'a plus rien à perdre, plus rien à gagner, il va laisser le temps filer en une routine rassurante jusqu'à ce que la Camarde se décide à le rappeler à elle, et finalement... qui s'en souciera ? Il pense alors à Victor, le seul être qui puisse encore lui importer, le seul à qui il tienne encore. Victor... Victor qu'il se doit de protéger en tant que père, alors même qu'il n'a pas su protéger sa fille Victoire. Dans ses réflexions il l'avait presque oublié. Dans son abandon à ce qu'il pense être désormais sa voie de garage il a failli occulter le fait qu'il a un fils et qu'il l'aime.

***

— Notre nouveau pensionnaire, Bruno Canif, asseyez-vous je vous en prie.

Le directeur du centre pénitentiaire a levé les yeux de son occupation, appliqué à remplir un formulaire assis derrière un grand bureau militairement ordonné : une lampe à abat-jour au nord-est, un sous-main en simili cuir sous le susdit formulaire, une collection de tampons au nord-ouest, une photo que Bruno ne peut pas voir et un pot à crayons vraisemblablement confectionné par un de ses enfants pour la fête des pères. Bruno se demande si l'enfant aime son père car on dirait davantage un étron approximativement enroulé à la va-vite sous les injonctions pressées de la maitresse qu'un objet confectionné pour témoigner d'une quelconque affection envers le paternel.

— Bonjour monsieur le directeur.

— Vous êtes bien installé ? Vous êtes seul pour le moment m'a-t-on dit.

— Oui ça va monsieur, j'ai peu dormi mais c'est sans doute une histoire d'habitude.

— Sans doute, sans doute, il est vrai.

Le directeur se lève à demi pour attraper un tampon et l'applique au bas du formulaire. Bruno serait curieux de savoir à quoi il correspond : permission accordée ? Au trou ? Libéré ? Condamné à mort ? Privé de dessert ? L'homme est petit, l'air sec et pincé, lunettes rondes cerclées, la cinquantaine bien dégarnie. Bruno pense que le directeur est surement le fameux Plantu qui n'a pas accepté les congés de Milou le molosse.

— Bon, monsieur Canif, j'espère que le règlement de l'établissement est clair, je veux dire par là que je ne veux pas d'histoire. À priori vous n'avez pas fait de vagues à Fleury, et au jour d'aujourd'hui je compte sur vous pour continuer ici de la même façon.

— Oui monsieur c'est bien mon intention.

— Évidemment, il est vrai qu'il se pourrait qu'on vous teste et qu'on vous cherche des poux dans la tête, vous en êtes conscient n'est-ce pas ?

Il n'attend pas la réponse.

— Vous comprenez bien n'est-ce pas qu'un homme comme vous n'est pas accueilli à bras ouverts par la communauté sur laquelle je veille. Rassurez-vous, nous avons eu deux de vos collègues en séjour ici et tous deux sont repartis sur leurs deux pieds. Nous y veillerons n'est-ce pas ?

Sa question n'attend rien mais Pince-à-Sucre, resté debout près de la porte, acquiesce en silence.

— Toutefois vous êtes ici pour des faits plus graves que vos petits camarades et je veux dire par là que certains vont surement tenter de vous faire comprendre d'une part que vous n'êtes pas un caïd et d'autre part que vous n'êtes plus du bon côté de la barrière.

Il agrémente son « bon côté » des deux doigts de chaque main pour bien faire comprendre les guillemets au cas où le gars en face serait stupide.

— Et en cela, continue-t-il, ils pourraient bien vous en faire voir. Alors attention, ne provoquez rien. Si au jour d'aujourd'hui il ne s'est rien passé, il pourrait en être autrement si vous êtes dans la provocation n'est-ce pas ?

Pince-à-Sucre acquiesce de nouveau en bon chien de plage arrière de voiture.

— Je connais bien entendu votre affaire, sale affaire entre nous soit dit... enfin bon vous n'êtes pas le premier à péter un boulon. Je veux dire par là que certains de nos pensionnaires ont également quelques homicides à leur actif.

— Sauf votre respect monsieur le directeur, il ne me semble pas avoir avoué quoi que ce soit.

— Au jour d'aujourd'hui cher monsieur Canif, la plupart de mes pensionnaires sont innocents, rétorque sèchement Plantu.

Le dirlo regarde Pince-à-Sucre pour guetter son approbation tandis qu'il ponctue une nouvelle fois son propos de guillemets 3D, mais soit celui-ci n'a pas entendu soit un truc s'est coincé dans la mécanique de son cou de chien qui fait oui. Bruno remarque que « l'enculé d'Plantu » a un tic agaçant au niveau de la paupière gauche. Dès qu'il s'arrête de parler, l'œil se ferme et se rouvre aussi sec, tel un diaphragme d'appareil photo en mode rafale. Ça lui fait penser à sa mère, à ses rictus infâmes, à l'héritage génétique qu'elle lui a laissé. Pour l'heure il n'est pas stressé, presque pas concerné, son tic reste au loin et il ne ressent pas l'impériosité de se frapper les côtes avec les coudes, ne ressent aucune tension dans son corps. Ses bras sont lâches, ses poings desserrés et ses mains sont sèches. Le directeur se remet à parler et sa paupière se repose en attendant la fin du soliloque. Mais Bruno n'a pas envie d'écouter, il est ailleurs, il regarde Plantu en se demandant si c'est son vrai nom, mais en fait qu'est-ce que ça peut bien foutre ? Ce qui l'intéresse « au jour d'aujourd'hui » comme dirait le type qui s'agite en face de lui, c'est son visage. Il le capte, il étudie ses mouvements, celui de son nez qui dévie légèrement quand il parle, la loupe que font ses lunettes et la déformation qu'elles occasionnent sur ses yeux. Il parcourt ses rides, évalue la grosseur de son cou, la taille et la forme de ses oreilles, sa coiffure ou ce qu'il en reste, la proportion de poivre qui essaye de survivre dans le sel. Il le décortique, presque inconsciemment. Le son de sa voix lui importe peu, et même pas du tout. Il perçoit des « je veux dire par là », des « n'est-ce pas » entre deux « avocat » et « règlement » mais il a fermé le sas des perceptions auditives de son cerveau. Il a une cible, un modèle, un travail à effectuer, un mini-but, le reste n'a strictement aucune importance.

3

14 novembre 2014

Cour de « promenade »... ironique appellation pour une heure passée à déambuler sur le béton, entouré de murailles et de miradors. Comme souvent il pense à ces prisonniers de guerre du camp de transit de Savenay près de chez lui en un temps où l'humanité avait franchi les limites du concevable. Qu'ont-ils ressenti ? Avaient-ils conscience que pour eux c'était le départ vers l'enfer ? Certains se sentaient-ils plutôt bien à l'instar de lui-même en ce moment ? D'autres avaient-ils emmagasiné tellement de bagages pourris dans leur vie pour aller jusqu'à imaginer qu'Auschwitz serait un camp de vacances ? Il en doute mais sur la multitude... Allez savoir. En tout cas il sait que certains basculant, forcés ou non, du côté de la collaboration en tant que kapo par exemple avaient parfois réussi à tirer leur épingle du jeu et à manger un peu plus que leurs compagnons d'infortune. Il aperçoit Quanah se dandinant mollement vers le terrain de basket au bord duquel il s'est lui-même assis. Comment aurait réagi ce Quanah pour survivre là-bas ? Aurait-il enfoncé tout le monde sur son passage pour un quignon de pain ? Aurait-il donné le sien pour aider un compagnon mourant ? Impossible de se fier aux apparences en ce vingt-et-unième siècle. Même s'il a piqué de la viande dans son assiette la veille, ici on ne joue pas avec la vie des gens comme à cette époque. Aujourd'hui on expie et on paye simplement sa dette en attendant que la grande porte s'ouvre. Quanah fait comme les autres en essayant juste d'avoir davantage que ce qu'on lui donne, mais le contexte est tellement différent. Face à l'horreur peut-être aurait-il été un Abbé Pierre. « Si j'étais né en dix-sept » dit Goldman... Non on ne peut pas savoir. Et si ça se trouve, peut-être lui-même aurait-il piétiné et massacré sans aucune espèce de remord un pauvre petit qui aurait par miracle déniché un quartier de pomme au milieu de l'enfer... Qui sait ? « Aurais-je été meilleur ou pire que tous ces gens ? » continue Jean-Jacques dans sa tête.

Pour l'heure c'est la récréation générale et les lions se dégourdissent les griffes hors des cages. Les groupes se sont formés et il peut s'apercevoir que là encore, comme au réfectoire les rassemblements se sont effectués en relative harmonie, presque comme par affinité physique naturelle. Les vieux se sont mis à l'ombre, pas loin de la porte, prêts à se ruer les premiers à l'intérieur dès l'ouverture pour ne pas faire la queue à la cantine. Les blacks sont autour d'une table en béton, un gars assis sur ladite table, les pieds sur le banc en même matériau. Personne autour de lui n'a posé son séant sur le banc. Les hommes sont debout comme s'il fallait être le plus haut possible, afin de surveiller l'entourage et réagir à la moindre agression. Il faut aussi symboliquement assurer sa suprématie sur d'éventuels plus petits que soi. Assis au centre de la table le chef de file de chaque faction peut ainsi jauger ses homologues du haut de son promontoire. Bruno s'amuse à passer en revue les tablées, celle des beurs, celle des tatoués où il peut voir Rann qui se marre, debout en pleine rigolade avec un jeune intégralement tatoué de motifs tribaux si bien qu'on se saurait trop dire si le gars est bronzé ou non. Au centre de cette table, tel un totem ou une divinité trône un gros tas imposant à sale gueule du genre biker sans Harley, cou large, tête épaisse, ventre imposant et bras nus qui font au moins deux fois les cuisses de Bruno : Sandro sans doute, sorti du trou... Sandro le grand sachem des tatoués. La table des binoclards fait exception puisque tout le monde est gentiment assis sur les deux bancs et personne ne trône. Ils semblent discuter calmement, peut-être échangent-ils des trucs d'intello se dit Bruno. Dans la foulée il sourit intérieurement sur les représentations et schémas que l'on peut se construire à la première impression : la table des barbus est certainement en train de fomenter un attentat, la table des drogués est à décider des prix du marché, la table des simplets ne pense à rien, la table des fumeurs cherche des moyens d'accélérer leurs cancers et la table des homosexuels prépare la prochaine Guantanamo-Gay-Pride. Les préjugés : connerie ou mécanisme ancestral de survie, se gausse-t-il en lui-même. Hormis les groupes attablés, certains courent en longeant les grillages, d'autres tapent dans un ballon ou font des pompes sous le pâle soleil de novembre. Quelques-uns sont seuls, marchant silencieusement en regardant le ciel, rêveurs. Un petit gars retient son attention. Il lit un bouquin de poche en marchant autour du terrain de basket, et Bruno remarque qu'il avance sur la ligne qui délimite le terrain, lentement, en faisant très attention à ne pas dépasser des marques blanches. C'est curieux, il est concentré sur sa lecture et sur la ligne blanche qui le conduit d'où il est parti. À chaque angle il tourne pile à quatre-vingt-dix degrés sans lever le nez de son bouquin. Son esprit semble partagé entre l'imaginaire du livre et la réalité du trait blanc sur le bitume. Bruno s'imagine qu'il restreint ainsi le monde réel à la ligne, occultant tout le reste, s'évadant dans sa lecture, comme ses dessins le font pour lui-même. La ligne est là comme pour lui dire « n'oublie pas où tu es, ne t'en va pas trop loin », sans doute pour que l'atterrissage de fin de récré ne soit pas trop difficile… Alors qu'il continue son tour d'évaluation, un gars qu'il identifie comme le Jeff de la bande des tatoués arrive à lui et le toise de toute sa hauteur. Il pourrait tout aussi bien être petit que l'effet serait le même car Bruno est assis par terre, en tailleur. Jeff lui fait de l'ombre, il le voit en négatif et ça l'agace un peu.

— File-moi ça ! ... Chleuh, crache-t-il.

Jeff empoigne sans ménagement le carnet qu'il tenait dans les mains en le regardant avec un parfait mépris. Il fait demi-tour en roulant des épaules et se dirige vers la table de la tatoo-team en marchant d'un pas dansant nonchalamment calculé. Sandro, c'est surement lui, les regarde calmement sans bouger. Bruno voit Jeff, de retour à la table, tendre son carnet avec déférence à son trônant de gourou. Bruno l'imagine genou en terre, tête baissée et présentant le carnet sur un coussin rouge orné de pompons pendouillant aux quatre coins. Monseigneur Sandro s'en saisit de ses mains soigneusement manucurées puis congédie d'un signe de tête son laquais reculant toujours le nez sur sa poitrine en esquissant un moonwalk approximatif. « Billie Jean is not my lover » fredonne Michael en chassant Jean-Jacques de sa tête. Décidemment il se sent bien là, dehors, assis à mâchonner son pastel noir. En tournant la tête il remarque que le gars au bouquin ne marche plus. Il est arrêté devant deux types qui ont eu la bonne idée de squatter le coin gauche du terrain juste sur l'angle droit des deux lignes perpendiculaires. Il attend, ça n'a pas l'air de le gêner plus que ça, comme arrêté au feu rouge en pleine circulation. Sans doute guette-t-il le feu vert signifiant que le carrefour est dégagé des deux poids lourds. Attendre, de toute façon c'est tout ce qu'il y a à faire ici. Et s'ils ne bougent pas d'ici la sonnerie c'est pas bien grave, il aura l'occasion de faire encore bien des tours de terrain avant de marcher sur la ligne d'une vraie route, là-bas, quelque part, dehors.

Souriant, Bruno redirige son attention vers Sandro et sa clique mais il les voit nettement plus gros là. En avant plan son carnet est sous son nez, tenu par la main tatouée de Sandro semble-t-il. Il se fait la réflexion qu'elle est davantage manucurée de loin que de près. Ses yeux font le point derrière la main et il prend connaissance de la tête angélique de Sa Majesté Sandro qui le transperce de ses superbes yeux… marron plutôt commun finalement. Bruno largue par réflexe ses tentacules analysantes et passent le visage de Sandro au scanner.

– File-moi la photo !

Sandro aurait pu dire « s'il vous plait » même sans le vouvoiement mais ça ne doit pas être dans ses habitudes…

– La photo ?

– Le con… joue pas au con, connard.

Monsieur a du vocabulaire, pense Bruno. Sandro se penche et rapproche sa grosse tête flippante de la sienne. Il peut sentir son souffle et l'odeur musquée de sa sueur. Il est vrai que pour un mois de novembre il fait carrément chaud. Pourtant c'est vrai qu'octobre avait été vraiment frisquet. C'est fou ça comme le temps change vite. Il se souvient avoir passé des promenades autrement plus fraiches à Fleury. Y'a plus de saison… Sandro le sort de ses divagations météo :

– La photo du dirlo, celle que t'as dessinée sur ton foutu papier, beugle-t-il.

– Je n'ai pas de photo, j'ai dessiné comme ça.

– Tu te fous de ma gueule ? C'est pas bon ça mec ! Dis-moi plutôt que l'autre tête de nœud de Plantu s'est déguisé en toubib et a posé devant toi pendant que tu lui suçais la queue !

L'auditoire apprécie en se marrant à grand renfort de coups de coudes virils dans les côtes. Sandro embrasse ses admirateurs d'un regard circulaire, peut-être pour s'assurer que tout le monde s'accorde pour dire que c'est une putain de bonne blague. Rann ne déroge pas, il se marre mais

Bruno sent qu'il se force un chouïa.

– Non vraiment, pas de photo, insiste Bruno.

La face de Sandro perd son sourire en un dixième de seconde. Il regarde de nouveau le carnet et observe le portrait du directeur, saisissant de réalisme malgré sa tenue de toubib, un stéthoscope autour du cou. Il est dessiné en avant-plan à l'intérieur d'une infirmerie ou d'un hôpital à ce qu'il peut en juger par la présence de bocaux et de ce qui semble être une table d'opération. On devine un corps chétif en pyjama rayé déchiré semblant attendre ou redouter l'intervention du chirurgien. Autre détail : le patient est attaché…

– Et en plus il insiste ! crie Sandro à la cantonade en se rapprochant encore jusqu'à quasiment lui faire goûter sa morve.

Rann arrive en renfort :

– Non Sandro, sans déconner, je le connais, il dessine d'enfer, il faisait des trucs tordants quand on était petits, il a tout dans la tête, il n'a pas besoin de modèle, dit Rann en s'approchant comme pour désamorcer la bombe prête à exploser à la face de Bruno.

Sandro ne bronche pas, ne bouge pas, et Bruno peut sentir qu'il a dû manger des tripes à midi, mais c'est étrange vu que c'était poisson pané et pauvres patates bouillies au déjeuner. Il n'a rien contre les tripes et se dit que Sandro a peut-être des passe-droits au réfectoire pour obtenir des bons petits plats du marmiton qui lui doit peut-être un peu d'oseille. Mais il se dit aussi que si c'était le cas il aurait certainement exigé une côte de bœuf saignante ensevelie sous un monceau de frites plutôt qu'un mélange de boyaux à priori pas très frais à ce qu'il peut en juger olfactivement.

Une sonnerie retentit. Le son lui rappelle l'école. Fin de la récré, fin du round, Sandro va se retrancher dans les cordes avant le prochain gong, pense-t-il. Sandro conclut effectivement l'entretien à regret :

— Tu crois que je vais gober ça? Je te donne jusqu'à demain même heure pour me filer la photo que tu as utilisée pour dessiner ça. T'es pas vraiment en posture pour te foutre de ma gueule. Et j'ai entendu dire que t'avais un boulot qu'on n'apprécie pas énormément ici alors file droit ! Tu fais ce que je te dis et tu vivras peut-être encore un peu... Chleuh ? Putain le nom de merde, ça te va bien.

Sandro exhibe ses deux rangées de ratiches en un sourire carnassier tout ce qu'il y a de plus sérieux et Bruno se reprend une bouffée d'andouillette avariée avant que le sachem ne tourne les talons et n'entraine sa suite vers le bâtiment C4. Rann est resté en arrière et accompagne Bruno :

— Cool non ? Il t'a à la bonne le patron, il a plutôt l'air d'aimer ton dessin.

— Si c'est sa façon de montrer son affection, elle n'est pas facile à décoder.

Rann se met à rigoler en prenant Bruno par l'épaule.

— Putain j'suis content de te voir ici Chleuh, on va bien s'marrer.

4

15 novembre 2014

Affichant un large sourire Bruno regarde Sandro fasciné par son portrait.

— T'as la photo Chleuh ? l'avait-il apostrophé dans la cour avec une courtoisie toute relative.

— Ben non, je t'ai dit que je n'ai pas sa photo. Et entre nous, non je ne le suce pas, et on peut même dire que je l'emmerde.

Sandro l'avait alors empoigné par le col rappelant ainsi l'odeur de tripes à ses narines alors que leurs visages s'étaient dangereusement approchés. Avant que Sandro ne lui colle une trempe ou un coup de boule, Bruno lui avait mis sous le nez une feuille de son carnet : protection excellente puisque Sandro en est resté baba et semble toujours hypnotisé. Il va falloir qu'il se détende un peu car Bruno commence à rougir d'avoir le cou quelque peu trop serré.

— C'est magnifique Chleuh putain !

— Merci. Et si tu me poses la question, non je n'ai pas ta photo non plus.

Bruno se permet d'esquisser un nouveau sourire :

— Et si tu pouvais me lâcher...

— T'as des couilles petit con, je pourrais te démonter pour ça putain !

La pression se relâche mais Bruno sent bien que Sandro n'est pas du genre à plaisanter avec le respect. Il sait cependant qu'il a marqué un point, et il sentait bien que le coup du dessin pouvait être une bonne carte. Il avait vu comment Sandro avait décortiqué le portrait de Plantu. Il avait bien senti que son intérêt et sa curiosité avaient été piqués au vif. Sandro avait fait le mariole pour assurer son ascendant sur ses sbires mais Bruno n'était pas dupe, cet enfoiré aimait l'art du croquis. Sandro n'en finit pas de s'admirer, représenté en officier allemand, le buste conquérant dépassant de la tourelle d'un char Panzer IV sur fond de ce qui semble être un désert de sable. À l'arrière-plan des ombres courent, diffuses mais qu'on devine armées. Il l'a croqué en maréchal Rommel ouvrant la marche à son Afrika Korps. Il a les manches de sa chemise retroussées et on peut voir les tatouages de Sandro saillir de ses muscles démesurés. Les dessins sur la peau sont là. Sandro les regarde et n'en revient pas de la précision des motifs. Il ne peut croire qu'en si peu de temps les yeux de ce Chleuh ont tout enregistré de sa personne. Il peut même voir qu'il manque un « L » à « PARA BELUM », comme sur l'original de son avant-bras droit. La pensée que ce bâtard qui s'était planté dans l'orthographe de son tatouage se balade maintenant avec une bite tatouée sur le front lui fait du bien. Il avait pourtant trouvé cool l'idée de se préparer à la guerre en latin, ça faisait instruit. Il avait vu ce truc sur un rappeur américain dans un clip. Bon, il aurait mieux fait de couper les mains de l'autre inculte à la con plutôt que de saisir son matos et lui dessiner un zob sur sa sale gueule, mais ce qui est fait est fait. Et puis le tatoueur est quand même son oncle et pour Sandro le lien du sang ça se respecte.

– T'as appris ça où trou du cul ?

– D'abord tout seul, puis aux Beaux-Arts à Barcelone.

Il doute que Sandro puisse savoir ce que sont les Beaux-Arts et où se trouve Barcelone mais bon, il aime bien le placer et à cet instant ça lui semble opportun, alors autant se faire plaisir.

– Moi aussi je sais dessiner, dit Sandro. Si mon daron m'avait laissé faire j'aurais peut-être pu foutre autre chose de ma carcasse et je ne serais pas là à croupir dans cette merde avec ces merdeux.

— Ah oui tu dessines ? Montre, s'intéresse Bruno davantage par calcul que par intérêt.

— J'ai pas de matos ici et ça fait longtemps que j'ai rien fait, mais regarde celui-là, c'est moi qu'a pondu le dessin, dit-il en soulevant son tee-shirt. Il lui montre la région de son rein gauche.

— Le doigt d'honneur ? demande Bruno.

— Putain non, à côté, la rose avec le barbelé autour.

Bruno localise le chef d'œuvre et se fait la réflexion que pour intégrer Barcelone il y a du boulot. C'est une fleur, là-dessus il est d'accord. Un coquelicot ? Peut-être. Ça ressemble à une rose de loin mais il n'en a jamais observée avec un cœur de marguerite. Enfin bon, l'intention est là. Quant au barbelé, ça ressemble à un trait avec des croix. Si Sandro le précise à ses admirateurs, avec un effort on peut s'imaginer que c'est du barbelé. Joseph Farewell aurait certainement du mal à reconnaître son invention.

— Pas mal, dit Bruno, un bon coup de patte, il y a quelque chose, vraiment.

— Oui on me l'a déjà dit, dommage, je n'ai pas pu être dessinateur. J'aurais aussi aimé peindre et vivre de mes toiles, ça aurait été cool.

Bruno observe Sandro qui ne se sent plus de joie, ouvre un large bec en laissant tomber le désir de faire de Bruno sa proie.

— Tu sais quoi, j'crois bien qu'tu m'plais. Tu dessines n'importe quoi ?

— Oui à peu près.

Sandro réfléchit en regardant encore le dessin. Il se trouve beau en maréchal.

— Tu pourrais me dessiner au pieu avec Mylène Farmer ?

Bruno réprime un gloussement mais se force à rester

sérieux pour ne pas gâcher son avantage. Mylène Farmer... Qui l'eut cru ?

— Oui Mylène Farmer, continue Sandro, tu sais la chanteuse bombasse hyper sexe ? Je la kiffe depuis toujours. Fais-moi un truc classe où je la défonce grave au plumard.

— Il faut que j'y réfléchisse, dit Bruno.

La sombre lueur passant alors dans le regard de Sandro n'étant pas de très bon augure. Bruno se reprend :

— Si tu veux une œuvre digne du Louvre, ça s'étudie, on ne fait pas ça comme ça, tu crois que Léonard a peint la Joconde en deux jours ?

Sandro ne sait pas qui est ce Léonard mais il préfère faire comme si. Il se dit que ça serait bien ça qu'on vienne l'admirer au musée à chevaucher cette chiennasse. Et pour être pratique, il vient de dégotter un gars qui pourrait peut-être lui remettre le pied à l'étrier et le faire sortir de cette turne avec pour projet de vendre ses propres dessins aux quatre coins de la planète. Il pourrait se faire toutes les pouffiasses rien qu'en leur disant son nom, le rêve. La coke c'est bien, mais se faire respecter pour son coup de pinceau serait quand même mieux... et les flics lui lâcheraient la grappe.

— Je te ferais bien rentrer dans la bande Chleuh, mais c'est compliqué, t'es pas tatoué, c'est pas bon du tout ça, ou alors on t'en fait un pour te baptiser. Je pourrais te faire la même rose que moi pour commencer puisqu'elle te plait.

— Ouh là, je ne suis pas sûr que ça m'aille, et pour tout dire, je suis allergique à l'encre, c'est mortel pour moi.

Bruno tente de s'en sortir comme il peut sans froisser le boss. Mais il tente d'abaisser une autre carte :

— Et tu te trompes, je suis des vôtres, regarde.

Bruno relève sa manche gauche et lui montre l'intérieur de son bras. Sur la peau délicate (ça avait été sacrément douloureux se souvient-il) est tatouée une méduse d'une beauté exceptionnelle. Sandro prend une deuxième claque par le talent et l'expression artistique de Bruno. La méduse semble flotter mais plus étonnant, elle semble presque sortir de son bras, comme si Sandro avait des lunettes 3D, et bien que ce soit impossible on jurerait qu'elle bouge, que son corps palpite. La méduse est bleue, mais de tout un tas de bleus. Elle semble illuminée et habitée d'une vie propre. Le placement sur les muscles quasi inexistants de Bruno est parfait et renforce la délicatesse du dessin. Ses tentacules sont majestueuses. Sandro n'a jamais vu un truc pareil, aussi fin, aussi précis, aussi... beau.

– C'est toi qui l'as dessinée ta pieuvre ?

– Oui, mais c'est une méduse, pas une pieuvre.

– Je m'en carre de ce que c'est ! s'énerve Sandro, putain j'ai jamais vu un truc pareil. Qui t'a fait ça ?

– J'ai emmené le dessin à Oz à Nantes. Il a utilisé des encres spéciales pour la finesse. Ça m'a coûté une blinde mais je suis content du résultat. C'est la seule encre que je supporte, ajoute-t-il pour écarter tout nouvel élan décoratif de Sandro.

Bruno pense qu'en parlant le dialecte de Sandro il peut finir de se le mettre dans la poche, ça peut servir. Sandro regarde toujours le dessin et sans le quitter des yeux demande d'une voix sourde et menaçante :

– Tu faisais quoi chez les Schmidt, Chleuh ?

Sandro est redevenu très sérieux et a relevé le nez. Il l'observe de ses yeux d'assassin. Bruno ne pense pas que ce soit le moment de trop creuser la question, le terrain devenant un peu trop glissant. Ce serait perdre son avantage que de rentrer dans les détails. Mais Sandro l'emmerde à l'appeler Chleuh, une fois ça passe mais Sandro semble y prendre un malin plaisir. Il se contient en serrant les dents mais ne peut s'empêcher de répondre :

— C'est Bruno... pas Chleuh.

— Moi j'aime bien Chleuh, alors c'est Chleuh!

Sandro n'a pas perdu le fil et insiste :

— Alors c'était quoi ton boulot chez les condés? demande-t-il en haussant la voix.

Bruno réfléchit à la bonne réponse...

— Des portraits robots, dit-il simplement.

— Des portraits robots? Merde ils n'avaient aucune putain de chance de s'en sortir les mecs! s'esclaffe Sandro.

Il continue d'inspecter le bras de Bruno, si bien qu'il commence à fatiguer de le laisser tendu comme ça.

— Tu me plais bien petit con, à partir de maintenant t'es chez les tatoués. Et ça fait pas de mal d'avoir une taupe de chez les sbires, ça peut servir. Quand Rann m'en a parlé je me suis dit que je ne te laisserai pas te la couler douce et que je pourrais même te faire la peau... Tu me plais bien, mais fais très gaffe quand même. Sandro se saisit alors de Bruno en lui enserrant le cou avec son énorme bras et se met à lui masser le haut du crâne de son poing puissant. Bruno grimace sous le rituel d'intronisation imposé par son nouvel ami.

***

Chleuh... ainsi donc il est de retour. Rien ne s'efface. Tout comme pour les années et les saisons, la roue du temps finit toujours par repasser au même endroit. Bruno Canif avait d'abord été Bruno pour ses rares copains, puis Coutelas à l'heure où ils s'étaient tous donnés des surnoms. Coutelas ça pouvait aller, il trouvait ça plutôt marrant à l'époque vu son nom, et personne n'avait songé à l'appeler Nono en simple diminutif de Bruno. Mais Coutelas ça faisait bien rigoler ses camarades... enfin... camarades si on veut. Il y avait bien Fred, Fab et Ric qui avaient eu cette chance de n'être affublés que d'un prénom raccourci et ceci pendant toute la période de leur enfance, mais pas lui. Et puis Boss, qui lui s'appelait Bossu de son nom de famille, personne n'avait osé l'appeler Quasimodo. La bande avait été plus sage et avait choisi Boss. De toute façon Boss faisait la pluie et le beau temps, c'était le chef. Et ce putain de Boss avait un beau jour décidé que Coutelas avait vécu, et que dorénavant ce serait Chlasse, le mot argot pour couteau. Il avait essayé de protester mais Boss l'avait plaqué à terre et administré une fessée magistrale. Avec méchanceté... avec force... avec envie de faire mal, si bien qu'il avait eu du mal à s'asseoir pendant deux jours consécutifs. Il s'était donc appelé Chlasse pendant quelques années. Au cours de ses treize ans, alors qu'ils s'étaient tous passionnés pour la deuxième guerre mondiale, construisaient des maquettes, jouaient aux soldats et que leur film préféré était Le Pont de la Rivière Kwaï, Boss l'avait un jour appelé Chleuh, comme un enfoiré de boche. Et puisque le leader charismatique l'avait rebaptisé, le Chleuh avait rapidement fait tache d'huile et tout le monde s'était mis à l'appeler ainsi. Il avait horreur de ça, il n'était pas un fridolin de merde, il était du côté des alliés et se faire appeler Chleuh avait été une insulte grave. Et Chleuh c'est aussi comme le bruit d'un crachat : on se racle la gorge et « chleuh » on se débarrasse d'une glaire. Il en avait voulu à ce Boss et aurait bien voulu l'étrangler. Mais il était faible et soumis. Ses parents, sa mère surtout, y avaient veillé. Par ricochet, les enfants avaient vite propagé le surnom à la famille entière. Ainsi dans le voisinage on parlait de la « mère Chleuh », du « père Chleuh », et de façon plus générale, des « Chleuh ».

Bruno regarde le plafond sans le voir, seul dans sa cellule. Pourvu que cette solitude perdure. Il n'a plus aucune envie d'affronter la vie, les autres, les soucis. Mais il est difficile de ne penser à rien, de ne se laisser bercer que par le rythme des repas et des heures de promenade. Il se laisse malgré lui emporter dans le passé, vers ce temps de souffrance comme il en fut d'autres par la suite. Mais ce soir sa réalité est ici, avec Chleuh ressuscité, il ne peut pas l'ignorer. Et si Boss est finalement mort d'une balle en pleine tête, son enfance n'a pas subi le même sort et continue malgré lui de résonner avec force dans les méandres de ses souvenirs. Combien de fois cet enfoiré de Boss lui avait-il filé des coups de pied, gratuitement, juste pour faire marrer les autres ? Il se souvient de ce jour où il l'avait poussé dans une mare dégueulasse. Il l'avait regardé se débattre dans la boue pour en sortir. Il l'avait même repoussé une deuxième fois en appuyant sur son dos avec son pied. Fabrice, son voisin, avait bien tenté d'intervenir mais Boss n'en avait rien eu à foutre. Sur le chemin du retour, Betty l'avait interpellé de son jardin alors que les autres l'avaient laissé seul, Betty qui était dans sa classe en primaire, Betty l'amie de Fabrice. Il se souvient d'eux, forcément, ils étaient quasiment les seuls à le traiter normalement. Betty l'avait fait entrer chez elle alors qu'il pleurait seul ce jour-là, abandonné par les autres. Elle avait appelé sa mère à l'aide et celle-ci avait essuyé le plus gros de la boue noire souillant ses pauvres fringues. Il avait ensuite voulu rentrer chez lui mais en le voyant dans l'allée sa mère avait refusé de le laisser entrer. Elle l'avait laissé dehors, sur le seuil, jusqu'à la nuit. « Trop dégueulasse » avait-elle dit. Elle était saoule comme à son habitude. Il n'y avait guère qu'en fin de mois qu'elle traversait de rares journées pendant lesquelles elle semblait presque lucide, ces jours où il n'y avait plus d'argent à la maison pour aller acheter le vin. Il se souvient avoir eu très froid avec ses habits trempés ce soir-là, à attendre, seul, à redouter la raclée à venir quand elle se déciderait à le laisser entrer. Il avait regardé son chien enchainé dehors. La pauvre Rita n'avait jamais connu autre chose que ses cinq mètres carrés devant le garage. Il se souvient du bruit de la chaine raclant le sol, balayant les excréments à la périphérie du demi-cercle que sa longueur autorisait. Boss... connard... fils à papa de merde. Il se remémore son visage regardant le Chleuh qu'il était avec mépris. Il trouve cependant un certain réconfort en l'imaginant en train de pourrir dans le noir et le froid de son cercueil à six pieds sous terre... Ce soir-là, son père avait fini par lui ouvrir une fois sa mère trop imbibée pour y trouver à redire. Il était bourré lui aussi mais avait eu la présence d'esprit de le faire rentrer, surement une once rescapée d'instinct paternel s'était-elle miraculeusement frayée un chemin dans ses artères noyées d'alcool.

Boss... mort. Assassiné. Les autres meurtres dont on l'accuse se mettent à se bousculer pour envahir ses pensées. Fatigué, il capitule et les laisse prendre d'assaut sa raison :

Roxane, sa maitresse, se rue dans la brèche. Il n'aime pas le mot maitresse, mais c'est pourtant ainsi que l'on nomme une liaison avec une femme mariée. Enfin mariée, dans des considérations légales. Son mari avait foutu le camp mais pour une obscure raison, il refusait de divorcer. Elle était handicapée, souffrant de la maladie de Charcot. Elle perdait peu à peu son tonus musculaire. Elle était assise en fauteuil roulant la plupart du temps, et ses jambes la portaient de moins en moins. Bientôt elle n'allait même plus avoir la force de se mouvoir ou de porter une cuiller à sa bouche. C'était si cruel. Il l'avait rencontrée sur un site où discutent des personnes « hors norme », des obèses, des culs-de-jatte, des handicapés, des défigurés, autant de pauvres hères qui se verraient refuser l'inscription sur Meetic. Il avait essayé de se faire des amis après le départ de Judith. Il avait tenté de trouver quelqu'un qui aurait pu l'aimer, tout simplement. Il pensait que l'amour de Judith avait été son unique et irrationnelle chance, comme le fait d'avoir gagné au loto avec impossibilité de gagner deux fois. Et alors qu'il était défiguré depuis l'accident, en plus de ne pas être un apollon, il s'était imaginé indigne de susciter l'intérêt de quiconque. Il s'était essayé aux sites de rencontres classiques mais la cicatrice sur sa photo de profil n'inspirait sans doute pas le contact. Il n'avait cependant pas voulu tricher. Il avait alors eu une expérience homosexuelle juste pour savoir s'il rebutait la planète entière, tous sexes confondus. Et puis il y avait eu ce site des rebuts, des mal-aimés, des parias de l'amour. Il s'était dit qu'il pourrait peut-être discuter et rencontrer des personnes qui lui ressemblent, brulés physiquement, carbonisés sentimentalement, peut-être comme lui en recherche d'amour pour ce que l'on est, pas pour ce que l'on paraît. Et il avait trouvé Roxane, sa « Dame qui roule » comme il aimait à l'appeler. Belle, grande, joyeuse dans sa lente descente vers les abysses, elle était résignée mais en même temps si courageuse, mettant un point d'honneur à se tenir bien droite dans son fauteuil. Il l'aimait beaucoup et avait passé de réels bons moments de tendresse entre ses bras. Mais au cours de ces trois mois elle s'était faite peu à peu plus pressante, avait voulu qu'il s'installe chez elle, pleurait, l'engueulait, ne comprenant pas son refus. Il n'avait pas pu accéder à sa demande, par « peur de lui faire du mal plus tard » lui avait-il dit, mais c'était aussi sans doute par lâcheté, pour ne pas avoir à lui donner la becquée dans un temps pas si lointain, par angoisse égoïste d'avoir un jour à la porter sur les toilettes. Il l'avait abandonnée à son funeste sort. Il s'en voulait infiniment. Il l'avait utilisée quand il en avait eu besoin, et alors qu'elle lui avait crié son amour, son désespoir, sa peur de mourir seule, il n'avait pas eu le courage de l'accompagner. Et maintenant elle est morte, à cause de lui, à cause d'avoir croisé sa route et d'avoir osé espérer.

Elle n'était pas la seule à avoir payé de sa vie sa rencontre avec Bruno. Ainsi Chet Leguerson, détraqué sexuel, avait aussi goûté au dur goût du métal des balles de revolver : une au niveau du sexe et une autre dans l'œil. Il avait à l'époque violé une pauvre trisomique près de l'église et s'était fait arrêter un peu plus tard par la police de Dol-le-Chétif. Il avait depuis croupi en taule pendant des années pour d'autres viols et attentats à la pudeur. Il était sorti l'an dernier et Bruno espère que personne n'a eu la malchance de croiser sa route entre sa sortie de prison et les balles de revolver qui ont mis un terme définitif à sa carrière. Il avait croisé le chemin de Chet Leguerson alors qu'il n'avait que dix ans. Il était dans la forêt avec les autres, fait rare car sa mère le laissait rarement sortir. Dès qu'il franchissait la limite de leur pauvre jardin on pouvait entendre des « Brunoooooooooo », meuglements impératifs lui intimant un retour immédiat. Alors Bruno courait à regret vers le doux foyer, en longues enjambées malhabiles et dégingandées. Ce jour-là sa mère s'était assoupie dans le couloir à même le sol, trop fatiguée pour faire mieux. Il avait demandé à son père la permission d'aller faire un tour. Celui-ci avait marmonné dans un incompréhensible borborygme. Il avait pris le semblant de réponse pour un oui et était allé rejoindre les autres à la cabane. Ce jour-là ils avaient vu Leguerson se pointer sur le chemin en contrebas de la cabane. Il était bien plus grand qu'eux, plus costaud, mais Boss avait fait le fanfaron et l'avait provoqué en lui balançant des mottes de terre. C'était franchement inutile et pas malin mais les autres l'avaient imité, croyant à l'impunité de la meute. Chet Leguerson s'était énervé et avait commencé à les poursuivre. Ils avaient tous détalé à travers le bois mais Bruno ne courait pas vite, emmêlant sans cesse ses longues jambes frêles. Il était au coude à coude avec Boss qui avait mal au genou d'être tombé du toit de la cabane plus tôt dans la journée. Leguerson courait plus vite, il devait avoir dans les vingt ans, et ils n'en avaient qu'à peine plus de la moitié. Il était sur leurs talons quand Boss entrevit la solution de se tirer de ce mauvais pas. Au détour d'un chemin, il avait poussé Bruno dans un buisson de fragonnette bien piquante en le sacrifiant pour sauver sa peau. Il ne se retourna même pas quand Leguerson mit la main sur Bruno qui appela à l'aide en criant de tous ses poumons. Il maudit alors Boss de toutes ses forces. Il n'eut pas le temps d'y penser plus avant car Leguerson l'avait relevé presque d'une seule main, une lueur de folie dans les yeux. Il savourait sa victoire et allait s'amuser un peu avec sa proie avant de l'achever, Bruno en était certain. Il lui avait fait baisser son pantalon et Bruno pleurait toutes les larmes de son corps, terrifié. Leguerson avait ensuite baissé son jean et exhibé avec une fierté de mâle conquérant son sexe dressé devant un Bruno sans défense. Il l'avait forcé à lui toucher la queue et voulait à présent qu'il le suce. Bruno avait pris le membre dans sa main en tremblant. Il avait envie de vomir. Il ne voyait aucune issue et se voyait déjà mort. Il ne pouvait se résoudre à obéir à son tortionnaire car il devinait qu'après avoir pris sa sale bite dans sa bouche, le reste allait être encore pire et il finirait frappé à mort ou étranglé. Dans un instinct de survie primaire il tenta le tout pour le tout. Il saisit son pantalon descendu à ses genoux à la vitesse de l'éclair et sauta par-dessus le petit ruisseau coulant à leurs pieds. Il détala dans le désordre désynchronisé de ses jambes qui faisaient n'importe quoi. Leguerson, pris de court, ne put suivre. Il bandait et son pantalon était tombé à ses pieds. La manœuvre pour le remonter fut plus longue et la raideur de son sexe l'empêcha d'être prompt à le ranger. Il courut après Bruno mais celui-ci se rapprochait déjà dangereusement des habitations. Il laissa tomber.

Mort de deux balles... pour celui-ci, bon débarras.

Il était accusé aussi pour Simon Bellec, l'ancien amant et prof de guitare de Judith. Deux balles en pleine poitrine. Sa Judith, la lumière de sa vie, est la sœur de Fabrice, le voisin qui lui montrait un semblant d'intérêt quand les autres le méprisaient. Oui elle avait eu un amant, et après tout ce qui s'était passé, avec du recul il ne lui en voulait pas. Il n'avait pas été à la hauteur alors qu'autrefois il avait pensé qu'il serait un bon père, un bon mari. Et puis tout avait basculé. Il n'avait pas eu la chance d'être heureux bien longtemps. Il n'avait sans doute pas ce droit. Les jumeaux avaient grandi dans ces années qui fleuraient bon le bonheur. Victor avait des soucis bien sûr, mais il l'aimait autant que Victoire. Les enfants étaient complices, ils s'adoraient. Et Victoire protégeait son frère en toute circonstance. Elle avait compris de bonne heure qu'il avait besoin d'elle. C'était tellement naturel, évident, elle aimait son frère de toutes ses forces. Tout allait donc très bien ce jour-là et ils riaient dans la voiture quand ce putain de chien avait traversé la route. Il était au volant quand il percuté le berger allemand de plein fouet. Il avait pourtant tenté de braquer mais c'était trop tard, le chien avait tapé au niveau du phare avant-droit. Victoire avait crié « Papa ! » et ce cri résonne toujours dans la tête de Bruno comme le dernier son sorti de la bouche de sa fille chérie. Le temps n'y fait rien. Ça fait sept ans maintenant mais la douleur reste toujours aussi vive. Il s'était réveillé à l'hôpital, brulé sur plusieurs parties du corps. Victor avait été éjecté par miracle pendant les tonneaux et lui-même était tombé tout près de la voiture et n'avait brulé que partiellement. La porte s'était ouverte et il avait atterri dans l'herbe. Il aurait tellement préféré que la porte de Victoire se soit ouverte et la voir alors se relever avant de lui-même périr dans les flammes. Il n'avait pas mis sa ceinture et ça l'avait surement sauvé finalement mais Victoire était sérieuse et l'avait malheureusement bouclée à la place du mort. Elle n'avait pas pu se dégager ou était inconsciente quand la voiture avait brulé. Il avait failli. Il avait tout gâché. Il était coupable. Il sent les larmes couler et emprunter la crevasse de sa cicatrice boursouflée, celle-là même qui lui rappelle sa fille chaque fois qu'il croise son propre regard dans un miroir.

Victoire. Elle avait dix-sept ans.

Jusqu'à présent, depuis son arrestation, il avait réussi à tenir à distance ses douleurs, et il n'avait pas trop pensé à ces personnes assassinées. Son cerveau a dit « Stop » le jour où on lui a passé les menottes. il avait senti avec le « Vous pouvez garder le silence » comme un trop-plein, comme la méduse de trop dans le cours de sa vie. Il avait clairement senti un déclic dans sa tête, comme si physiquement quelque chose s'était brisé, sans doute la corde qui vibre d'ordinaire sous les coups des sentiments. Cette fois, elle s'était cassée, effilochée et fragilisée au cours du temps par trop de douleurs, élimée, usée par les épreuves et les souffrances. Le fusible avait dégagé. Et depuis, plus rien, tout le laisse désormais indifférent. Il laisse le temps couler doucement, sans espoir, sans plus ressasser sans cesse. Il dessine ses chers fantômes de la seconde guerre, puise de la sérénité dans ses portraits, ses paysages et ses engins, et c'est tout ce qui lui importe désormais.

Et Victor dans tout ça ? Victor s'en sortira mieux sans lui. Sa mère l'aime et le protège de son assassin de père. Il ne lui a pas encore fait de mal, physiquement en tout cas, mais une fois dehors c'est surement ce qui finira par arriver. Il a détruit Judith son amour, tué Victoire sa princesse, peut-être peut-il encore sauver Victor en restant loin de lui. Oui c'est bien ainsi, qu'il croupisse dans sa geôle, qu'il dessine, qu'il ne pense plus et qu'il crève au plus vite dans cette routine qui ne ressemble à rien.

5

28 décembre 2014

L'obsédant « Qu'est-ce qui s'est passé bordel?» tourne en boucle dans la tête de Nathan. Depuis l'arrestation de Bruno il ne cesse de se triturer l'esprit. Son ami est-il vraiment un assassin? Comment n'a-t-il rien vu, rien su, rien soupçonné? Et si ce n'est pas lui, qui est-ce? Et si c'est lui, pourquoi? Nathan réfléchit encore en déposant à contrecœur son beau téléphone avec le contenu de ses poches, un trousseau de clés Mercedes, son portefeuille, un petit miroir rond ainsi qu'un paquet entamé de chewing-gums à la menthe, dans la boite que lui tend le gardien. Celui-ci regarde avec zèle sa carte d'identité et scanne le code barre de l'autorisation de visite que lui tend Nathan. Après une fouille sommaire limitée à quelques palpations les bras tendus, il est invité à le suivre vers une salle d'attente dédiée aux visiteurs. Il remarque le regard insistant du gardien et croit percevoir un léger sourire. Aussitôt sa vieille machine se remet en marche. Qu'est-ce qu'il y a? Pourquoi m'a-t-il regardé? À tous les coups j'ai un truc qui cloche, un bout de pain dans la barbe, une tâche sur mon col, un poisson dans le dos, voire pire, une crotte de nez qui dépasse? Nathan n'a qu'une envie : saisir son petit miroir et s'inspecter pour découvrir ce qui a pu donner lieu à ce sourire narquois sur la face du gardien. Il met la main à sa poche mais l'accessoire rassurant taille la bavette à son téléphone dernière génération dans la boite « visiteurs » de l'établissement. Il passe en vérification manuelle en lissant de sa main sa courte barbe taillée avec soin, se la passe ensuite dans les cheveux et opère un contrôle tactile au niveau de ses narines. Il repère un distributeur de boissons où il peut tenter de contrôler l'état de son col dans le reflet de la machine. Tout va bien. Rassuré, il s'assoit et attend qu'on lui fasse signe.

Nathan s'installe sur la chaise face à son ami. La salle des visites est impersonnelle mais les couleurs sont agréables, on est loin de l'aspect grisâtre et froid montré à maintes reprises dans les films. Les chaises sont colorées et le ton chaud des murs fait oublier la prison... enfin pas tout à fait vu que deux gardiens postés autour de la pièce regardent (ou observent) le déroulement des conversations. La salle n'est pas comble en ce lundi après-midi. Deux femmes discutent avec leurs conjoints, à moins que pour l'une d'elle ce ne soit son fils car son interlocuteur semble bien jeune. Il semble qu'il y ait aussi un avocat car l'homme a posé une sacoche sur la table et un simple visiteur aurait certainement dû la laisser aux mains du gardien-en-chef des effets personnels.

— Hey salut mon « gars Bruno », dit Nathan en tendant la main à son ami sous le regard réprobateur d'un gardien.

— Salut, je me demandais à qui j'aurais l'honneur de faire la conversation aujourd'hui, je suis heureux que ce soit toi Je n'avais pas envie de palabrer encore avec Maîîître Fossec, cet abruti qui veut me persuader de signer des aveux complets.

Bruno a pris un air de monseigneur en citant le nom de son avocat. Nathan sourit en se remémorant cette façon d'échanger avec humour, cette complicité retrouvée, renforcée, il en est tellement heureux. Mais voir son ami ici l'atterre, il a tant de questions à lui poser.

— Comment tu te sens, ça va ? Tu tiens le coup ?

— Oui ne t'inquiète pas, tout va bien. Je suis tout seul dans ma chambre pour le moment, j'ai ce qu'il faut, je suis tranquille.

— Dans ta chambre... t'es con. Bon il s'est passé quoi ?

demande Nathan incapable de différer la question qui le taraude en permanence. C'est toi qui as fait ça ? Je suis l'affaire de près bien sûr, et je ne comprends pas.

– J'avoue qu'au début j'étais un peu paumé quand ils me sont tombés dessus.

– Mais enfin Bruno, tous ces gens ! Quatre meurtres, c'est plus que sérieux là ! Et que des gens que tu connais !

Nathan a parlé un peu fort, en oubliant presque où il se trouve. Le gardien le plus proche le regarde avec attention, comme pour essayer de glaner quelque information potentiellement utilisable ensuite. Nathan tente de l'amadouer avec un grand sourire de toutes ses dents blanches impeccablement alignées. Le gardien répond à son rictus en pouffant avec une discrétion toute relative. Putain mais qu'est-ce qu'il a encore celui-là ?

– Et c'est quoi cette fille, t'avais une maitresse ? Et tu ne m'as rien dit ?

– Eh oui, jardin secret, sourit Bruno.

– On se dit tout pourtant, depuis longtemps, reproche Nathan.

– Oh là c'était différent, le fait d'avoir une liaison, avec une fille handicapée de surcroit, pas facile à raconter.

– Oui d'accord, mais tu sais bien que j'aurais compris.

– On s'est beaucoup parlé Nathan, on a déballé beaucoup, dans la douleur, on s'est fait du mal, on a survécu, et on a pu juger que tout savoir n'est pas forcément une bonne chose.

– Oui mais merde, ça n'a rien à voir, je croyais qu'on avait tout dépassé.

– On a tout dépassé, mais il est peut-être plus sage de conserver un vrai jardin secret, tout n'est peut-être pas... partageable.

– Je ne vois pas en quoi ça aurait pu jouer ou interagir avec notre amitié, mais soit, je respecte, all right.

Nathan lui sourit encore et Bruno lui rend son sourire en se passant la langue sur la rangée de dents supérieure.

– En tout cas la pauvre Roxane est morte, s'assombrit Bruno.

– Oui, tout comme l'amant de Judith… Et ton copain d'enfance… Et le mec qui t'a violé autrefois… Tous morts ! Je n'arrive pas à y croire.

– Copain d'enfance ? Ah non ça n'était pas du tout mon pote, c'était un con qui m'en a fait voir de toutes les couleurs, comme si j'avais besoin de ça à l'époque. C'est bien fait pour sa gueule.

– Oui bon, certains méritent plus que d'autres on est d'accord… Mais c'est pas la question bordel, on ne tue pas les gens qui nous emmerdent, ça se saurait, et il ne resterait pas beaucoup de monde sur terre…

Nathan regarde son ami, il le trouve serein, beaucoup plus reposé que ces dernières années. Il se demande s'il n'a pas basculé dans une étrange folie, si les notions d'importance, d'inconvenance et de morale n'ont pas été bouleversées à force d'émotions fortes.

– Bruno, je vais être direct, et j'ai besoin de savoir, tu dois me le dire au nom de notre amitié. Tu sais que tu peux compter sur moi, en toute occasion. On a traversé un enfer mais on est debout, tu sais que je ne te ferai plus jamais de mal, je veux t'aider… Alors dis-moi : tu les as tués ?

Bruno regarde Nathan, ils ne sourient plus. Il hésite. Nathan, le seul ami qu'il ait vraiment eu de toute sa vie, avant que les choses ne se gâtent bien sûr.

– Non, je ne les ai pas tués. Mais tout porte à le faire croire, y compris le fait que celui qui m'a fait coffrer soit l'ex-mari de Judith. Oui je sais ça fait un bail mais il est rancunier ! Il me hait, et je ne l'aime pas non plus. Ça n'aide pas, il a mené l'enquête à charge et s'est fait un véritable plaisir de m'arrêter.

— Ouaip, j'avoue que ça n'aide pas, dit Nathan

— Oh je ne lui en veux pas finalement, après tout, je lui ai piqué sa femme, c'est un bon motif d'énervement.

— Le procès c'est dans trois mois c'est ça ?

— Normalement c'est pour fin mars, ça laisse le temps de voir venir. Mais je ne m'inquiète pas, j'ai besoin de repos et ça tombe bien en fait. Et je me dis que puisque ce n'est pas moi qui les ai refroidis, on va surement trouver d'ici-là le tordu qui m'en veut à ce point-là.

— Ok je te crois, vraiment. Je suis tellement désolé de te voir ici, d'autant que Victor a besoin de toi.

— Oh ça va aller pour lui, Judith y veille, elle l'aime.

— Tu as des nouvelles d'elle ?

— Non, elle n'est pas venue. Elle me pense coupable, c'est sûr, tout l'y incite. Et elle n'a plus d'amant, en tout cas à ma connaissance. Ils avaient rompu depuis longtemps. Je ne sais pas si elle l'aimait mais si c'est le cas elle doit me maudire. Et dans le cas contraire, elle doit me prendre pour un dangereux psychopathe.

Bruno continue presque en se parlant à lui-même :

— Et entre nous Nathan, pourquoi j'aurais descendu un ancien amant de Judith ? Ça m'a assommé à l'époque, mais j'ai fait tellement pire ensuite avec l'histoire Sasha. Je ne pouvais de toute façon plus lui en vouloir. Mais bon, on a déjà tellement débattu sur le sujet toi et moi. En tout cas trouve-moi une seule raison de l'avoir tué. Et par ailleurs ça aurait été prendre un risque que de lui tirer une balle dans la tête, elle a dû mettre un certain temps avant de trouver son cerveau.

Bruno sourit, visiblement content du mauvais goût de sa blague. Nathan ressent un malaise. C'est quand même étrange de se gausser de morts dont on est accusé, même si dans le lot se trouve l'amant de sa femme. Il n'est d'ailleurs pas sûr que ça en fasse une circonstance atténuante.

– Tu veux que je passe la voir ? Je peux lui passer un message si tu veux.

– Non, laisse, merci. C'est fichu avec Judith de toute façon. Depuis le clash de janvier, pas de retour possible. Je l'ai détruite, tout comme Victoire, et elle a raison de me maudire.

Nathan et Bruno se regardent, graves cette fois. Chacun capte l'autre, nul besoin de parler quand on se connaît bien. Après un bon moment de communion silencieuse comme ils ont coutume d'avoir (d'habitude c'est autour d'une bonne bière fraiche), Bruno demande :

– Mettons-moi de côté deux minutes, et toi comment vas-tu ?

– Oh moi, tu me connais, je mène toujours ma vie comme un radeau perdu.

– Toujours besoin de personne ?

Nathan sourit de la référence à Véronique Samson.

– Toujours mes vieux démons, toujours mes histoires improbables.

– Si c'était autrement tu ne serais pas toi, se moque Bruno. Tu es parti un peu ? Envie de prendre le large ?

– Un soir j'ai vu un éléphant à la télé, dans un zoo à la con. Le pauvre avait l'air si malheureux en dansant d'un pied sur l'autre, balançant sa trompe de droite à gauche comme s'il tournait en rond dans sa tête. Ça m'a fait chier, alors j'ai voulu voir de vrais éléphants en pleine nature, libres. J'ai donc pris l'avion pour Naïrobi dans l'espoir fou de me rassurer sur le fait que les hommes n'ont pas encore saccagé cette bonne vieille terre dans sa totalité.

– Et alors, résultat ? Tu as vu la famille Dumbo gambader dans la savane ? sourit Bruno en pensant que décidément Nathan est resté le même.

– Tu ne le croiras pas, mais je n'en ai vu aucun. Le lendemain de mon arrivée je ne me sentais pas bien et j'ai eu une éruption de boutons : varicelle. J'ai douillé tu peux me croire, hosto et je suis resté coincé là à attendre que ça passe. Ça s'est transformé en bronchite du siècle et ça a duré trois semaines. À la sortie de l'hôpital de Naïrobi je n'avais plus aucune envie d'aller palabrer avec les éléphants. C'est con non ?

— C'est déjà con d'y aller, dit Bruno en riant.

— Bref, je n'avais pas envie de rentrer non plus, alors je me suis dit qu'en Thaïlande il restait peut-être encore quelques tigres. J'ai sauté dans un avion et direction Bangkok. J'ai trouvé une association de préservation de ces grands félins et ils ont été d'accord pour que je leur file un coup de main. Oh je ne suis pas vétérinaire, ça se saurait, aussi étaient-ils davantage intéressés par une aide financière que par mes talents de soigneur. Mais bon, pendant ce temps-là j'ai eu la chance incroyable de prendre des bébés tigres dans les bras. Ça fait cher le câlin mais je m'en tape. Mon père est mort et va me laisser un bon héritage. J'ai donc un peu le temps de voir venir et de faire des trucs... particuliers si ça me chante. Je conduis mon radeau... ou plutôt il me porte au gré des vents et des courants.

— Ça ne m'étonne même pas, c'est du tout toi ça. Je suis désolé pour ton père, qu'est-il arrivé ? C'était pendant ton voyage ?

— Pneumothorax, en plein vol. Je suis revenu à cause de ça. On n'avait plus vraiment de relation, mais c'était mon père.

— Il pilotait ? L'avion s'est écrasé ?

— Non, heureusement pour les passagers, c'était son amie qui était aux commandes.

Ils se perdent dans un moment de silence recueilli.

— Tu vas repartir ?

— Je ne sais pas, il faut que je découvre une raison de

rester, ou une autre de partir.

– Une fille quoi…Et les amours ça en est où ? demande Bruno pour égayer un peu la discussion et aiguiller Nathan sur un terrain plus léger.

– Rien. Pas envie. Pas besoin. Une aventure de temps à autre mais je ne veux plus rien donner ni promettre.

Nathan semble évasif et un peu dans l'évitement. Après un moment d'hésitation Bruno demande :

– Et Sasha ? Des contacts ?

Nathan regarde son ami fixement et met un temps imperceptiblement trop long à répondre :

– Non, rien, pas depuis mon départ, dit-il les yeux sur la table.

– Nathan ?

– Oui ?

– Fais-moi un sourire.

– Quoi ?

– Tu as une feuille de mâche entière plaquée sur ton incisive.

– Oh merde !

Nathan rougit jusqu'aux oreilles et regarde autour de lui en tenant la bouche fermée et en lançant sa langue à l'attaque de la feuille de salade. C'était donc ça…

Les carnets de Bruno

Pauvre Cécile... Je n'oublierai jamais. Je hais ma mère. Je hais mon père. Comment ont-ils pu ? Ce soir-là c'était son anniversaire. Ma sœur fêtait ses onze ans. J'en avais douze, nous avons quinze mois de différence. Maman avait acheté une tarte aux fraises au supermarché le matin même. Avant midi elle était encore à peu près claire. Pour l'occasion, fait rarissime, elle avait acheté de la grenadine. Pour leur boisson à eux, ça n'était pas la pénurie et on était encore loin de la fin du mois. Mais la journée était passée et le soleil s'était couché en ce soir d'octobre 1972. Nous étions gais et j'étais heureux de voir ma sœur fière de se sentir grande. Quand c'était possible nous dinions tous les quatre dans la cuisine. À cette époque c'était assez fréquent, les parents n'étaient pas encore totalement imbibés et il leur restait un soupçon de jugeote. Mais en ce jour d'anniversaire pour lequel ma sœur s'était vue offrir un pantalon neuf en cadeau, leurs neurones avaient déserté pour le plus grand malheur de Cécile. Mon père était assis à la table, il ne parlait pas beaucoup mais souriait à mes petites blagues. J'étais excité et j'attendais le gâteau avec une certaine impatience, ce n'était pas tous les jours qu'on avait de la tarte aux fraises. Ma mère avait le sourire même si ses yeux de fouine déjà vitreux derrière ses verres épais n'auguraient rien de bon. Elle reniflait bruyamment comme à son habitude en rejetant la tête en arrière et en la secouant à droite et à gauche. Au moins ce tic-là elle ne me l'a pas refilé. Nous avions mangé des artichauts, et je me souviens que le repas avait duré assez longtemps avant d'être interrompu et de ce fait ils se servaient de grands godets de mauvais vin. Plus le repas avançait et moins le sourire de ma mère s'affichait sur sa face bouffie. Elle s'agaça soudain de voir une feuille d'artichaut tomber de l'assiette de Cécile, me dit de me calmer, non, criait de me calmer car je rigolais et me sentais bien en ce jour de fête. Mon père semblait soumis à une pression qui semblait le faire bouillir de l'intérieur. Il allait pourtant dans le sens de ma mère en jurant des « Bon Dieu » dans tous les sens avec des « Cécile ! » entre deux jurons. Maman a dit à Cécile de ramasser ses merdes. Ma sœur s'est donc penchée pour ramasser la feuille d'artichaut au pied de sa chaise en me jetant un coup d'œil complice, et quand on sait qu'il ne faut pas rire, bien sûr... on pouffe.

Ça a mis ma mère dans une colère noire et elle a allongé son bras par-dessus la table. Elle a esquissé un mouvement pour me foutre une baffe. J'étais déjà en position de défense, le bras au-dessus de la tête, donc je n'ai subi aucun dégât. J'avais fini par développer certains réflexes. Le souci c'est qu'en se penchant, ma mère a accroché Cécile en la poussant sur son assiette. Résultat : une bonne poignée de feuilles d'artichaut se sont éparpillées sur la table et sur le sol. Maman a fait un pas sur le côté et a dérapé comme sur une peau de banane en se rattrapant de justesse au radiateur. Elle avait encore un semblant d'équilibre. Je me suis mis à hurler de rire en me tenant les côtes à deux mains, c'était franchement trop marrant. Ma mère était folle et mon père monta d'un cran dans ses « Nom de Dieu d'Bon Dieu ». Elle entra alors dans une fureur qu'on connaissait bien. Elle attrapa violemment ma sœur par le bras et lui dit de filer au lit sans dessert. Ma sœur détala sans broncher, la tête rentrée dans les épaules. Comme il n'y avait plus de vin sur la table, maman entreprit d'aller en chercher au garage attenant à la cuisine. Mal lui en prit car en ouvrant la porte, elle a marché dans la merde de Rita. Elle était pieds nus et ça s'est bien inséré entre ses orteils. Cécile était chargée du chien, elle devait lui donner à manger, les restes la plupart du temps, et elle devait nettoyer le garage et le devant quand c'était trop sale. Ma mère a hurlé, a fait demi-tour en titubant et s'est précipitée vers la chambre de Cécile en beurrant de merde le vieux lino. Elle est revenue en hurlant et en tirant Cécile par les cheveux, en slip. Elle l'a mise dehors, aussi simple que ça, en lui disant qu'une nuit dehors la ferait réfléchir.

Il devait être dans les vingt heures et il ne faisait pas chaud. J'avais cessé de rire et mes parents disaient que ça lui ferait les pieds, qu'elle n'était qu'une bonne à rien, que Nom de Dieu d'Bon Dieu elle l'avait bien cherché. Je me rends mieux compte en l'écrivant de la violence de tout ça, mais à l'époque, c'était presque normal, on avait juste franchi un cap supplémentaire. Mais j'étais inquiet. Au bout de deux heures elle n'était pas rentrée et je guettais devant la fenêtre en regardant la tarte aux fraises encore dans son emballage. Les parents sont partis se coucher en gueulant je ne sais quoi. Je suis donc parti à la recherche de ma sœur. J'appelais, je parcourais les rues mais rien, pas de Cécile. Je ne réfléchis pas longtemps à imaginer où elle avait pu se cacher. Nous habitions tout près de l'église de Dol-le-Chétif. Au début il n'y avait quasiment rien entre nous et le bourg, deux cents mètres tout au plus. Maintenant avec le lotissement ça semblait encore plus près. L'année précédente, quand nous allions à la messe le dimanche matin, je m'étais amusé à espionner le curé après l'office pendant que mes parents étaient au troquet. Il avait ouvert une porte tout au fond de l'église à gauche derrière l'autel. J'avais attendu, allongé au milieu d'une rangée et au bout de cinq minutes il était revenu et avait caché quelque chose sous le clavier du petit orgue près de la porte. J'étais intrigué. Alors avec ma sœur nous avions décidé de faire une petite expédition aventure pour aller voir ce qu'il avait pu planquer. C'était une clé, une vieille grosse clé, je la trouvais super. On l'avait donc chipée un dimanche où les parents étaient chez la mère de maman à La Pointe St Gildas avant qu'elle ne meure d'un cancer mais je ne sais plus lequel. Une heure après la cérémonie, quand il n'y eut plus personne, on a tourné la clé dans la serrure de la vieille porte en bois et on est descendu par un vieil escalier en pierre. Nous avons atterri dans une petite pièce presque vide hormis deux ou trois vieilles caisses et un confessionnal tout de travers. En fouillant un peu dans les coins nous avons trouvé un vieux vase sur une petite corniche. Une autre clé s'y trouvait. Elle ouvrait la porte suivante dans la continuité de la pièce. C'était un long couloir qui donnait directement sur le cimetière en contrebas, juste derrière le mémorial des soldats du coin morts pour la France pendant la Grande Guerre. On avait adoré cette petite pièce, on y retournait parfois quand c'était possible. On se disait qu'en cas de guerre, c'était l'endroit idéal pour s'en tirer. Et j'avais souligné que même si les allemands revenaient et foutaient le feu à l'église comme à Oradour-sur-Glane ces enfoirés, on viendrait tous les deux ici, à l'abri des flammes et des mitraillettes des boches. J'étais donc entré en courant ce soir-là dans l'église et je m'étais précipité directement vers la vieille porte qui bien sûr était ouverte. Je descendis alors l'escalier dans le noir en appelant Cécile et en assurant chaque marche. Il n'y avait pas de lumière. En arrivant au bas des marches, j'entendis ma sœur pleurer.

6

1 janvier 2015

Embrumé par les vapeurs de la nuit le capitaine Pierre-Antoine De Kerimel gravit les marches du perron du 3, rue des Jacinthes. Cinq marches... merde ça commence mal. En plus de ça, la voiture de Castelet est garée sur le trottoir. Elle est certainement là avec une longueur d'avance. On dirait qu'elle fait exprès de l'emmerder. Tu parles d'une co-équipière qu'ils lui ont affectée, un vrai mec. Jamais un petit rouge à lèvres, pas de parfum ni de talons. C'est pas une femme ça... C'est bien sa veine. Il aurait préféré une fille en tailleur, bien foutue, qui sent bon. Mais bon, il a appris à faire avec ses pulls difformes et ses baskets mal lacées. La porte d'entrée est ouverte et il rend son bonjour à l'agent en faction sur le seuil. Une sacrée maison : deux magnifiques colonnes s'érigent de chaque côté de la porte d'entrée, on se croirait en Grèce. D'ailleurs il ira peut-être un jour, pense-t-il, mais tout seul ça ne lui dit pas grand-chose. Le hall n'est pas très grand, mais la statue d'un Apollon ou un truc comme ça trône en plein milieu, impressionnante. Bien qu'il ne soit pas sensible à la nudité masculine, entendons-nous bien, il faut dire que ça en jette même s'il trouve ça vulgaire. Il se dirige vers une double-porte ouverte de par laquelle il perçoit une certaine activité. Surement là que ça se passe.

— Ah vous voilà Capitaine, vous avez passé un bon réveillon ? demande Marie-Claude Castelet un carnet dans une main et un stylo dans l'autre.

Pierre-Antoine la regarde, il n'est pas de bonne humeur. Elle le fait exprès ou quoi ? C'était une Saint-Sylvestre seul. Il avait écumé quelques bars au hasard et lassé des vivats et autres embrassades dont personne n'a cure, il était rentré à son appartement pour souhaiter une bonne année à sa bouteille de Chivas. La pauvre n'avait pas vu l'aube et il avait sérieusement entamé sa petite sœur avant de s'empaffer vers trois heures. Et là il continue à en payer un certain prix, d'autant que le téléphone a sonné à huit heures vingt pour l'envoyer ici.

– Alors on a quoi ? demande-t-il en essayant de se concentrer.

– Homme, soixante-quatre ans, Hugo Delpierre, trois impacts de balles visibles, dit Marie-Claude Castelet d'un ton neutre.

– Il est où ?

– Juste là, derrière la table.

Hugo Delpierre, si c'est bien lui, est étendu face contre terre, en peignoir taillé dans ce qu'il pense être du satin ou quelque chose du même genre. Le capitaine ne peut pas juger s'il a perdu beaucoup de sang car si c'est le cas, la moquette sombre a pu en éponger pas mal. L'homme a le bras gauche contre le corps, le poing serré, et son bras droit est tendu au-dessus de sa tête. Il tient un cadre photo dans sa main ensanglantée, ce qui pourrait indiquer qu'il a bougé après s'être fait tirer dessus. Autour de la partie supérieure du corps, quelques bouts de verre jonchent le sol. Il jette un coup d'œil au cadre dans la main du défunt : la vitre est cassée. Il sort son portable de sa poche et effectue des clichés en faisant le tour de la pièce à trois-cent-soixante degrés. C'est une vieille habitude, il aime bien se rendre compte de la position exacte d'une victime dans son dernier environnement visuel. Bien entendu il a accès aux photos officielles mais il aime bien faire comme ça. De part et d'autre du corps, deux bouquins et une sorte de trophée semblent être tombés de la commode Louis XV juste au-dessus, à moins qu'elle ne soit de la Restauration, ou même de Cro-Magnon après tout il s'en tape. Il a du mal à se concentrer, la position accroupie accentue la pression du sang dans son cerveau et il ne serait pas contre quelques aspirines et un café.

— Qui l'a trouvé ? demande-t-il à Marie-Claude.

— La femme de ménage, elle est à côté.

— Elle bosse un premier janvier ?

— Oui Delpierre lui avait donné son congé les 30 et 31 décembre à priori pour l'arranger, donc elle est là aujourd'hui.

— Effraction ?

— Non. Soit c'était ouvert, soit il connaissait son agresseur.

— Bien, bonne déduction Castelet.

Marie-Claude ne relève pas la raillerie, elle connaît son patron, pas la peine de rentrer dans son jeu. Un jour elle lui fera voir, il verra ce qu'elle vaut. Pas la peine de se stresser ou de se faire monter la tension avec ce macho et ses idées à l'emporte-pièce, son tour viendra. Pierre-Antoine embrasse la pièce des yeux : spacieuse, style rococo, chargée, beaucoup de tableaux, certains abstraits, d'autres classiques représentant surtout des hommes nus. Quelques colonnes s'érigent en diapason de celles de l'entrée, chacune surmontée d'une statue grecque, encore, des hommes nus pour changer. La même tenue légère est de mise pour la collection de petits anges disséminés aux quatre coins de la pièce. Ils semblent s'amuser de ce qu'il s'y passe d'ordinaire.

— Bon eh bien on dirait bien que pépère était de la jaquette, dit-il en regardant son équipière.

Marie-Claude ne répond pas mais a du mal à se contenir.

— Il a dû faire un truc que l'autre n'a pas aimé, crache-t-il, méprisant.

— Eh bien si c'est si simple, on n'a plus qu'à remplir le

rapport et on classe l'affaire, siffle Marie-Claude incapable de se retenir.

– Oh Castelet, calme, on se détend mon petit. Est-ce qu'il y a autre chose à voir ?

– On a fait le tour, pas grand-chose à priori. Le légiste est à côté et Gigi a déjà pris les photos. Les gars sont en route pour les relevés, ils vont arriver. Vous voyez, vous n'êtes pas la voiture balai, d'autres ont aussi dû faire la fête hier soir, sourit-elle.

– Il avait un téléphone ? demande Pierre-Antoine en lui lançant un œil noir.

– Oui, il est toujours là sur la table, on ne l'a pas touché, on vous attendait.

– Bon, alors on y va, fouille en règle, on ne néglige rien. Ouvrez l'œil Castelet, et allumez votre cervelle.

Une fois de plus Marie-Claude ne relève pas. Ça fait partie du jeu sans doute, elle n'est que co-équipière et n'a pas l'expérience du capitaine De Kerimel ! Elle s'efforce d'apprendre au maximum, même si la position de bleue est pour le moins inconfortable. Elle doit se contrôler, c'est la hiérarchie, ça fait partie du truc. Quand elle aura vraiment fait ses preuves, il pourra aller se faire foutre. Ça fait un an qu'elle bosse à ses côtés, et elle doit reconnaître que sous ses airs de malotru, c'est plutôt un bon flic. Il était chargé de l'affaire Canif à l'IGPN quand elle est arrivée. Il avait résolu l'affaire, quatre meurtres dont le premier remonte à quatre ans. Il avait été tenace et ça avait fini par payer. Maintenant le criminel est sous les verrous, et après tout, qu'est-ce qu'on demande de plus à la police que de coffrer les assassins, fussent-ils de la maison ? Si elle-même avait mené l'enquête, l'aurait-elle coffré ? Peut-être sa jeune expérience l'aurait-elle induite en erreur ? Elle avait assisté le capitaine pendant la période précédant l'arrestation de Canif et il avait subsisté en elle comme une réserve. Aurait-elle arrêté Canif aussi promptement que le capitaine ? Et de ce fait est-il envisageable de penser qu'un cinquième crime aurait pu être perpétré par sa faute ? Heureusement, De Kerimel avait été efficace et n'avait pas tergiversé une fois sa conviction faite et les preuves rassemblées. Pourtant ça avait été très difficile pour lui. Il connaissait très bien Canif pour l'avoir côtoyé autrefois d'une part, et d'autre part pour avoir été le mari de Judith, actuellement l'épouse de celui-ci. C'était en quelque sorte une affaire de famille, et il avait surement dû faire preuve d'une grande abnégation et d'une certaine maitrise de lui-même pour réussir à faire la part des choses. Elle se demande comment il a pu gérer ça, il aurait dû refuser d'ailleurs. Ça avait certainement été éprouvant, et elle doit reconnaître qu'il s'était comporté en vrai professionnel. Ça ne lui fait même pas mal de se le dire, ce sont des faits, et qu'il soit con dans sa façon de se conduire est accessoire, elle n'en a rien à faire, elle ne couche pas avec lui. Elle ne sait pas trop si elle doit se réjouir de sa mutation sur Nantes mais en tout cas ils sont partenaires et elle entend bien continuer à en apprendre le maximum.

Pierre-Antoine descend les marches du perron du trois rue des jacinthes. Un deux trois quatre cinq foutues marches. Il se rassure dans le fait que cinq à monter et donc cinq à descendre ça fait dix marches en tout... un bon vieux nombre pair. On se console comme on peut. Il veut allumer une cigarette, sa première, vu qu'il avait trop mal au crâne ce matin pour s'en rajouter une couche, mais il ne trouve pas son briquet. Espérons qu'il ne l'a pas oublié dans le dernier bistrot de cette nuit, c'est un cadeau de son père. Bon, l'affaire : la femme de ménage n'a rien vu de particulier, il fallait s'en douter, elles ne remarquent jamais rien à part s'il manque du produit pour les carreaux. Le légiste penche pour une mort après coup, dans les minutes ayant suivi l'agression. Il est vraisemblable qu'il y ait eu hémorragie interne. D'après lui ça a dû se passer vers minuit. Remarque, c'est pas con, le gars a dû attendre les douze coups du passage au nouvel an pour tirer, l'heure idéale pour que tout le monde se foute comme de l'an quarante de quelques détonations. Oui, bonne année, bonne santé ! Tout le monde s'est embrassé à l'heure où le pédé s'est écroulé face contre terre. Il se demande brièvement si sur sa tombe on inscrira 2014 ou 2015 pour la date de mort. Il rappellera le légiste ce soir après l'autopsie pour en savoir davantage, ou il passera à la morgue s'il tient encore debout après cette journée gueule de bois. Il sort son téléphone et compose le numéro de Betty en espérant qu'elle soit chez elle pour lui payer un café bien costaud.

En empruntant le chemin conduisant à la bicoque de Betty, Pierre-Antoine oublie son mal de tête. Au bout de deux-cents mètres il peut apercevoir la maison sur son promontoire, fumante, rassurante comme un phare sur une île fouettée par la tempête. Il pleut encore et les essuie-glaces de la Renault 16 ont bien du mal à faire face au déluge. Il dirige son vieux navire vers la chaleur promise de la petite maison sur sa butte. Autour : rien, seulement des champs agrémentés de quelques arbres. Des corbeaux s'envolent sur son passage en l'honorant de leur danse de bienvenue. La vieille Renault brinqueballe entre nids de poules et ornières. Comment Betty fait-elle pour vivre ici, se demande-t-il. Il ne pourrait même pas passer des vacances si loin de tout. Il est pourtant heureux qu'elle ait choisi cet endroit. À chaque visite il s'y sent rassuré, comme en pause. Sa vieille amie, perdue de vue si longtemps, retrouvée grâce au miracle de la technologie, cette invention du siècle qu'est le Web. Internet nous éloigne de la vraie communication, diront certains, quelle foutue connerie. Il en sait gré à Monsieur Fortiche d'avoir inventé ce truc. Grâce à lui il a retrouvé Betty.

La Renault garée entre deux flaques d'eau boueuse, il est accueilli par les aboiements du chien tout en joie de le voir dans le coin. Il a surement reconnu le bruit de la 16. Il faut dire qu'il ne doit pas voir grand monde passer. Même le facteur dépose le courrier à l'entrée du chemin en bas à deux cents mètres, si bien que la pauvre Youpilie ne peut même pas s'y faire les dents. La clochette, ou plutôt la cloche, sonne comme pour les fêtes de Pâques. Mais où a-t-elle trouvé un truc pareil ? sourit-il. Il suppose qu'elle a pris un truc aussi gros à cause du vent, le promontoire étant exposé aux caprices d'Eole tous azimuts. Rien autour ne permet d'atténuer sa rage et ses envies d'assauts, surtout en cette saison. Un de ces jours la baraque s'envolera pour d'autres cieux. Betty y trouvera peut-être une meilleure place. Et ce jour-là, il aimerait bien en être pour tout effacer, recommencer, loin de tout, s'envoler vers un monde nouveau... avec elle.

Betty sourit. Comme par enchantement le froid humide le quitte instantanément. Il sent l'odeur du feu, une légère fumée flotte dans la pièce et un nuage s'échappe de la porte ouverte pour se faire aussitôt happer par le ciel.

– Hop hop hop hop, crie Betty en montant dans les aigus, et du pied elle tente d'empêcher les chats de passer le seuil. Trois bestioles trempées se sont avancées dans l'espoir fou de pouvoir rentrer avec Pierre-Antoine.

– Allez, entre, dépêche P.A., et secoue tes pieds !

– Oui oui ça va, à vos ordres chef, répond Pierre-Antoine en souriant comme un benêt, et bonne année Betty !

– Bonne année à toi aussi, à voir ta tête elle a dû commencer sur les chapeaux de roues, dit-elle en riant. Bonne année... on se le redira, ajoute-t-elle une fréquence en dessous.

— À peine entré, il emplit ses narines de l'odeur de pot-au-feu. Une marmite dans l'âtre augure d'un bon déjeuner. Il commence déjà à avoir faim et espère que Betty l'invitera à rester. Les chats y semblent aussi sensibles car la plupart se sont rapprochés de la cheminée. Mais c'est peut-être juste pour la chaleur, il n'en sait rien après tout. Il compte les félins présents. Quatre chats se partagent coussins et poufs disparates. Ça lui plait bien comme chiffre, quatre. Mais en tournant la tête, un marcou est en train de se lécher la patte près du vieux piano déglingué. Merde, ça fait cinq ça. Il cherche en vain des yeux un sixième larron. Encore un chiffre impair, deux fois déjà depuis ce matin, il n'aime pas ça du tout. Il ferait bien rentrer un autre chat exprès mais il connaît déjà la réponse de Betty :

— Non non non, ils sont mouillés, tant pis pour eux, ils rentreront quand ils seront secs.

Pas la peine de discuter, c'est comme ça. Bon, il y a le chien, alors finalement ça fait six animaux. C'est bancal, mais vu comme ça, il se sent mieux.

— Je ne te demande pas si tu veux un café, bien sûr. Et à voir ta tête, je vais te mettre un bol, sourit Betty avec toute la chaleur et la bienveillance qui lui font tant de bien.

— Alors ça plutôt deux fois qu'une, dit Pierre-Antoine en ôtant son vieux manteau de cuir dégoulinant d'un autre âge, ça va Betty ?

— Oh de ce temps-là, je ne fais pas grand-chose, je reste au chaud.

— Pas de nouvelles de New Monsieur aujourd'hui ?

— Non, je n'ai pas répondu à ses SMS, c'est bon j'en ai assez. Et puis t'as raison, il faut que j'arrête de panser les plaies de ces bonhommes sur lesquels je tombe. Il faut que je pense à moi. Je sais, je ne suis pas Mère Teresa, pas la peine de me le rabâcher, dit Betty d'une voix trainante comme pour souligner qu'elle a déjà entendu ça cent fois.

— Tu finiras par trouver le bon, tu sais bien.

— Oh alors ça... je ne crois plus au père noël, et d'ailleurs je ne me rappelle pas y avoir cru un jour, mon père m'a très vite fait comprendre que c'était des conneries.

— Il devient quoi lui ?

— De pire en pire, il ne sort plus, laisse les volets fermés. Il n'a jamais eu aucun courage de toute façon, même pas celui de parler avec moi. Alors qu'il aille se faire foutre. Mais quand ça ira encore plus mal, qui c'est qui va écoper et s'en occuper ? C'est encore bibi, sa fille chérie, celle à qui il a montré tellement d'affection qu'il ne la voyait même pas, la seule à peu près saine d'esprit et responsable de cette famille de dégénérés. Bon allez passons à autre chose, je vais m'énerver là... Et toi, quelles sont les nouvelles ?

Betty est la seule à l'appeler par ses initiales. Il aime qu'elle l'appelle ainsi. Il ne supporterait pas de quiconque qu'on écorche le prénom donné par son père, mais Betty fait partie d'une autre réalité, elle a tous les droits, elle peut lui dire ce qu'elle veut, elle peut l'écorcher vif. Betty c'est comme un foyer, comme une maman, une amie véritable sans objectif vis-à-vis de lui, sain ou pas. Elle l'aime comme un frère. Oh il aurait aimé qu'il en soit autrement bien sûr, mais c'est bien ainsi. Ils s'aiment, s'écoutent, se comprennent et se conseillent en toute occasion. Il ne pourrait plus se passer d'elle.

— Oh moi, rien de transcendant.

Machinalement il sort son paquet de cigarettes de la poche de sa chemise et s'apprête à en sortir une. Instantanément le regard de Betty le transperce. Pris en faute comme un petit garçon, il repousse la cigarette et range le paquet en hâte dans la poche arrière de son jean. De toute façon il n'a plus de feu c'est vrai...

— Ce matin levé de bonne heure, meurtre d'un homo, ça

réveille.

– Un meurtre ? Tu es allé sur les lieux ? C'est toi qui vas t'en occuper ?

– Oui pour l'instant en tout cas, je suis tout seul, Beluga est en congé. L'enfoiré se grâle aux Antilles. J'étais avec Castelet ce matin.

– Ah tu l'aimes bien celle-là hein ?

– Ne dis pas de connerie, elle est jeune, elle croit avoir tout vu tout fait. J'essaye de lui montrer au mieux le métier, mais c'est loin d'être gagné, je ne sais pas si elle est vraiment faite pour ce boulot, elle manque de discernement.

– T'es vache, moi je trouve qu'elle est bien, elle change un peu des pimbêches perchées sur des échasses, et puis elle me semble plutôt posée. Elle ne t'a pas aidé pour l'affaire de Bruno ?

Pierre-Antoine se renfrogne et son regard se fait plus sombre.

– Arrête, j'en suis encore malade de cette affaire. Coffrer celui qui m'a remplacé auprès de Judith a quelque chose de revanchard. Je sais, j'ai toutes les preuves, j'ai fait mon boulot, mais ça fait chier pour Judith. Elle m'en voudra toute sa vie.

– Tu sais moi aussi à l'époque je l'aimais bien Bruno, j'ai été tellement surprise d'apprendre ce qu'il a fait, mais je ne t'en veux pas pour autant de l'avoir mis hors d'état de nuire. Et tu as vraisemblablement empêché d'autres accès de folie de sa part.

Betty réfléchit.

– J'ai eu du mal à croire qu'il puisse faire des trucs pareils, reprend-elle, mais en y pensant, son enfance a été tellement terrible à la maison. Il a dû vivre des trucs de fou avec ses deux alcoolos de parents, et les gars du lotissement n'ont pas été tendres avec lui, à l'école non plus, et on ne sait pas tout. Va savoir comment le cerveau peut réagir aux traumatismes. Ça laisse forcément des traces.

– Eh bien excuse-le pendant que tu y es, tu pourras expliquer ça aux familles des quatre victimes, bougonne Pierre-Antoine.

– Ça n'est pas que je l'excuse, pas du tout, c'est parfaitement impardonnable de voler la vie de quelqu'un. Cependant, il a quelques raisons de tourner pas rond, c'est tout.

– Tous les traumatisés de la vie ne sont pas des assassins, Betty.

– C'est vrai, j'aurais pu en tuer quelques-uns, et toi aussi je pense non ? On a tous subi des bourrasques. Alors si elle est intelligente, et je crois qu'elle l'est, Judith ne t'en voudra pas jusqu'à la fin des temps.

Betty se lève pour aller chercher la cafetière dans la cuisine juste à côté et lui pose sa douce main sur l'épaule en passant.

Judith… quelle douleur inextinguible. Le simple fait d'y penser lui serre le cœur malgré les années. Ils avaient été mariés pendant deux ans et elle l'avait mis dehors. Tout ça pour avoir voulu qu'elle reste à la maison au lieu de continuer ses études. Mais merde, il aurait assuré pour deux, elle n'avait pas besoin de travailler ! Quoi de mieux pour elle que de gérer son foyer, avec amour. Et elle aurait pu s'adonner à ses passions, tranquille, sans stress. Ils auraient alors fondé une famille, une vraie. Au lieu de ça Bruno lui a donné ce dégénéré de Victor et elle doit maintenant le trainer comme un boulet. Pourquoi n'avait-elle pas compris à quel point il l'aimait ? La tête bien enfoncée sur le dos du vieux fauteuil il regarde la pièce autour de lui. Les chats sont tous lovés en rond, sauf le grand mâle maintenant grimpé sur le vieux piano près d'un vase fleuri (il se demande d'où viennent ces roses car vu le temps, ça n'est manifestement pas du jardin). Le vieux chat dort debout, les yeux fermés. Heureuse bestiole, pense-t-il. Son regard s'attarde sur les dessins au mur, autant de marques colorées d'affection et de confiance des enfants envers leur mère. Son regard tombe sur la pile de bouquins érigés en une tour improbable, les plus gros sur les plus petits, empilés n'importe comment en un édifice à l'équilibre précaire. Si un chat avait l'idée de se hisser au faîte, ça ferait un beau bordel au milieu de la pièce. Les titres sur la tranche des livres le font sourire, *Ta deuxième vie commence quand tu comprends que tu n'en as qu'une*, *Agir comme un chat*, *Le pouvoir du moment présent*, *Ces amours qui nous font mal*, *Cessez d'être gentil*, et une bonne série de Christophe André et autres spécialistes de la conscience de soi. *Le don du pardon* de Don Miguel Ruiz le fait cogiter pour savoir s'il est lui-même capable de pardonner... Il en doute. Il ne pousse pas plus avant ses réflexions sur ses capacités car Betty arrive en portant un plateau surmonté de deux grandes tasses de café fumant. Ah le bon café de Betty, le meilleur des breuvages... après le Chivas cela va sans dire.

Les carnets de Bruno

Pauvre Rita, je suis tellement désolé, il le fallait. Tu n'en pouvais plus pauvre chienne. Je n'ai pas encore vraiment parlé de toi dans mon carnet, je t'offre donc ce petit hommage pour que tu aies laissé une trace malgré ta vie de merde. Au moins ton nom sera quelque part même si ce n'est que sur mes carnets. Quand papa t'a ramenée tu étais une toute petite boule de poils, nous étions si contents avec Cécile. Tu nous léchais la figure et tu remuais la queue dès que tu nous voyais. Très vite maman n'a plus voulu que tu entres dans la maison, elle trouvait que tu étais sale. La maison n'était pas un modèle de propreté alors on ne comprenait pas. Et tu as grandi dans le garage avec pour univers le devant de la maison aussi loin que le permettait ta chaine. Papa disait que c'était bien pour que tu les protèges, prétendant que les nouveaux arrivés dans les maisons neuves du lotissement pouvaient être dangereux « on sait jamais » avait dit maman. Alors un berger allemand c'était super pour monter la garde, même si avec ton oreille cassée tu avais l'air plutôt gentille. Cécile s'occupait de toi comme elle le pouvait, tu te doutes bien que c'était difficile pour elle, et je lui filais un coup de main même si maman disait que c'était à Cécile de le faire. Et puis il y a eu les coups, au début c'était juste quelques coups de pieds mais ça a dégénéré. À chaque fois que tu aboyais ou que tu ne pouvais pas te retenir quand tu étais enfermée trop longtemps dans le garage tu en prenais plein la gueule. Les parents étaient devenus fous et tu n'échappais pas à leur colère, tout comme moi et Cécile. Mais moi je suis un humain, je savais ce qui se passait. Toi tu ne faisais que souffrir sans savoir pourquoi. Je comprends tellement que toi aussi tu aies pété les plombs, tu ne savais plus comment te comporter en espérant sans doute une petite caresse de temps en temps. Mais c'était pas pour toi les caresses. C'était pas pour nous non plus. À la fin tu avais un regard de folle, excuse-moi de dire ça, mais tu tirais sur ta chaine, tu courais sur cinq mètres comme si tu allais pouvoir t'évader et le collier t'arrêtait net dans ta course, violemment. La chaine retombait alors sur le sol en un bruit de prisonnier et ta langue pendouillait sur le côté de ta gueule. Pauvre chienne, même Cécile et moi n'avons pas trouvé le temps de t'aimer. Et pour le moindre truc de travers alors qu'elle s'occupait de toi, Cécile en prenait pour son grade et subissait des dérouillées par maman et aussi par papa accessoirement. Je ne veux pas trouver d'excuse, mais je voulais te dire que j'ai été obligé de mettre fin à tout ça. Je me souviens de la fois où maman a marché dans ta merde et comment ça a fini pour Cécile. Je me souviens aussi de la fois où maman a coupé net le doigt de papa dans la porte du garage. Elle l'avait carrément fermée à clé après l'avoir violemment refermée sur sa main. Papa a hurlé, tiré sur sa main comme un fou, et le doigt est tombé de l'autre côté de la porte. Et toi ma Rita, quand tu as vu le doigt, tu l'as pris dans ta gueule, je ne crois pas que c'était pour le manger, mais à vrai dire je ne sais pas ce que tu pensais. Papa a réussi à rouvrir la porte en hurlant et t'a vu en train de manger son doigt. Il a attrapé ce qui lui est tombé sous la main et t'a mis ces coups de marteau sur la tête en criant pour que tu le lâches… Ensuite c'est encore Cécile qui a pris parce que c'était sa faute si tu étais mal éduquée. Je me souviens qu'après ça tu es restée couchée au fond du garage pendant trois jours. Tu devais avoir mal.

Ça ne pouvait plus durer Rita, tu dois me comprendre, tu dois me pardonner. J'ai fait ce que j'ai pu cette nuit-là pour que tu ne souffres pas trop quand j'ai mis fin à ton calvaire. Je me souviens avoir pleuré longtemps quand j'ai senti ton dernier souffle avec ce sac sur ta tête. Ça n'a pas été facile de te tenir, tu te débattais forcément, c'est normal. Mais il le fallait Rita, je devais le faire, pour toi, pour Cécile. J'espère que tu es au paradis des chiens, Rita.

7

— Alors, qu'est-ce que tu peux en dire? demande Pierre-Antoine.

Le légiste a ôté ses gants et remonté ses lunettes sur le haut de son crâne. Il expulse bruyamment l'air par le nez pour inspirer à fond aussitôt, plusieurs fois de suite avant de répondre. Apparemment quelque chose le gêne...

— Trois balles, du neuf millimètres vraisemblablement : une fichée entre les vertèbres L3 et L4, une deuxième dans le foie et une troisième a perforé le poumon gauche. La cause de la mort est vraisemblablement due à une hémorragie interne due à la lésion dans la partie inférieure du foie.

Pierre-Antoine se souvient de la position du corps :

— Il a pu bouger après s'être fait tirer dessus?

— Oui un peu c'est possible. La balle dans la colonne l'a certainement paralysé des membres inférieurs d'entrée de jeu. La lésion au foie a entrainé la mort très rapidement mais il a pu avoir quelques minutes pour tenter de bouger ou ramper.

— Rien d'autre?

— Pas de trace de coups mais un hématome au niveau de la hanche droite, surement en chutant. Pas d'alcool ni de drogue, pas de trace de lutte, pas d'ADN évident sous les ongles ou autres mais j'ai quand même fait les prélèvements au cas où.

— Je peux voir les balles?

Pierre-Antoine les observe, du neuf millimètres mais il n'est pas très calé en balistique alors qu'en dire de plus?

— Bon on verra ce qu'en disent les analyses, dit-il en reposant le haricot sur le plan chromé.

Il reporte son regard sur le légiste qui vient de se curer le nez et admire une véritable chandelle sur le bout de son index en souriant d'aise. Ça n'a pas l'air de le gêner et sans aucun complexe il s'essuie négligemment sur le revers de son pantalon.

– Je rédige le rapport et je t'envoie ça avec les photos. Je pense que tu auras les résultats balistiques ce soir, je leur transmets les balles tout à l'heure, là faut que j'aille manger un bout, ça m'a donné une de ces dalles.

– Tu as vu Castelet ? Elle est passée ?

– Non, pas vue, répond le délicat légiste en se fouillant dans l'oreille avec la clé de sa voiture.

Pierre-Antoine préfère ça, il n'aime pas vraiment qu'on essaye de lui damer le pion, et il faut être méfiant avec les jeunes aux dents longues, surtout les femmes. Surtout les moches. Il compose le numéro du labo sur son portable :

– Salut, c'est De Kerimel.

– Bonjour capitaine, c'est Sasha, je suppose que vous appelez pour le portable de Delpierre ? Et bonne année capitaine, susurre Sasha de sa voix enjôleuse.

– Oui, bonne année à vous aussi. Alors vous avez quoi ?

– Je n'ai pas terminé, je suis toute seule je vous signale, tout le monde est en congé ! Je fais au mieux. On a craqué le code PIN et je suis en train de faire le tour des numéros et messages. J'ai les photos et je suis en cours pour entrer dans les mails. J'attends que l'Info me rappelle, je viens de les avoir et ils m'ont dit que ce n'était pas un problème. Je vous envoie tout ça dès que possible et si je vois un truc je ne manquerai pas de vous appeler.

– Merci madame Menerva.

Mais c'est quoi cette voix qu'elle prend quand elle s'adresse à lui ? Il n'aime pas beaucoup cette Sasha, elle le met mal à l'aise. Elle a toujours l'air d'attendre quelque chose de lui, comme si elle voulait l'attendrir. Mais ses yeux bleus n'y feront rien, il n'apprécie pas cette fille, et par instinct, il préfère rester loin.

Une cigarette fichée au coin des lèvres, le capitaine regarde la route. Il espère qu'on ne va pas lui coller l'intégralité de l'enquête sur le dos et que Beluga va prendre la relève dans deux jours, s'il se décide à revenir de sa Guadeloupe. L'affaire Canif l'a éprouvé et il ne se sent pas forcément d'attaque pour une nouvelle affaire de meurtre. Encore que ça n'a pas l'air forcément compliqué à résoudre. En fouillant on allait surement trouver un petit pédé désireux de se venger de l'autre pervers. Ou alors c'est un coup des manouches qui campent juste à côté, il va falloir aller les secouer un peu les gitans. Mais il doute de cette hypothèse, ils auraient surement emmené l'écran plat.

La Renault 16 taille l'asphalte et les essuie-glaces dansent sous ses yeux en couinant. Un bruit aigu à l'aller, un bruit différent au retour, un peu plus grave... Ça fait deux ondes sonores qui chantent en cadence. Deux... rassurant... parfait.

***

Marie-Claude Castelet caresse les cheveux d'Izzy. Elle aime ces instants d'apaisement, de tendresse et de chaleur lorsqu'après l'amour leurs corps frissonnent encore. Elles apprécient encore les petites attentions qu'elles ont l'une pour l'autre après la délicieuse tempête. Se tenir encore enlacées, se remettre les mèches en place mutuellement en souriant dans le silence moite de leurs derniers ébats, elle aime autant ces délicatesses que les montées de plaisir de la jouissance animale. Izzy est si belle, si fine, si féminine, elle l'aime à l'infini. Elle s'est endormie. Demain elle ne sera pas là, la journée va être longue. Quand Izzy n'est pas dans l'appartement, tout semble vide, rien n'a de sens et Marie-Claude se sent terriblement seule. Un aller-retour chez ses parents, c'est pas la mer à boire, Izzy n'est pas sa prisonnière et elle veut lui laisser une entière liberté. Elle veut qu'elle se sente bien avec elle c'est tout. Marie-Claude a une main dans les doux cheveux de la belle endormie, et de l'autre elle tourne entre ses doigts le zippo de Pierre-Antoine. Elle fait claquer le couvercle machinalement, le ré-ouvre pour le faire claquer à nouveau. Il n'avait qu'à pas l'énerver le Pierre-Antoine De Kerimel. En tout cas il n'a rien vu quand elle lui a fourré la main dans la poche alors qu'il examinait la photo dans la main d'Hugo Delpierre. Il va falloir arrêter ces conneries un jour mais elle ne peut pas s'empêcher de se lancer ces petits challenges, ces petits défis de subtiliser n'importe quoi. À chaque fois elle ressent une petite montée d'adrénaline de peur de se faire prendre la main dans le sac. Mais ça a quelque chose de bon, et quand elle le fait pour apaiser le fait que quelque chose ne lui a pas plus, c'est encore meilleur. Ça sonne comme une petite vengeance, un « bien fait pour lui ». C'est puéril, elle le sait, mais c'est bon quand même. Izzy la traite de cleptomane mais elle lui répond qu'elle exagère, que c'est juste pour s'amuser, qu'il ne faut pas en faire un plat. La respiration d'Izzy la berce de bien-être, c'est bon de l'avoir, elle remercie le ciel, s'il y en a un, de l'avoir mise sur sa route. Ses parents sont très loin d'être de son avis mais qu'ils aillent se faire voir ces deux fachos. Elle se demande si le crime d'aujourd'hui est un acte homophobe. Mais en y réfléchissant c'est peu vraisemblable. Et si c'était l'œuvre d'une bande de petits cons éméchés du nouvel an voulant faire la peau à une tantouze, ils auraient saccagé la pièce ou ils auraient au moins fait voler à travers la pièce quelques statues évocatrices du mode de vie de Delpierre. Mais à part le petit désordre près du corps, rien. Et il semble que rien ne manque. Pourtant la pièce regorge de breloques dorées qui même si elles ne valent pas grand-chose pourraient donner des envies à certaines pies. Une liasse de quelques billets de cinquante se trouvait même encore sur le bureau juste à côté du Macbook. Non, c'est vraisemblablement une affaire personnelle. Elle ne sait pas si le duo qu'elle forme avec De Kerimel va avoir l'enquête en charge mais si c'est le cas, elle va faire son maximum. Elle passerait bien voir le légiste mais le capitaine a précisé qu'il la tiendrait au courant alors elle préfère attendre pour ne pas le froisser. Il ne faudrait pas lui faire penser qu'elle veuille le griller. Il est très con alors autant ne pas s'en faire un ennemi si elle veut progresser dans le métier. La main sur la hanche d'Izzy, elle sent le sommeil la gagner.

***

Pierre-Antoine se concentre sur les photos prises avec son portable dans la maison de Delpierre. Il les a transférées sur son ordinateur pour bien regarder. Il sait par expérience que les premières impressions sont primordiales. Lorsqu'il n'est pas encore pollué par le contexte, par les remarques et idées de tous les échafaudeurs de théories faciles et plus ou moins fantaisistes, quand le meurtre baigne encore dans son jus, c'est là qu'il faut faire jouer l'instinct, sentir le truc. Par la suite, c'est plus compliqué de n'être que soi-même face à l'énigme, de n'être qu'un cerveau vierge de toute pollution extérieure altérant un ressenti primaire essentiel. Il faut sentir dès le départ l'impulsion qui guidera la suite jusqu'au coffrage de l'assassin. Et cela même si la victime est homosexuelle. Son métier est de mettre en tôle les meurtriers alors il y mettra le même zèle. Il a toujours voulu être un flic exemplaire et il voudrait tellement épater son père pour lui prouver qu'il n'est pas le « bon à rien » comme il l'a si souvent entendu dire à la maison. Perpétuer la tradition familiale, être policier au service de la France, comme son père : voici les valeurs qu'on lui a inculquées et il entend bien les honorer. Et puis s'il trouve un semblant de début d'indice il le transmettra à Beluga pour la suite. Il continuera à se comporter en bon flic, en excellent flic, il leur montrera à tous que l'incident de Paris était isolé. Tout un chacun peut faillir mais rien n'est immuable, on peut faire un faux pas et se relever pour en sortir encore meilleur. Enfin, à cause de sa bévue, ou grâce à elle, il est à Nantes, il peut à présent veiller sur ses parents. Sa demande de mutation est ancienne mais il était difficile de la faire accepter. Comme partout, les effectifs réduits entravaient quelque peu la mobilité volontaire. Et puis il y avait eu l'affaire Bruno Canif, un flic. L'IGPN lui avait donc confié le sujet, certainement pas par bonté d'âme, mais pour l'éloigner de Paris où il n'était plus vraiment en odeur de sainteté depuis la bourde de l'hôpital. Sa demande en attente tombait à pic pour l'envoyer loin, et Nantes faisait très bien l'affaire. La raison n'était pas forcément glorieuse mais peu importe. Par la suite la résolution de l'affaire Canif avait redoré son blason, et l'opportunité de prendre un poste à Waldeck-Rousseau s'était fait jour. En effet le capitaine Vasseur s'était évanoui dans la nature dans le même temps : disparu au sens littéral du terme. Il avait sans doute mis les bouts, surement ras le bol de se faire tabasser par sa mégère de femme, en tout cas c'est ce que l'enquête semblait indiquer à ce stade. Ça s'était bien goupillé finalement ce poste à pourvoir. Il n'est plus au Quai des Orfèvres certes, mais tant pis, on peut faire régner l'ordre partout. Terminée l'expérience IGPN, de toute façon il n'aurait pas pu rester vu comment on le regardait désormais là-bas. Il avait eu cette opportunité formidable de travailler pour ce qu'il considérait alors comme le Saint des Saints mais cette expérience avait suffi, et même si certains flics débordent en allant jusqu'à tuer, ça n'est jamais évident d'arrêter des collègues. Pour Canif ça n'avait pas été simple, même s'il n'avait jamais pu sentir ce voleur de Judith. Qui l'aurait pu à sa place ? Et Canif, pour déborder, il avait débordé : quatre meurtres. Pierre-Antoine est heureux d'avoir fait cesser ce carnage, même s'il aurait bien aimé limiter davantage la casse. Peut-être le fait de le connaître (et pour cause) avait-il altéré sa lucidité ? Aurait-il pu l'arrêter plus tôt ? Canif avait tué l'ancien amant de Judith, on peut à la rigueur qualifier ça de crime passionnel, encore que des années après ce soit un peu étrange. Mais il avait littéralement explosé ensuite, comme si toutes ses rancœurs étaient remontées à la surface. Tuer un violeur, on peut à la limite comprendre aussi, mais un ancien camarade ? Oui bien sûr, ledit camarade l'avait pris pour une tête de turc quand ils étaient en culottes courtes et Pierre-Antoine connaissait aussi ce Boss, il l'avait vu à l'œuvre, un vrai petit branleur. Canif avait donc pété les plombs et l'avait retrouvé pour le descendre de sang-froid. Et pour finir il avait plombé sa maitresse handicapée, signe d'une folie criminelle exponentielle. Les experts allaient surement débattre au procès sur sa santé mentale. Il a bien fait de faire son maximum pour le mettre sous les verrous en attendant, on ne sait jamais. Quelque part il avait protégé Judith.

Pierre-Antoine passe en revue les photos de la maison en sirotant un verre de Chivas, le fond de bouteille rescapé de la veille. Demain il ira faire les courses. Il regarde en boucle ses clichés pour s'imprégner et imaginer les derniers instants de Delpierre. L'intérieur est chargé de bibliothèques, de statuettes dont il préfère ignorer la signification sous peine d'en éprouver la nausée, de babioles et autres coussins chamarrés posés sur des petits fauteuils ou à même le sol. Les rares murs sans tableaux sont recouverts de tentures. Les rideaux aux fenêtres semblent lourds et chers. On se faisait vraiment pas chier l'ami, pense-t-il. Il avait lu sur les premiers rapports reçus par mail que Delpierre était amateur d'art. Remarque il avait apparemment les moyens, il était à la tête d'une entreprise de textile et avait de gros partenaires en Chine. Et vu la maison rue des Jacinthes et la Porsche Cayenne sous le porche, il pensait que les affaires devaient plutôt bien prospérer. Alors il fallait bien mettre l'oseille quelque part et la gaspiller dans l'acquisition de quelques toiles histoire d'épater les petits mecs attirés dans sa grotte de luxe.

Sur l'un des clichés il regarde Castelet qui n'a rien trouvé de mieux à faire que de se foutre dans le champ. Vraiment elle n'inspire pas l'amour, on dirait un mec. Pourtant, si elle se laissait pousser les cheveux et se fringuait ailleurs que chez Emmaüs elle dégagerait quelque chose. Et puis son regard l'interpelle, elle pétille d'intelligence. Et ça, c'est vrai que ça l'attire généralement, mais il y a trop de boulot sur le reste, il faudrait qu'elle fasse un coaching de féminité la petite. Sur la photo elle semble mettre quelque chose dans sa poche, il se demande bien quoi… Il regarde les photos près du corps. À priori il a dû y avoir eu un peu de remue-ménage de par cette espèce de trophée par terre et le cadre cassé dans la main de Delpierre. Ils sont vraisemblablement tombés de la commode au-dessus du cadavre. Il zoome sur le trophée :

Les timbrés de l'orthographe 2014
Théâtre de l'Alliance française
17 /09/2014

Delpierre devait aimer la langue. Il rit intérieurement de sa bonne blague et se promet la replacer, peut-être même à Castelet pour l'emmerder un peu. Le cliché suivant est cadré sur la main de Delpierre, celle qui tient la photo. Il agrandit l'écran. La photo le représente debout à côté du trophée, fier et souriant. Il a dû demander à l'un de ses invités de le prendre en glorieux vainqueur. Il pose, accoudé à la commode tout près du cube de verre gravé au laser représentant une plume en 3D sur un socle couleur or. Il avait dû être fier le Delpierre, un truc qu'il n'a pas acheté mais bel et bien gagné par ses propres capacités. Ça change la vie. Pierre-Antoine repasse encore les photos une à une. Son cerveau semble lui dire « fais attention, regarde bien ». Il sent que quelque chose ne va pas. Son instinct lui dit de regarder encore. Ne remarquant rien de plus, il parcourt de nouveau sa collection de photos personnelles et s'arrête devant celle prise quasiment sous le même angle tout à l'heure. Il met les deux côte à côte et remarque tout de suite ce qui a allumé un warning dans son esprit au premier tour de piste : sur sa photo, le mur au-dessus de la commode est vide. Sur celle que tient Delpierre, un tableau surmonte le meuble. Ce n'est peut-être rien, mais ce tableau était encore là au mois de septembre vu la date sur le trophée. Il va falloir vérifier s'il se trouve ailleurs dans la maison, ou si Delpierre l'a vendu ou offert à l'un de ses mignons. Pierre-Antoine zoome sur le tableau manquant et essaye d'améliorer la netteté. Son portable fait des clichés plus que corrects mais il les a pris à la va-vite et ça n'est pas super net, d'autant plus que c'est la photo d'une photo… Le tableau lui dit quelque chose, il n'est pas féru d'art mais quand même. On dirait la même mise en scène que le Guernica de Picasso, oui c'est ça. Les personnages sont différents, lumineux, presque vivants malgré le caractère abstrait de leurs représentations et les pixels de l'agrandissement. Les visages sont taillés à la hache par des traits droits et des angles improbables mais ils semblent réels. Fortiche, se dit Pierre-Antoine. Les têtes semblent sortir de l'eau comme pour chercher à rejoindre le soleil grimaçant qui éclaire la scène. Et sur Guernica il se souvient d'animaux, des chevaux ou des vaches, il ne sait plus très bien. Mais là, pas de cornes ni de sabots. Par contre, trois créatures visqueuses et colorées déploient leurs tentacules sur des visages hurlant de souffrance, des poulpes, pense-t-il dans un premier temps. Les animaux marins sont translucides, là encore il s'étonne de la prouesse du peintre car l'arrière-plan du tableau transparait à travers les monstres en déformations inquiétantes. L'œil d'un personnage devant lequel passe un de ces spectres donne l'impression de sortir littéralement du tableau, comme catapulté du visage hurlant du pauvre hère. Les ectoplasmes fantomatiques semblent harceler les âmes des pauvres naufragés. Ils sont chargés de lumière, chacun sa couleur, bleu, rouge, vert, et leurs rayons colorent leur entourage en dégradés évanescents. Ils semblent presque se déplacer sur la photo, comme si l'œil était forcé de les regarder évoluer dans tout le tableau. Magnifique. Il aimerait bien contempler l'œuvre pour de vrai. Il se souvient soudain des plages de son enfance et de la fois où il était monté sur… oui c'est ça, ce sont des méduses.

8

2 janvier 2015

— Vic le malade est de retour ? Salut mon pote ! Ça fait plaisir de voir ta tronche, ça marche impeccable notre petite version de Télégram, la vidéo est nickel.

— Bonjour Chuck. Mon nom c'est Victor pas « le malade ».

— Alors qu'est-ce que t'as foutu hier, moi j'ai passé la journée à faire tourner notre super Télégram, ça aurait été plus vite si tu avais été là. Enfin bon j'y suis arrivé, tu as vu ça ? Tu reçois bien toi ?

— C'est impeccable, la définition est superbe, tu as bien travaillé. Hier j'avais besoin de réfléchir. Je n'ai même pas allumé d'ordinateur.

— Tu as réussi à faire ce que tu voulais, pas de problème ?

Télégram est à priori sûr mais il n'est pas opportun de prendre quelque risque que ce soit.

— Oui tout s'est correctement déroulé, je n'ai rencontré aucun aléa.

— Parfait grand fou, un de plus en moins.

— Je ne pense pas être fou, seulement différent. Et si la différence était considérée comme une maladie je serais alors possiblement considéré comme malade ou fou. Je ne pense pas que ce soit le cas dans notre société. Et je ne suis pas si grand que ça.

— Stop on s'en fout, reste avec nous.

— J'ai aussi repensé à l'algorithme clé pour les serveurs d'entrée, je pense avoir une idée pour masquer infailliblement les visites. Je te développerai la modification et tu pourras essayer sans aucun risque, d'autant plus qu'on pourra passer par Neptune via la SVPN.

– J'ai hâte d'avoir ça le malade ! C'est quasiment prêt, on va bientôt pouvoir passer à la phase réalisation. La suite est quasiment écrite, une fois qu'on sera à l'intérieur on pilotera ma petite surprise à travers tous les firewalls. Ils vont tomber un par un, je te le dis ! Et après putain, la mort de Sébastien aura servi à quelque chose.

Chuck est heureux. Mon ami. Je l'aiderai dans sa quête, je réussirai ça ne fait aucun doute. Ça fait tellement longtemps qu'il se prépare, il mérite d'aller jusqu'au bout. Pirater ces spéculateurs de la planète ne va pas les ruiner. Ça va faire beaucoup plus de dollars pour la recherche, pour empêcher d'autres Sébastien de mourir par incompétence et manque de moyens, voilà une noble cause qui fait vivre Chuck, et je vais l'aider à vivre. J'ai le pouvoir de protéger ceux que j'aime… même si je n'ai pas pu sauver Victoire, mon amour de sœur, ma tendre jumelle. Evidemment j'ai tué cet idiot de chien qui a traversé devant la voiture de papa, peut-être l'ai-je empêché de traverser devant d'autres voitures et de tuer d'autres sœurs, mais j'ai échoué pour toi Victoire, j'aurais dû deviner que ce chien présentait un danger, je l'avais déjà vu errer dans le coin. J'ai failli, je n'ai pas anticipé.

– Oh Vic, eh oh, tu dors ou quoi ?

– Non, je pensais.

– Oui comme d'habitude quoi, t'étais encore sur ton nuage de taré.

– Quel nuage ?

– Ou alors tu étais au fond d'un aquarium avec tes satanées bestioles. D'ailleurs elles vont bien ? Comment se passe l'expérience de l'eau du robinet ? C'est commencé ?

– Oui j'ai enclenché le processus. Chaque matin j'enlève un litre d'eau de mer et je le remplace par de l'eau du robinet.

– Putain c'est pas un truc de fou ça ? À ton avis elles en

ont pour combien de temps ?

— Je ne sais pas, c'est difficile à dire. Et tu vois, je ne sais pas du tout si elles vont en mourir. Je leur donne toujours la même ration de plancton, alors il reste à savoir si le chlorure de sodium de l'eau de mer sert uniquement au plancton ou si leur organisme l'utilise pour une fonction vitale en plus de celui contenu dans leur nourriture. Je suis plutôt circonspect sur la question et j'en saurai davantage après l'expérience.

— De toute façon c'est facile, sur un aquarium de cinquante litres si tu remplaces un litre par jour, tu auras un aquarium d'eau douce dans cinquante jours.

— Tu me déçois, ton calcul est erroné et simpliste. Si j'enlève un litre chaque matin, ce n'est pas la quantité d'eau de mer que je remplace à chaque fois. En effet j'enlèverai aussi de l'eau douce, évidemment si on adopte le postulat que la densité des deux eaux est la même et que les molécules se mélangent uniformément.

— Oh je sens que tu es parti là...

— En fait la désalinisation va suivre une courbe logarithmique inversée. Je vais ôter beaucoup de chlorure de sodium sur la première période, puis mon litre d'eau prélevé contiendra de moins en moins de sel au fur et à mesure que la proportion d'eau douce augmentera. La désalinisation essaiera de tendre vers zéro mais ce ne sera jamais le cas.

— Bla bla bla, je suppose que tu as déjà calculé tout ça non ?

— C'est exact. Et quand je serai à dix pour cent d'eau de mer, si elles sont encore vivantes, je changerai l'intégralité de l'eau pour une totale absence de sel.

— Le savant fou et ses méduses ! Je suis littéralement médusé là. Bon et ton père ça va ? Tu n'es toujours pas décidé à aller lui rendre visite ?

– Si je vais y aller. Il a répondu à ma lettre. Il m'a dit avoir besoin d'être seul, que tout ça lui fait du bien. Mais je sens que j'ai besoin, moi, de le voir, même si je le sais en sécurité là-bas et que personne n'a de raison de lui faire de mal. Il vaut mieux être enfermé sans danger que libre à la merci de ses ennemis. Je ne pense pas qu'il en ait encore mais j'ai encore quelques doutes. À ce propos d'ailleurs, il faut que tu me rendes un service : je dois pénétrer la messagerie de la police.

– Quoi ? Ah non merde, t'exagères là.

Pourquoi maman est-elle partie de la maison ? Pourquoi s'est-elle fâchée contre papa ? Il n'y avait rien de probant sur ce sujet dans leurs échanges de mails et SMS. Bien sûr j'ai découvert les secrets de l'un et de l'autre, l'amant de maman, la maitresse et autres frasques de papa après le départ de maman, mais rien sur les raisons de leur séparation. C'est anormal et illogique, des explications existent forcément quelque part. Quelqu'un leur voulait-il du mal ? La messagerie interne de la police peut être un départ pour s'en assurer. Pas de problème pour pénétrer la messagerie professionnelle de maman, c'est déjà fait mais il n'y a rien. L'ordinateur de papa c'est autre chose : les systèmes de messagerie de la police sont sécurisés, mais je dois m'assurer que personne n'est en mesure de leur nuire encore. Et je mettrai tout mettre en œuvre pour les protéger.

– Allo, t'es encore perché ?

– Perché ? Pas du tout je suis assis. Je sais, ça ne m'a pas trop réussi d'avoir ouvert une porte dans leur système l'année dernière, mais je ne referai pas d'erreur. Et j'ai vraiment besoin de toi.

– Je vais voir ce que je peux faire. En fait je peux certainement ouvrir une brèche sans qu'ils s'en aperçoivent, mais je vais prendre le temps de me consulter moi-même pour savoir si je dois t'aider. Les croisades c'est bien, mais il vaut mieux y mettre un terme un jour et revenir au bercail plutôt que d'y laisser sa peau.

– Merci Chuck.

Il rêve au fond de l'aquarium
Ses cheveux en apesanteur
Tourne et tourne petit homme
Dans le silence tu n'as plus peur

Victoire… chante, chante pour moi. Non arrête… oui je t'écoute, je suis là. Les trémolos de ta voix m'apaisent. Ces instants magiques où tu t'asseyais au piano vivent en moi… pour toujours. Victoire…

Arrête s'il te plait…

Je t'aime… Tu me manques tellement. C'est bon de t'entendre.

Non ne crie pas ! Ne t'approche pas du feu ! Non ne brule pas !

ARRÊTE ! NOOOON !

***

Castelet, si ça ne vous dérange pas trop, j'aimerais bien que vous enleviez votre pied du tableau de bord, merci.

– Oh ! là là, bien chef, je n'avais pas remarqué qu'on était dans une Jaguar.

– Très drôle. Vous voyez, j'y tiens beaucoup à ma R16. Et je n'aime pas les voitures de service c'est trop voyant.

– Comme tous les mecs, les bagnoles ça vous mène, question de virilité sans doute, raille Marie-Claude. Trop voyant… parce qu'avec celle-là c'est sûr, personne ne vous regarde…

– Ce n'est pas du tout une question de virilité, je la tiens de mon père. Il ne peut plus conduire alors il me l'a vendue.

– Vendue ? Il aurait pu vous la donner vu l'âge de la bête. Vous êtes sûr qu'elle n'appartenait pas plutôt à votre arrière-grand-père ?

– Décidemment vous ne pouvez vraiment pas comprendre, dit Pierre-Antoine l'air soucieux. Vous avez du feu Castelet ?

– Il n'y a pas d'allume-cigare là-dedans ?

– Normalement si mais il a dû tomber...

– Prenez à droite là !

Pierre-Antoine braque aussitôt en faisant tanguer la R16 dans un crissement de pneus.

– Bon Dieu Castelet, faudrait peut-être prévenir avant, c'était moins une !

– Oui bon ça va, on a tourné, minimise Marie-Claude.

– Ah les bonnes femmes, la route c'est pas votre truc hein ?

– Et voilà, le cliché macho par excellence, j'adore.

Ils commencent à être habitués à leurs petites railleries, ça en devient presque un jeu, il est même possible qu'ils commencent à s'apprécier. Aussi le silence qui vient de s'installer dans l'habitacle n'a-t-il rien à voir avec une quelconque bouderie de la part de l'un ou de l'autre.

– Allez-y, dites tout haut ce que vous pensez, on ira plus vite, dit Pierre-Antoine d'un ton agacé.

– Ils ont pu se tromper à la balistique, ça arrive.

– N'importe quoi, je n'ai jamais vu ça.

– Faut un début à tout, répond Marie-Claude.

– Non non, impossible. Que Delpierre se fasse descendre par un Lüger ça aurait déjà été bizarre. On ne trouve pas ces pétoires de 39-45 à tous les coins de rue. Mais ils ont été formels nom d'un chien, c'est le même ! Le même et je vais être salement dans la merde !

Marie-Claude ne répond pas. Effectivement ça va peut-être bien faire des remous.

– Il y a surement une explication Capitaine, ne tirons pas de conclusion hâtive, il faut se poser.

– Se poser de quoi ? C'est la même arme utilisée par Canif pour dessouder ses victimes, comme par hasard ! Et je n'ai jamais retrouvé ce satané Lüger, pourtant j'ai cherché ! Et là il réapparait. Je n'y comprends rien, c'est pas logique, ça ne peut pas être Canif cette fois, il est sous les verrous, et il n'a pas de lien avec Delpierre à priori. De toute façon il va falloir chercher par là puisque c'est la même arme.

– Si ça se trouve quelqu'un a trouvé le Lüger de Canif, si c'est bien le même, et s'en est servi pour descendre Delpierre ?

– Eh bien ça doit être un flingue maudit alors, dès qu'on y touche, on ne peut pas s'empêcher de tuer, c'est ça ? raille Pierre-Antoine. J'espère ne jamais l'avoir entre les mains, je ne réponds pas de votre peau si ça arrive un jour.

Marie-Claude ne relève pas. Elle apprend le métier, et toutes les remarques sont bonnes à prendre, même si elles viennent du capitaine De Kerimel. C'est vrai que ça sent quand même un peu le soufre. Quand Pierre-Antoine a arrêté ce gars, Bruno Canif, elle n'a pas été très à l'aise. Quelque chose la chiffonnait, elle a trouvé ça rapide, même si De Kerimel était sur l'affaire depuis beaucoup plus longtemps qu'elle. Mais il était sûr de lui alors que pouvait-elle dire sans rien de tangible pour lui mettre le doute ? Et Pierre-Antoine connaissait Canif, et pour cause, se faire piquer sa femme, c'est pas rien. Ils n'auraient pas dû lui confier cette affaire, ça le touchait de trop près. N'a-t-il pas été aveuglé par un esprit de vengeance ? A-t-il mis en doute ses conclusions avant d'accuser et d'arrêter Canif ? A-t-il été pro jusqu'au bout des ongles ? Et d'après ce qu'on dit, il a déjà été sur la sellette dans cette affaire à Paris : une histoire d'hôpital qui lui aurait valu d'être ici aujourd'hui. Erreur de jugement paraît-il. En tout cas depuis son arrivée elle pense qu'il fait du bon boulot. Mais là elle se sent un peu décontenancée. Cette histoire de flingue ne sent pas bon du tout...

Pierre-Antoine met son clignotant à gauche : tic tac tic tac tic tac tic tac. Quatre fois, pas une de plus ni de moins.

– Attention ! crie Marie-Claude.

La R16 s'arc-boute sur ses roues avant et les pneus hurlent à nouveau. Une femme vraisemblablement d'origine africaine tient une petite fille par la main sur le passage clouté sur lequel elles se sont engagées. Elles passent devant la voiture et la femme leur lance un regard courroucé avant de reprendre son chemin.

– La conne, elle aurait au moins pu dire merci, dit Pierre-Antoine avec mépris.

– Vous dites ça parce qu'elle est noire ?

– Mais pas du tout.

– Et si elle était blanche vous auriez dit la même chose, ou c'est vous qui vous seriez excusé de lui avoir fichu la frousse ?

– Oh ça va vous et vos grandes idées Peace and Love, ça va bien. Il y a des réalités c'est tout.

– Ah oui, quel genre ?

– Simplement qu'elle serait peut-être plus heureuse chez elle...

– ... au lieu de faire chier les gens comme vous, complète Marie-Claude.

– Vous dites n'importe quoi.

– De toute façon on est arrivé, je crèche au prochain carrefour.

Marie-Claude ne rêve que de prendre Izzy dans ses bras et de l'embrasser de tout son amour, tendre et belle Izzy. Ça lui fera oublier Pierre-Antoine qui commence à lui courir sur le système. Pendant que la voiture ralentit, le téléphone du capitaine se met à sonner, ou plutôt à chanter. C'est Imagine de Lennon. Marie-Claude lève les yeux au ciel. On peut dire que Pierre-Antoine est soit ambigu, soit il n'a pas compris les paroles... Il décroche, à priori l'interdiction du portable au volant ne concernant pas la police :

— Oui Betty ? Je suis en train de conduire, je te rappelle ?

Ah quand même un semblant de conscience, pense Marie-Claude.

— Quoi? s'exclame Pierre-Antoine, tu vas bien? Il est où ? Bouge-pas, barricade-toi, on arrive !

Moins de vingt minutes plus tard la R16 cahote sur le chemin menant à la maison de Betty, balançant de grandes gerbes d'eau au franchissement de chaque nid-de-poule. Tant pis, pour Betty il est prêt à faire un peu souffrir la voiture de papa. Ils arrivent presque dans la petite cour quand ils aperçoivent Youpilie sortir de la maison en aboyant, suivie par un grand type tout maigre courant à grandes enjambées approximatives à la vue de la voiture, à la limite de perdre l'équilibre. Il se précipite vers une mobylette orange couchée à même le sol à une trentaine de pas. Pierre-Antoine appuie sur l'accélérateur et à l'instant où l'homme atteint sa monture il fait un écart et le percute en plein milieu de la calandre. Le gars disparaît.

— Hey mais vous êtes un grand malade, crie Marie-Claude, ça va pas non ?

— Il s'est jeté sous mes roues.

Marie-Claude n'entend pas la réponse, elle est déjà dehors et se précipite vers l'homme à terre. Pierre-Antoine sort de la voiture et court vers la porte ouverte de la maison de Betty en criant son prénom. Il espère en passant que la R16 n'a pas trop de mal, c'est devenu très difficile de trouver des pièces.

— Betty, où es-tu, Betty ? On est là c'est fini !

Pierre-Antoine traverse la pièce, le salon-salle-à-manger de Betty en bousculant deux vieux chats qui dormaient sur un pouf. Un troisième feule sur le passage du capitaine. Instinctivement il cherche un quatrième pour s'assurer que tout va bien, que tout reste sous contrôle. Malheureusement, le compte s'arrête là pour ce qu'il peut en percevoir. Il file quand même vers la porte de la chambre de Betty. Personne, mais un vase est tombé, éparpillant les fleurs et l'eau sur le sol. Il traverse la chambre en enfilade pour se trouver devant la pièce toilettes-salle-de-bain. La porte est fermée et verrouillée.

– Betty ! Ouvre, c'est P.A., tu es en sécurité, je suis là.

Après de longues secondes le verrou cliquette et Pierre-Antoine entre. Betty est assise par terre près de la porte. Elle a tendu le bras pour ouvrir. Elle pleure. Sa chemisette semble déchirée, laissant apparaître une épaule qui dans un autre contexte aurait mis Pierre-Antoine en émoi. Betty, sa chère Betty. Que lui a fait cet enfoiré ? S'il est encore en vie il va lui faire la peau !

– Là...là... c'est fini.

Pierre-Antoine s'assied à côté de l'autre femme de sa vie et l'enlace. Il met sa paume sur la joue de Betty et l'attire doucement contre son épaule.

– Chhhut, c'est fini, je suis là...

Betty pleure de plus belle, ses nerfs lâchent et toute l'énergie accumulée pendant ces instants se dissipe pour laisser place à l'abandon.

– Il m'a agressée, je ne comprends pas, il est si doux d'habitude.

– Qui est-ce ?

– Je suis avec lui depuis peu, tu sais, c'est le New Monsieur dont je t'ai parlé.

– Il t'a fait du mal ?

– Non ça va, il a déchiré ma chemise et j'ai eu le temps

de m'enfermer pour t'appeler.

– Il voulait quoi ? Il est venu pour te...

– Non non il ne cherchait pas à me violer. Il a compris que c'est fini entre nous. Mais il voulait que je lui donne de l'argent une dernière fois.

– Tu lui donnes de l'argent ?

– Oui, un peu, tu sais, c'est un ancien toxico et il a pas mal de dettes. Et moi tu me connais, quand je vois quelqu'un dans le besoin, je donne.

– Bon sang, il faut que t'arrêtes ça, pense à toi, sois égoïste comme tout le monde !

– Je sais.

Betty marque une courte pause et reprend :

– Merci, merci d'être venu.

Elle enlace Pierre-Antoine de son bras libre. Il ferme les yeux. La reconnaissance de Betty n'a pas de prix.

– De rien, tu sais que je serai toujours là pour toi.

– Je sais, mais merci quand même.

Il l'embrasse sur le front et se rappelle soudain avoir renversé le New Monsieur en arrivant. Il se relève en aidant Betty à se mettre debout. Ils sortent de la pièce d'eau et P.A. cherche le chat manquant. Ouf, un gros chat le regarde, couché sur une chaise sous la table. Il a failli le rater. Rassuré, il baisse les yeux avant d'en voir un cinquième qui pourrait lui ruiner sa journée.

Dans la cour, Marie-Claude est agenouillée à côté de l'homme qui ne semble pas bouger.

– Betty va bien ? demande-t-elle.

– Oui ça va, une grosse frayeur mais elle n'est pas blessée.

– J'ai appelé les pompiers, il est mal en point.

Pierre-Antoine regarde le corps étendu et remarque immédiatement l'angle incongru formé par ses deux jambes.

– Il saigne, je ne sais pas si c'est une hémorragie mais je fais une compression au niveau de la fémorale. Va falloir qu'ils grouillent, dit Marie-Claude.

– J'espère qu'il ne va pas clamser là pour que je puisse le dérouiller moi-même, siffle Pierre-Antoine en regardant la calandre de la R16 et le phare ébréché. Je commence à me demander si tout va bien chez vous là-haut, répond Marie-Claude. Je commence à avoir des doutes.

– Je n'ai rien pu faire Castelet, vous avez vu comme moi, il a jailli de nulle-part.

Marie-Claude Castelet ne répond pas en se disant que son capitaine De Kerimel n'est peut-être pas aussi admirable que ça. Au loin la sirène des pompiers lui indique qu'elle va bientôt pouvoir lâcher le point de compression, elle commence à avoir des crampes.

9

3 janvier 2015

— Je suis désolé papa.

Bruno regarde son fils, comme il est beau, comme il est grand. La fierté de voir ce grand gaillard de vingt-quatre en face de lui le submerge et des picotements lui montent au nez. Non, il doit être fort et ne pas se laisser submerger, Victor a toujours besoin d'un père solide, même enfermé.

— Victor mon fils, tu n'aurais pas dû venir.

— Bien sûr que si papa, dit Victor en prenant la main de son père par-dessus la table.

Bruno jette un œil par réflexe au gardien de faction au parloir mais celui-ci ne semble pas dérangé par la marque d'affection de Victor. C'est Pince-à-Sucre qui s'y colle aujourd'hui donc ça va, ça semble être un bon gars d'après ce qu'il a pu en voir pour le moment. Bruno baisse les yeux et un long silence s'installe. Le temps s'arrête entre le père et le fils. Victor regarde son père fixement et Bruno ressent par la pression de ses doigts une force s'insinuer en lui, ce lien filial qui le charge d'amour, regonflant ainsi chaque cellule de son corps. Il laisse le flux le pénétrer. Il en ressent toute la chaleur bienfaisante, d'autant plus que Victor est rarement dans la démonstration affective. Il goute avec conscience cet instant de communion. Il aime tellement Victor, autant qu'il aimait Victoire malgré leurs différences.

— Tu me manques.

— Tu me manques aussi mon fils…

— Tu te sens bien ? Tu es bien traité ?

— Oh oui, ne t'inquiète pas, ça va. J'ai une chambre trois étoiles, avec salle de bain s'il te plait, plaisante Bruno. Et j'ai la télé.

– Le temps n'est pas trop long ?

– Non ça va, j'ai de quoi dessiner, je lis, le restaurant est bon et j'ai même retrouvé un ami d'enfance. Ça aurait pu être pire, tu peux me croire.

– Ah oui, quel ami ?

– Oh tu ne le connais pas, c'est Rann un gars qui trainait avec nous quand on était petits.

– Celui qui a un œil toujours fermé ?

Bruno ne se souvient pas d'en avoir parlé un jour à Victor... Il lui a raconté beaucoup d'anecdotes de son enfance, mais c'est en grande partie inventé. Victor a toujours aimé les histoires de son père. Son enfance à lui, Victor l'a vécue en solitaire, hormis sa sœur jumelle qui l'entourait d'un amour infini et protecteur. Il n'a pas eu d'amis, tous ses camarades d'école l'avaient trouvé étrange et l'avaient fui. Ça lui allait bien comme ça. Mais quand son père lui racontait ses propres histoires d'enfance, il les buvait comme s'il les vivait : les arcs, les flèches, les épées, les cabanes, les vélos, les batailles, le foot, les billes, les baignades et les plongeons du haut du Pont de l'Arche. Il vivait les péripéties de son père avec intensité quand celui-ci se couchait près de lui le soir pour l'endormir. Il lui contait alors ses aventures à la Indiana Jones. Victor était fier de son père et projetait son imaginaire à travers l'histoire de ses péripéties avec ses amis, sa bande comme il disait. Il s'endormait alors serein, le sourire aux lèvres. Bruno restait quelques instants à son chevet pour s'assurer de son départ au pays des songes pour y rêver de Peter-Mon-Père Pan. Bien souvent, Judith passait la tête par la porte de la chambre de Victor pour faire comprendre à son mari qu'elle avait terminé de lire son histoire à Victoire dans la chambre d'à-côté. Venait alors le délicieux moment d'aller se coucher pour goûter ensemble au plaisir d'avoir construit cette famille.

— Et la suite? Tu vas sortir après le procès? demande Victor.

— Je ne sais pas, ça va surement être compliqué. Les meurtres me touchent de si près, ce sera très difficile de me disculper devant les juges.

— Oui mais c'est pas toi qui les as tués.

— C'est juste, mais je me sens responsable quand même de toute façon, et j'ai besoin de temps. Ne t'inquiète surtout pas, je me sens bien ici.

— Tu ne crains plus rien tu sais, il n'y a plus personne qui te fera du mal dehors.

— Ah oui? demande Bruno, pourquoi dis-tu ça?

— Eh bien ceux qui t'ont fait souffrir ont disparu non?

Bruno regarde son fils. Oh comme Victor se trompe. L'image de Sasha vient s'imposer sur le devant de ses pensées mais il la chasse d'un geste mental rageur :pas maintenant! Nathan, tente à son tour une incursion sur le devant de la scène de son esprit mais il le balaye également.

— Oui Victor, certaines personnes ont disparu, assassinées, mais je n'ai pas voulu ça. Tu sais, dans la vie les rencontres ne sont pas toutes bénéfiques, les univers de chacun ne sont pas tous compatibles. Mais pour autant, on ne souhaite pas la mort de tous ceux qui nous écorchent quand leur monde croise le nôtre.

— Mais celui qui t'a quasiment violé ne méritait pas de continuer, si? demande Victor d'un ton plus affirmatif qu'interrogatif.

— C'est vrai que certaines personnes sont aussi bien dans un autre monde que celui-ci, elles ne peuvent plus continuer à semer la douleur ici-bas.

— Et l'amant de maman, il t'a fait du mal aussi, je me souviens parfaitement quand je t'ai trouvé en pleurs en pleine nuit dans la cuisine. Et toute cette période qui s'en est ensuivie, vous étiez si malheureux tous les deux.

– Il ne faut pas en vouloir à maman, elle avait ses raisons tu sais, tu es adulte maintenant, tu dois accepter ces choses-là. Et du haut de tes vingt ans tu étais déjà en âge de comprendre.

Victor est très loin d'être d'accord avec ça, il n'est pas d'âge pour supporter la souffrance de ses parents.

– Elle a pris un amant à cause de l'accident ? demande Victor après un temps de silence.

– Pas seulement. Tu sais, ça a été tellement difficile pour elle, comme pour nous tous, et je n'ai pas trouvé la force d'être à la hauteur pour maman. Je n'ai pas su lui apporter l'appui dont elle avait besoin. Elle a culpabilisé de ne pas être allée vous chercher ce jour-là comme prévu. Elle a dû assurer cette réunion importante et m'a demandé de la remplacer. Elle n'est pas du tout responsable, mais elle le vit tellement intensément. Ce qui est arrivé est uniquement de ma faute, j'aurais pu éviter ce cabot si j'avais roulé moins vite.

– Non c'est la faute du chien, c'est tout. Maman et toi n'y êtes pour rien.

Le regard de Victor s'est durci, Bruno connaît bien cette expression et décide de désamorcer une éventuelle crise d'angoisse :

– Et toi mon Victor, comment ça se passe en ce moment ? Ça va dans ton appartement ?

– Oui ça va, maman passe me voir souvent, elle est adorable. Elle remplit mon frigo et s'occupe de mon linge. J'ai beau lui dire que je suis capable de me gérer tout seul, elle ne l'entend pas.

– Oh ça, c'est l'amour des mamans, sourit Bruno. Prends soin d'elle… Tu n'as toujours pas retrouvé un boulot ?

– Pas d'officiel dirais-je. Je travaille pour mon ami Chuck, tu te souviens, c'est lui qui t'a aidé pour le père de ta collègue, Sasha je crois… Il est sur un projet pour la recherche médicale. Je l'aide et ça me prend pas mal de temps, je suis en train d'élaborer quelques algorithmes qui occupent quasiment tout mon esprit.

– Un projet ? Il te rémunère au moins ?

– Il me paiera plus tard, j'ai confiance en lui. Et puis ça m'amuse, tu sais bien que j'aime les calculs alambiqués.

– Ah ça oui, ta mère est très fière de toi tu le sais. Tu l'as dépassée dans son propre domaine. Ça ne t'aurait pas plu toi la cryptologie ?

– Si sans doute, bien sûr, tu t'en doutes. J'aurais bien voulu entrer dans les services secrets ou dans la lutte contre le piratage pourquoi pas, mais qui engagerait un autiste par définition imprévisible ?

– Non Victor, ne te dévalorise pas, tu as tellement évolué, tellement progressé, bien plus que ce à quoi on s'attendait ta mère et moi. Tu es notre plus grande fierté mon fils. Tu as fait tout ce qu'il fallait pour surmonter ton problème. Tu t'es dépassé, et ces années passées avec Boissonnet t'ont révélé à toi-même. Tu es exceptionnel. Je sais que tu as ta place quelque part, et pas n'importe laquelle. Tu peux être parmi les meilleurs avec tes capacités hors norme, en maths, en informatique, en cryptage. Ton cerveau et ta mémoire sont exceptionnels et ce ne sera que bénéfice inespéré pour la personne qui t'emploiera et te fera confiance.

– Oui, on a vu ce que ça a donné chez Lexirom, je me suis fait renvoyer.

– D'accord, tu as fait une erreur, mais ils ont été obligés. Ça n'était pas dans leurs habitudes de rentrer par effraction dans les données de la police.

– Pourtant c'était facile… Et ça leur aurait bien servi, dit Victor en y repensant, ça m'avait paru être une bonne solution.

— À toi oui, mais déontologiquement ils n'ont pas pu te suivre, sourit Bruno, et encore, heureusement que ça s'est arrêté là et qu'ils ont découvert ton idée à temps, sinon c'est toi qui serais à ma place ici.

Bruno tend la main et caresse la joue de son fils. Il l'aime tant. Pendant toutes ces années il l'avait poussé, motivé pour le sortir de cette torpeur où il s'enfermait la plupart du temps. Il lui avait parlé, encore et encore, avait gagné son amour, Victor ayant toujours eu du mal à exprimer ses ressentis. Avec Judith ils avaient tout fait pour que leur fils soit intégré. Les premières années avaient été difficiles et parfois, dans de rares moments de fatigue et de découragement ils s'étaient demandés si Victor aurait une vraie place en toute indépendance dans la société. Il était dans la même classe que sa sœur à l'école. Elle était son ombre, son ange gardien. À l'époque il ne parlait qu'à Victoire, même si ses paroles étaient alors comptées. L'école leur avait finalement conseillé de le faire évaluer par un pédopsychiatre l'année de ses cinq ans. Le diagnostic était un peu flou, mais ils avaient fini par étiqueter Victor malgré quelques doutes. À défaut de conclusion tranchée, Victor avait depuis lors été catalogué autiste dans son dossier médical. Les années passant, Victor ne s'était pas intégré du tout. Seul, surdoué des chiffres, renfermé, il mettait mal à l'aise. Et quand pendant les récréations ses amis jouaient à la guerre ou au ballon, Victor s'asseyait dans un coin du préau, un cahier à la main, et il écrivait des chiffres : un, deux, trois...quatre-mille-deux-cent-vingt-trois, quatre-mille-deux-cent-vingt-quatre... À chaque pause, il prenait ses feuilles noircies de chiffres et s'installait invariablement au même endroit jusqu'à ce que la sonnerie marque la fin de la récréation. À quoi pensait Victor pendant ces écritures ? Bruno n'en sait rien, et peut-être que Victor non plus. Quand son cahier fut plein, Victor commença en CM2 à repérer les chiffres premiers, à les entourer en rouge puis à les relier par un trait en une figure géométrique par page. Peut-être Victor aimait-il ces figures aléatoires. En tout cas l'activité semblait être un refuge pour lui. Et si ça lui faisait du bien, alors c'était une bonne chose.

— Tu sais Victor, le monde fonctionne suivant des règles sans lesquelles ce serait l'anarchie, reprend Bruno. Il faut savoir composer avec la société, une bonne idée personnelle n'en est peut-être pas une pour le reste de l'humanité. Méfie-toi toujours de toi-même, tu sais que tu penses différemment, on en a déjà souvent parlé. Alors si un jour tu as une autre idée pour aider tes employeurs, parles-en. Ou bien demande-moi d'abord si ça ne présente aucun danger.

— Oui papa, promis...

Victor tient toujours la main de son père, et Bruno sent l'accentuation de la pression, comme si Victor lui demandait de l'aide. Bruno observe son fils, les traits fins, beau, grand, des yeux noirs comme ceux de sa mère, la bouche dessinée à la perfection. Pourtant, dans ce beau visage il est la plupart du temps difficile de déceler de l'expression. Victor est froid et impassible. Mais avec lui, parfois la glace se fend et il sent alors un Victor seul, hurlant de l'intérieur, enfermé en lui-même, prisonnier de sa propre terreur d'être seul et perdu dans un monde qu'il ne comprend pas très bien. Et à cet instant, il sent Victor déborder. Il a envie d'exprimer sa douleur. C'est forcément lié à sa sœur, il en mettrait sa main au feu.

— Papa...

— Oui mon Victor.

— Elle me manque tellement.

— Je sais mon garçon, je sais. Elle me manque à moi aussi.

— Je l'entends papa.

— Tu entends quoi ?

— Victoire… elle chante. Dans ma tête. Souvent.

— Elle te chante « La ballade de Red Blue Green » ?

— Oui, et j'entends son piano, ses notes, ses rires quand elle se trompe. J'aime l'écouter, elle chante pour moi d'où elle est. Et je crois bien qu'elle est revenue s'installer là-haut.

Victor touche de deux doigts de sa main libre le côté de sa tempe.

— Les personnes qu'on aime sont en nous à tout jamais Victor. Et ce ne sont pas des histoires. On vit, on meurt, mais on n'est vraiment parti que lorsque les gens qui nous aimaient meurent à leur tour. Tant qu'on se souvient de la voix de quelqu'un, il reste à nos côtés.

— Oui papa, je sais, mais ça me fait peur. Quelquefois elle chante, puis elle commence à crier, puis à hurler en criant mon nom. Et je sens l'odeur, le brulé, je sais que c'est son corps qui se consume dans la voiture. Ou parfois elle se jette dans un grand feu en me regardant. J'essaye de la chasser de ma tête quand ça arrive, mais ça ne marche pas. Et pendant qu'elle souffre, ses orbites brulées me fixent et s'agrandissent. Et alors elle court vers moi pour essayer de m'enlacer !

— Victor… Tu en as parlé au docteur Boissonnet ?

— Il ne comprendrait pas c'est sûr, et surtout il ne ferait rien d'autre que me prescrire d'autres médicaments.

Bruno a de la peine d'entendre son fils exprimer sa souffrance. Ce qui sort de la bouche de Victor n'est certainement qu'une toute petite partie des tempêtes intérieures de son fils.

— Tu prends bien ton traitement Victor ?

En y pensant Bruno se dit que lui-même a laissé tomber sa trithérapie, à quoi bon de toute façon ?

— Oui papa, ne t'inquiète pas.

— Il faut que tu en parles, les psychiatres sont là pour ça, ils connaissent les angoisses, les névroses, les deuils. Promets-moi.

Victor élude la demande :

— Tu vois papa, chaque fois que j'entends Victoire commencer sa chanson, je suis heureux et en même temps j'ai peur qu'elle ne s'arrête pas avant de bruler. Et chaque fois que je regarde Red, Blue et Green dans leurs aquariums, Victoire s'assoit au piano et se prépare à chanter.

— Tu y tiens encore aux aquariums ? Il faut peut-être que tu t'en sépares. Ils te rappellent sans arrêt ta sœur, difficile pour toi d'avancer avec tes méduses constamment sous ton nez.

— Oh oui j'y tiens énormément, c'est le plus beau cadeau que tu ne m'aies jamais fait.

— Ça c'est sûr, tu as passé des centaines d'heures à les regarder nager. Je me suis toujours demandé ce que tu pouvais ressentir à les observer comme ça.

Je ne sais pas, j'aime ça. Elles dansent, et elles pulsent. Et si je suis patient, il arrive toujours un moment où elles sont parfaitement synchronisées. C'est tellement beau, elles dansent ensemble sur la musique de Victoire. Quand ça arrive je suis persuadé qu'elles communiquent, elles ne font qu'une, comme des triplées, et j'ai l'impression qu'elles se transforment en Victoire.

— Tu sais Victor, on se croit les plus intelligents de la Création, mais la nature regorge de mystères, alors oui, peut-être qu'elles se parlent dans ces moments-là.

Victor s'assombrit encore :

— Je crois que Victoire est liée aux aquariums. Elle chante pour moi, mais pour elles aussi. Red, Blue et Green l'entendent aussi. J'aime mes méduses mais je ne sais pas si je peux supporter encore longtemps de voir bruler ma sœur.

– Victor, elle ne brule pas, elle est partie, c'est ton imagination, elle ne souffre pas. Elle nous attend quelque part, un ange au paradis des petites sœurs. Un jour on la retrouvera.

– Je ne veux plus qu'elle vienne papa, c'est trop difficile, ça me terrifie. Mais je ne peux pas me débarrasser des aquariums comme ça, juste pour aller mieux. Ce serait injuste pour les Color Sisters. Tu te rappelles, Victoire les appelait comme ça. Alors j'ai pensé que si leur disparition pouvait servir la science, ce serait moins dur pour elles... et pour moi. Et ainsi Victoire pourrait-elle me pardonner et me laisser en paix.

– La science ? Qu'est-ce que tu veux dire Victor ?

– Je vais les faire mourir papa, et avec ce que j'observerai elles serviront la connaissance.

10

4 janvier 2015

Deux heures vingt… Impossible de trouver le sommeil. Victor occupe toutes ses pensées. Il allume sa lampe de poche et s'occupe l'esprit en balayant sa cellule de son faisceau lumineux en un dérisoire espoir d'écraser l'obscurité qui accentue ses tourments. Les photons lui apportent un semblant de réalité, remettent du concret à l'abstraction de ses turpitudes impossibles à isoler les unes des autres. Les objets et le mobilier spartiate redonnent du corps à ici et maintenant. C'est la nuit le plus terrible. Il a jusqu'ici réussi à contenir ses démons depuis son incarcération. L'euphorie de la solitude et l'annihilation auto suggérée de son passé lui ont permis de laisser ses bagages à la porte de la prison. Mais dans le noir et le silence relatif des milieux de nuits il arrive que tout remonte, tout bouillonne, tout se mélange en un magma de mélasse nauséabonde et corrosive. Il est finalement encore loin d'en avoir fini avec ses douleurs. Et avoir vu Victor aujourd'hui au parloir n'aide pas son insomnie. Il doit lui faire comprendre de ne plus venir, ça n'est pas une bonne idée. Il doit vivre sa vie sans son père, il va le lui dire. Sa place à lui est ici. En prison il ne peut pas faire de mal à Victor comme il en a fait aux autres membres de sa famille. Rester ici et le tenir au loin est la meilleure option. Victor est exceptionnel, mais il est si désorienté et si fragile. Ça avait été un soulagement quand Boissonnet l'avait pris sous son aile en sa dixième année. Il l'avait alors classé encore une fois avec quelques réserves dans la catégorie des autistes Asperger dits de « haut niveau ». Devant ses difficultés à l'école, surtout relationnelles, ils avaient fini par solliciter un nouvel avis des spécialistes. Le diagnostic d'autiste posé à l'âge de cinq ans était vraiment resté vague et ils avaient fait bon an mal an en le gardant près d'eux à la maison, entouré d'amour et couvé par sa sœur jumelle. Elle savait le motiver et le fait qu'ils soient jumeaux avait dû créer un lien instinctif fort pour Victor. Il semblait vivre ses propres émotions suivant les ressentis de sa sœur. Elle était ce qui lui manquait. Il était la logique et la mémoire, elle lui apportait l'artistique et le sentiment. Elle chantait ses petites compositions au piano, à une seule main à l'époque et Victor était radieux. Ça faisait un bien fou à toute la famille quand au milieu du salon il riait avec une joie véritable dans ses yeux sombres. Il décortiquait les fréquences du piano et les rapports entre les différents sons des touches à défaut d'en saisir toute la profondeur artistique.

Victor redescend tout au fond
Il dit bonjour aux demoiselles
Voudriez-vous d'autre plancton
Il en a plein son escarcelle

Et quand Victoire pleurait parfois, comme toutes les petites filles, Victor était en larmes sans même en comprendre la raison. Il sentait simplement au plus profond de lui le reflet des états d'âme de sa sœur. Mais depuis l'accident, Victor ne semble plus éprouver grand-chose, hormis l'admiration sans borne pour son père, comme un dernier repère. Le choc avait plongé Victor dans une apathie et un repli sur lui-même extrêmement inquiétants. Il ne mangeait plus, se laissait aller, ne se lavait pas, faisait même sous lui. Il avait dû être interné pendant l'année entière de ses dix-sept ans dans un hôpital psychiatrique. Oh que cette période avait été compliquée.

Depuis son mariage avec Judith, la vie de Bruno avait été un cadeau jusqu'à l'accident. Ils s'étaient aimés, et ils avaient géré le souci de Victor naturellement, sans en faire un vrai problème. Peut-être s'étaient-ils menti, mais toute cette période avait fleuré bon le bonheur. Victor et Victoire, la sublime surprise : des jumeaux... Ils avaient pensé au prénom de Victoire, enfin ça venait surtout de lui car Judith aurait préféré Amandine. Mais elle avait cédé de bonne grâce devant le symbole. En devenant père, Bruno prenait un tournant, il avait survécu à cette enfance désastreuse à la Victor Hugo. Il prenait enfin une revanche sur la vie, et il allait prouver à ses parents, y compris à son père mort sous ses yeux, qu'il n'allait pas reconduire ce qu'il avait subi. Il serait un bon papa, et il emmerdait ses parents au plus profond ! Et avec l'arrivée d'un frère jumeau quelques minutes après le premier bébé, il allait doubler sa victoire... il aurait un Victor ! Puis vint 2007, avec la perte brutale de son amour de fille alors qu'elle n'avait que 17 ans, Victor en régression, interné, lui-même souffrant à l'hôpital de ses blessures six mois durant ; cette année avait sonné le glas des jours heureux. La suite n'avait été que connerie et dérive. Si seulement il avait brûlé à la place de Victoire. Bruno passe la main doucement sur la vilaine cicatrice de sa joue. Il la hait... mais elle lui fait penser à ce jour funeste et entend encore Victoire chanter à l'arrière de la voiture. Et l'amour jaillit à nouveau. Ses larmes coulent lentement et il ne saurait dire si ce sont des larmes d'apitoiement sur lui-même, de tristesse que tout ait basculé par sa faute, ou de joie d'avoir pu donner naissance à sa radieuse Victoire même si elle est partie trop tôt, les laissant tous les trois exsangues, hagards, errant désormais dans une vie sans saveur. Il restait Victor, il fallait s'en occuper, assurer son avenir, mais Judith avait jeté l'éponge et lui-même, trop ancré dans sa douleur, n'avait su prendre les rênes et conduire sa famille hors des ténèbres. La léthargie et l'abandon au malheur de son Bruno de mari avaient fini par faire capituler Judith. Après une année à prier avec ferveur que son mari se relève et l'épaule à son tour, l'espoir avait fini par s'étioler avant de se tarir. Avant de sombrer définitivement, elle avait décidé de penser un peu à elle. Le deuil (ou plutôt le sentiment de solitude) avait pourtant rattrapé Judith jusqu'à la faire sombrer dans une dépression qu'elle avait fini par soigner dans la douceur des bras de son professeur de guitare, Simon Bellec. Elle avait repris les cours pour essayer de penser à autre chose qu'à l'accident. Elle voyait donc Simon une fois par semaine, chez lui. Il avait été sa bouée, son ile déserte sur laquelle elle pouvait souffler, respirer sans cette boule dans sa poitrine, sourire et par la suite, se sentir de nouveau femme. Il lui avait fait des avances pendant quelques mois et elle avait toujours trouvé la force de le repousser gentiment, après tout, elle n'était pas ce type de femme. Mais Victor était enfermé chez les fous, et Bruno, qui quand il ne restait pas prostré dans son fauteuil dans le silence absolu s'apitoyait sur leur vie s'agaçait de tout. Elle ne supportait même plus de rentrer à la maison, et elle n'attendait que le mardi soir pour aller passer deux heures en compagnie de Simon à chanter des chansons en grattant une guitare. Un soir, pour les quarante-quatre ans de Judith, Simon avait ouvert une bouteille de champagne et ils avaient bu en discutant plus intimement que d'habitude. Les instruments étaient restés dans leurs étuis. En lui servant un troisième verre, Simon avait couvert sa main de la sienne et s'était attardé à faire couler les bulles dans sa coupe. Elle avait alors ressenti une sensation qu'elle n'avait plus éprouvée depuis des années. Elle s'était abandonnée sans retenue à l'approche de son visage. Elle avait ouvert ses lèvres pour l'accueillir. Elle était tombée instantanément amoureuse de l'amour qu'elle avait la sensation de recevoir. Elle revivait. Oh elle culpabilisait bien sûr, mais était-ce tant que ça ? Bruno l'avait déçue. Elle avait tant espéré qu'il soit simplement là, qu'il reste présent, qu'ils restent soudés même dans la douleur le temps de reprendre pied. Mais non, il ne la voyait plus, il souffrait, seul, sans partage. Pourtant elle avait tant besoin de savoir qu'ils étaient encore une famille, pourquoi ne le voyait-il pas ? Pourquoi ne pensait-il qu'à lui ? Pourtant elle avait été là pour lui, à son chevet toutes ces nuits à l'hôpital pendant lesquelles il délirait de fièvre après l'accident. Ses blessures s'étaient infectées malgré les antibiotiques, son visage était bandé et elle ne se rappelle pas du nombre de fractures dont il souffrait. Elle avait été là, oui, sans se plaindre, à penser d'abord à lui, à ce qu'il aille mieux. Oui bien sûr elle resterait avec lui, ils s'étaient épousés pour le meilleur et pour le pire, c'était le deal. Elle ne savait même pas ce qui resterait de son visage mais peu lui importait, il resterait Bruno, elle aimait ce qu'il était, sa douceur, sa gentillesse, et elle s'attendrissait toujours chaque fois que ses tics reprenaient le dessus les jours de stress. Quand il se tapait les côtes de ses bras en réprimant des cris dans sa gorge elle en souriait et lui apportait toute sa tendresse même si elle se gaussait parfois gentiment de lui. Elle le faisait avec un humour attentionné. Elle lui faisait remarquer qu'il n'avait pas d'ailes et qu'il était donc inutile d'essayer de s'envoler, et que c'était tant mieux. Elle l'avait choyé et assuré de son amour éternel pendant toute cette période, et elle lisait dans ses yeux combien il l'en remerciait. Et là, devant l'adversité, devant le drame de la mort de Victoire, il l'avait abandonnée, tellement égoïstement. Oui, elle lui en voulait. Elle l'aimait encore à l'époque et peut-être même encore maintenant, et ne savait pas s'il lui pardonnerait s'il découvrait sa liaison avec Simon. Mais pendant cette période, elle en avait eu besoin, il avait été son antidépresseur. Et aujourd'hui Simon est mort... Bruno a-t-il pu ? Non impossible... mais en est-elle si sûre ?

Bruno avait aussi été à l'époque son premier antidépresseur quand ils avaient décidé de se mettre ensemble. Elle s'était enfin séparée de Pierre-Antoine de Kerimel, bon sang comme elle avait bien fait, et Bruno était réapparu dans sa vie alors qu'elle avait repris ses études pour passer une maîtrise en cryptologie. Le monde n'est pas si grand, quand on est à Nantes et qu'on n'a pas beaucoup bougé il est certainement fréquent de revoir d'anciennes connaissances. Toujours est-il qu'elle avait pu reprendre ses études dès le divorce prononcé. Pierre-Antoine voulait l'enfermer à la maison en bonne mère au foyer... quel con lui et ses habitudes vieille France. Bruno était à l'opposé, il avait toujours voulu son bien, quoi qu'elle demande. Mais elle n'avait pas demandé grand-chose, il lui avait donné le meilleur, les enfants, et il l'avait encouragée pendant sa maîtrise en crypto. Il avait été aimant et protecteur quand Pierre-Antoine avait été jaloux, possessif et quasi intégriste ! Aujourd'hui il met encore sa vie sens dessus dessous. Sa jalousie envers Bruno, sa haine, sa rancœur d'avoir été dépossédé de sa femme l'avaient surement poussé à faire son maximum pour le faire incarcérer. Judith a encore du mal à savoir si Bruno a pu tuer tous ces gens, si Pierre-Antoine a bien fait de le mettre sous les verrous, s'il ne s'est pas simplement trompé. Sa tête lui tourne chaque fois qu'elle se met à y réfléchir. Elle imagine Bruno une arme à la main à tirer sur ces personnes, à tenir en joue Simon et à l'abattre de sang-froid, à canarder Boss, ce petit con qui à l'époque l'avait pris pour sa tête de turc préférée et fait vivre des moments pénibles. Comme si sa terrible vie de famille ne suffisait pas. Et ce violeur, comment l'aurait-il retrouvé ?

Remarque, dans la police, ce n'est peut-être pas ce qu'il y a de plus difficile... Et sa maitresse, cette handicapée ? Quelle idée avait-il eu ? Pourquoi avait-il couché avec elle ? Par vengeance de sa liaison avec Simon ? Sans doute cela avait-il joué. Ou alors c'était comme pour elle, il avait besoin de souffler... Bon sang, ils auraient pu souffler ensemble ! Souffrir ensemble ! Et remonter ensemble ! Maintenant il est en prison, accusé, considéré comme un criminel de la pire espèce. Non c'est impossible, pas Bruno, il n'a pas pu faire un truc pareil. Et l'arme, où l'aurait-il achetée ? Mais d'un autre côté pourquoi les victimes ne sont-elles que des personnes que Bruno connaissait ? Ça n'a pas de sens, qui pouvait connaitre les liens entre Bruno et ces personnes ? Cet imbécile de Pierre-Antoine était venu l'interroger, et il semblait partagé entre la joie malsaine de la revoir et la suspicion ouverte. Oui elle savait qui étaient ces gens, et alors ? Oui Boss avait été odieux avec Bruno, oui elle était au courant pour sa maitresse. Et ce n'était pas la seule qu'il ait eue, mais ça elle ne l'avait pas dit à Pierre-Antoine. Elle ne savait même pas pourquoi elle cherchait encore à protéger Bruno de ce capitaine qu'était devenu son ex-mari mais ça lui semblait naturel. Oui elle supposait qu'elle aurait pu retrouver elle-même le violeur de son mari, et oui, elle avait eu un amant. Pierre-Antoine était resté de glace lorsqu'elle lui avait dit ça avec aplomb. Mais elle savait ce qu'il pensait : c'était une trainée, une femme se devant de n'être qu'au service de son mari, c'est la tradition depuis toujours, et chacun sert quelqu'un. Les femmes appartiennent à leur mari et se doivent d'être dévouées, aimantes et soumises, et les flics comme lui sont au service de la France, de la Justice et de la Patrie. Ils avaient ensuite évoqué le passé et Pierre-Antoine lui avait encore dit qu'elle resterait l'amour de sa vie, mais il ne lui inspirait désormais que du mépris.

— Je dois savoir Judith, et je te croirai quelle que soit ta réponse : tu connaissais l'existence de ces victimes alors je dois te le demander : as-tu tué ces personnes ?

Judith l'avait regardé droit dans les yeux, avec toute la froideur possible. Comment osait-il ? Décidément il ne l'avait jamais connue, il avait adulé un modèle imaginaire et n'avait jamais su déceler la personne qu'elle était. Complètement à côté de la plaque Pierre-Antoine...

— Navré de te décevoir, mais non.

Le ton était cinglant, glacial. Il était resté un long moment à soutenir son regard, à essayer de pénétrer ses pensées, mais une fois de plus il dut abandonner, n'ayant jamais trouvé la fréquence pour s'accorder à la longueur d'onde de Judith.

— OK je te crois Jude, ne t'inquiète pas, s'était-il adouci, je ne t'embêterai plus, et personne ne te fera de mal, je vais finir par boucler Bruno, ça ne va pas tarder. Si tu me dis que ce n'est pas toi, c'est forcément lui.

Elle n'avait même pas répondu à cette déduction digne des plus grands policiers et avait soutenu son regard jusqu'à ce qu'il baisse les yeux. Il avait franchi la porte sans qu'elle ne lui ait adressé une autre parole.

***

En sortant de l'hôpital Milou le maton a le sourire. Oh comme il a bien fait de rendre une petite visite à ce tocard. Il s'arrête au bas des marches et allume une clope. Le binoclard, enfin l'ex-binoclard car il est fort possible qu'il n'ait plus besoin de lunettes avec la gueule qu'il doit avoir sous ses bandages, avait cédé. Il ne lui avait pas fallu vingt minutes pour que l'autre se mette à table. Il faut dire qu'il sait se montrer convaincant et La Binocle n'avait certainement pas envie d'avoir un Milou sur le dos à son retour en plus de la rouste magistrale flanquée par Sandro. Ça fait déjà un paquet de semaines que le gars subit intervention sur intervention pour essayer de lui refaire un semblant de face.. Il s'était donc approché presque à le toucher et avait proféré les bonnes menaces. Il lui avait bien exposé son futur problème s'il n'obtenait pas la planque de la dope. Tout se sait, et Milou a suffisamment d'oreilles postées entre les murs pour être au courant de tout ce qui se passe. La colère de Sandro n'était pas un mystère, il s'était fait blouser par un jeune branleur c'est tout. Il l'avait rectifié mais quand même, se faire baiser par une pucelle pour Sandro, quelle honte. Penché à l'oreille de La Binocle, il l'avait senti suer de tous ses pores sous son habit de momie. Il lui avait porté l'estocade en lui disant que sa femme était trop bonne et qu'il irait bien lui tenir un peu compagnie s'il ne voulait pas lui rendre ce « petit service ». L'autre lui avait donc balancé la planque… Pas en parlant bien sûr, le pauvre con en étant incapable pour une durée indéterminée, mais Milou lui avait gentiment tendu son carnet et son beau stylo. Il exhale une bouffée les yeux tournés vers le ciel, les dents au vent, en se disant que demain est une bonne putain de journée qui s'annonce.

11

5 janvier 2015

— Debout Canif ! À moins que tu préfères que je t'appelle Chleuh, crache Milou, méprisant.

Bruno ouvre un œil en se protégeant de la violence de la lumière soudaine avec son avant-bras. La silhouette de Milou se détache dans l'encadrement de la porte de sa cellule. Il est campé solidement, les jambes écartées et les mains dans le dos, à la manière d'un conquérant, d'un maitre des lieux. Et ça ne dit rien de bon à Bruno qui émerge à peine des brumes du sommeil.

— Allez, magne-toi, fouille de cellule ! intime Milou, tu te mets devant ton lit debout, et tu bouges pas !

Bruno n'a pas fait l'armée, mais il suppose que ça devait se passer comme ça, des crises d'autorité débiles à se faire haranguer pour bien faire sentir qu'on n'est que des merdes devant les gradés. Une fouille de plus, soit. Il sourit en s'étirant et sort de la chaleur bienfaisante de sa couverture pour sauter dans l'arène et se faire planter les banderilles par El Matador. Il espère que ça ne va pas être trop long car il a une violente envie de pisser. Il tente de se diriger vers les chiottes, on ne sait jamais, mais comme il s'y attendait :

— Tu t'crois où Chleuh ? Tu bouges pas j'ai dit, j'ai pas été clair ?

Milou se rapproche en bombant le torse et Bruno préfère obtempérer s'il veut avoir une chance de manger un petit déjeuner. C'était pas terrible hier soir, les fayots avaient dû prendre au fond et il n'avait quasiment rien mangé. Il avait donné son dessert à Quanah qui avait un peu de vague à l'âme et semblait tristounet devant sa plâtrée de fayots cramés. Il n'avait pas exprimé de réel remerciement pour la banane mais il avait été correct. C'est sans doute tout simplement sa façon d'être et Bruno ne s'en est pas formalisé. Il ne s'était pas privé, il a horreur des bananes c'est tout. Alors un petit plaisir pour Quanah ça peut être un investissement allez savoir. Milou le sort de ses pensées et le ramène totalement à la réalité en dispersant les dernières fumerolles de la nuit :

– C'est pas parce que t'as été un putain de flic que t'as des passe-droits ici. Moi les assassins comme toi je peux pas les blairer.

Milou le regarde droit dans les yeux, à dix centimètres de lui, prêt à en découdre, prêt à exploiter le moindre signe d'hostilité de Bruno qui préfère laisser passer le début d'orage plutôt que de répondre quoi que ce soit qui de toute façon serait interprété comme une provocation. Qu'est-ce qu'il fout là ce taré, et surtout, pourquoi est-il tout seul ? Pas normal ça, dans les films il avait toujours pu voir que les gars étaient au moins deux pour organiser des fouilles de cellules… Ça pue.

Milou jubile, il le tient, encore un qui va être à sa botte tout flic qu'il était. Rien à foutre, ici c'est lui qui tire les ficelles et d'ici quelques instants Canif fera comme les autres, il sera à son service. Il a bien fait d'aller cuisiner l'autre fiotte à l'hosto. Il a fini par cracher le morceau. Enfin cracher n'est peut-être pas le bon terme car Sandro lui a tellement rectifié le portrait qu'il a la tronche enrubannée pour encore une paire de semaines et il ne peut pas aligner deux mots. La Binocle avait essayé de doubler Sandro en lui disant qu'il s'était fait voler toute la coke qu'il était censé garder en nourrice dans sa cellule. Il avait joué gros, et il avait perdu. Mais Milou avait été au courant, forcément, vu le nombre de pensionnaires qui bossent pour lui et le rencardent de tout ce qui se passe ici. La coke est forcément quelque part, et il n'a pas envie de chercher… Alors il suffit d'être un peu persuasif, et cette petite visite a été instructive. Il fera donc triple coup : il baisera ce con de Sandro, mettra Canif à sa botte... et obtiendra ses congés. Une bonne journée, putain ça le ferait presque bander.

— Je peux vous aider chef? risque Bruno.

— Ta gueule, répond Milou en se dirigeant vers le plumard.

Il soulève le matelas en faisant valdinguer la couverture et l'oreiller et fait semblant de chercher une ouverture quelque part dans une couture. Il soulève un pied de lit côté tête. Tiens Bruno aurait pensé qu'ils étaient scellés. Mais apparemment pas celui-là, il y a bien cinq centimètres entre le sol et le pied quand Milou tire dessus. Le gardien met sa chaussure dans l'interstice et se penche pour y fourrer deux doigts. En dix secondes le voilà qui sort un sachet de poudre blanche de la cachette. Efficace le Milou, se dit Bruno. Deux minutes de fouille et le voilà en possession d'un beau sachet de « farine ». Le piège. Bruno regarde Milou qui se relève la gueule toute rouge, un sourire carnassier sur sa face de SS. Nous affons les moyens de fous faire parler ! pense Bruno qui reste détaché du sujet même si la situation ne semble pas vraiment à son avantage. Il a presque envie de dessiner sa gueule là. Et à y réfléchir, que peut-il lui arriver de pire que d'être accusé de ces quatre meurtres ? Du trou ? OK rien à foutre... Ce qui le fait chier quand même ce matin c'est qu'il n'a pas déjeuné.

— Monsieur Canif Chleuh, comment t'expliques ça ? T'es déjà dans la partie ? Tu perds pas de temps toi enfoiré.

Milou s'est rapproché de sa proie et tente de l'écraser de sa supériorité hiérarchique et physique.

— T'as pas peur toi, tu t'crois tout permis. Je crois bien que t'as envie de goûter au mitard, j'ai pas raison ?

Bruno lui dirait bien qu'il s'en fout mais si ça se trouve il n'y a pas de petit déjeuner au trou.

– Non chef, je peux m'en passer. Je suppose qu'il est inutile que je dise que ça ne vient pas de moi ?

– Monsieur est tout seul et voudrait me faire croire que c'est pas lui ? dit Milou avec emphase, moi j'vois personne Chleuh, tu vois quelqu'un toi ? Et ça c'est quoi, du sucre glace ?

Milou lui agite le sachet sous le nez.

– Je...

– Ta gueule j'ai dit !

Milou s'est mis à marcher dans la cellule d'un pas allongé, les mains dans le dos, comme un prof qui déambule au milieu des élèves suant sur un devoir tordu. Mais ce n'est pas une règle qu'il tient dans la main, mais un sachet de coke ou d'héro. Il goûte sa toute puissance et Bruno peut apercevoir le renflement de son pantalon, apparemment il kiffe la situation le Milou. Qu'est-ce qu'il attend, pourquoi il reste là ? Il devrait se précipiter chez son pote Plantu direct et lui faire remplir un formulaire « Trou ad vitam aeternam » avec le tampon approprié. Mais il est là, à faire semblant de réfléchir, à le narguer, à tenter de le faire pisser dans son froc, ce qui va finir par arriver car Bruno a sérieusement mal à la vessie là.

– Tu vois Chleuh, maintenant, si je veux avec tes conneries, je peux t'envoyer au placard pour un paquet de semaines si bien que tu en sortiras encore plus timbré que tu ne l'es déjà.

Bruno sent malgré lui le stress monter, ce gars est tellement répugnant. Les muscles de ses bras commencent sérieusement à se contracter et il réfrène à grand-peine ce tic qu'il a de se taper les côtes à la manière d'un poulet comme disait tendrement Judith, mon petit poulet... Il sent les impulsions forcer son système nerveux à effectuer ces putains de gestes et il ne peut s'empêcher de se claquer le corps.

— Oh oh Chleuh, tu fais quoi là ? T'as les foies ? T'es en train de piger qui est le patron ?

Bruno se claque une nouvelle fois les bras sur les côtés de son thorax. Ce truc ne le lâchera-t-il donc jamais ? À la belle époque ça avait pourtant disparu... mais c'est fini, Chleuh est de retour, et la merde... et les cons qui vont avec.

— Putain mais c'est quoi ça Chleuh ? Oh merde, il a des putains de tics ! Bordel la dégaine que ça te fait, oh purée j'avais encore jamais vu ça ! se marre Milou dans un grand rire forcé, vas-y fais voir comment tu fais ? Comme ça ?

Milou se met à se taper les côtes avec les bras comme s'il dansait la danse des canards.

— Coin-coin Chleuh, coin-coin !

Et Milou se met à faire le tour de la cellule en chantant « se secouent le bas des reins et font coin-coin ».

Bruno le regarde et son regard s'emplit de haine pure. Il se revoit enfant avec Boss l'imitant de la même façon pour faire marrer les autres. Ça lui fait un mal de chien, une fois encore sa mémoire lui explose en pleine figure en libérant des jets brûlants de souvenirs qu'il s'était efforcé d'enfouir. Et même s'il ne le devrait pas, il se sent encore une fois inférieur, à la merci de Milou, à cause de ces satanés tics hérités de sa foldingue de mère. Il a soudain envie de tuer ce mec, ce qu'il aurait dû aussi faire pour sa mère d'ailleurs. Il ne peut malheureusement empêcher un nouveau geste involontaire et il se cogne encore une fois les côtes. Milou exulte et se marre comme un dingue :

— Hey Chleuh, danse avec moi, on va faire un carton au bal du coin !

— Va te faire foutre, lâche Bruno.

Milou le SS s'arrête net et toute envie de rire disparaît instantanément de sa figure.

— Pardon ? demande Milou, j'ai entendu quoi ? Répète ?

Bruno n'est pas en position de quoi que ce soit, il vaut

mieux essayer de faire profil bas même s'il lui arracherait bien le nez avec les dents.

– Rien.

– Rien qui ?

– Rien chef, murmure Bruno.

– C'est ça oui, c'est le mot : CHEF, dit le SS d'une voix grave et menaçante. Tu ferais bien de t'en rappeler.

Ils se regardent en un combat immobile et inégal : regard de chef contre regard de prisonnier sans aucun droit, sans aucune dignité. Milou l'a dans le collimateur, il ne peut rien faire... en tout cas pour l'instant.

– Tu sais quoi ? Je suis pas si mauvais, je m'amuse un peu c'est tout, tu m'en veux pas ? Si je veux, car tu as conscience de la gravité de ton petit jeu de dealer de merde, je peux t'en faire baver des années pendant lesquelles tu seras plus souvent à l'isolement qu'en promenade avec tes nouveaux potes tatoués. Mais je suis quelqu'un de bon, si si je t'assure. Et si on s'entend, il se pourrait que ce petit dérapage reste entre nous... Qu'est-ce que tu penses de ça ?

Bruno le regarde en essayant de retenir toute expression.

– Il se pourrait même que je finisse par t'apprécier finalement...

– Qu'est-ce que vous voulez ?

– Qu'est-ce que vous voulez qui ? demande Milou comme s'il s'adressait à un enfant.

– Qu'est-ce que vous voulez chef ? s'abaisse Bruno dans un murmure.

– Ça va te surprendre, mais rien, je ne veux rien. Je veux simplement que tu te souviennes que tu me dois une fière chandelle, et que le jour venu tu sauras t'en souvenir si j'ai besoin d'un petit service. De toute façon, je saurai te le rappeler, ne t'en fais pas.

Bruno fixe Milou, quel choix a-t-il ? Atterrir au trou maintenant ou différer l'échéance ? Pour l'heure il aimerait bien un peu de tranquillité, même au trou, mais il risque d'y retourner à intervalles très réguliers s'il choisit cette option. Donc autant remettre à plus tard et continuer à prendre un peu de repos avant que Milou ne lui retombe dessus, ce sera toujours ça de gagné. Et puis s'il accepte le pseudo-marché, rien ne l'empêchera de trouver une parade quand le moment sera venu de rendre un petit service à Herr Milou. Les boches n'ont pas eu son père à l'époque, il trouvera peut-être le moyen pour que ce nazi ne le descende pas non plus...

— T'as cinq secondes pour te décider. Alors, je vais voir le directeur ou tout ça reste entre nous ?

Milou agite une nouvelle fois le petit sachet.

— D'accord chef, merci de garder ça pour vous.

— À la bonne heure, tu vois, je sais être compréhensif, j'ai à cœur que mes détenus passent un bon séjour ici.

Milou se tourne et regarde la table sur laquelle Bruno travaille sur ses dessins :

— Mais c'est quoi ça Chleuh ? C'est toi qu'a fait ça ? Remarque je suis con il n'y a personne d'autre pas vrai ?

Milou lui lance un clin d'œil faussement complice.

— Merde, c'est Mylène Farmer, non ? En train de se faire tringler par ce gros porc de Sandro ? Oh putain on aura tout vu, foutu métier ! Quelle bande de dégénérés. Elle est bonne dis-moi, t'as trouvé ça où, dans ta mémoire de détraqué ?

Milou envoie valdinguer les crayons et regarde les feuilles sur la table. Une photo de Mylène Farmer en plein concert, toute de cuir vêtue, expose la diva rousse les bras en l'air et les jambes écartées, vraisemblablement le modèle utilisé pour la base du dessin.

— T'as le don de déshabiller les gonzesses toi au moins, c'est bon ça pour te palucher, enfoiré d'obsédé. Et Sandro en train de la niquer par derrière, il t'a payé combien pour ça ? Ah oui, en sachets de coke bien sûr !

Milou lui refait un clin d'œil en mettant un doigt sur ses lèvres. Il regarde à nouveau le dessin :

– Remarque, moi elle me plait bien la donzelle, y'a pas de raison que j'en profite pas un peu.

Milou regarde Chleuh puis déchire le dessin en deux, séparant Sandro de Mylène en lui coupant la bite. Il balance Sandro par terre et replie consciencieusement la diva avant de la fourrer dans sa poche.

Alors là Milou, tu viens de faire ta première erreur, pense Bruno avec une esquisse de sourire intérieur.

– Allez, sans rancune hein, je pense qu'on devrait se recroiser, va savoir, le hasard...

Bruno écoute le cliquetis de la serrure avec bonheur. Seul, enfin. Il se précipite pour vider sa vessie au bord de l'explosion. Brave organe, elle ne l'a pas lâché malgré le stress. Par contre pour le petit déjeuner ça va être cuit...

Les carnets de Bruno

C'est la danse de Chleuh
Qui en sortant de la mare
Se secoue le bas des reins
Et fait coin-coin

Voilà ce que chantait Boss, voilà une des raisons pour lesquelles je ne pouvais pas le sentir, voilà pourquoi il me donnait des envies de meurtre. Il avait commencé à chanter ce refrain le jour où j'étais tombé dans la mare près de chez Betty. Les autres n'étaient pas tendres c'est sûr, mais ils ne se moquaient pas de mes tics, en tout cas pas les premiers. Mais Boss lui, il ne se gênait pas, il s'en faisait un plaisir, il essayait de rallier les autres à sa cruauté. Certains suivaient, mais je ne leur en veux pas, ce petit con avait un charisme de dingue. Il disait « on fait ça » alors les autres faisaient ça. Il disait « on va là » et les moutons allaient là. C'était pas compliqué et ça évitait au reste de la bande d'avoir à proposer, c'était pratique finalement. Il avait tout ce qu'il voulait, gâté comme je sais pas quoi, mais c'était un sale con, et il l'est surement encore. Je me souviens d'un jour où on avait décidé, où Boss avait décidé, d'aller à la cabane au fond des bois pour y faire un feu. Il faisait super froid et nous étions gelés. On adorait ça faire du feu, produire notre propre chaleur, ramasser le bois, construire un foyer de pierres. Moi je devais toujours aller chercher les gros cailloux et ramasser davantage de bois que les autres, mais là encore je m'en fichais, j'étais avec eux, c'était le principal. Et Fabrice était sympa avec moi, j'avais quelqu'un à qui parler. On a donc allumé ce fameux feu mais on a un peu trop chargé. Le toit de la cabane était recouvert de fougères sèches pour être à peu près à l'abri quand il pleuvait. Bref, la cabane a pris feu. On est sorti pour chercher de l'eau avec quelques bidons qu'on avait là. Boss est entré dans la cabane en feu pour aller chercher les manteaux qu'on avait tous enlevés à cause de la chaleur. Il est ressorti avec ceux de tous les gars, sauf le mien. Il m'a dit que si je le voulais je n'avais qu'à aller le chercher. On a éteint le feu, c'était pas bien méchant, mais mon manteau était trempé, plein de trous noirs, un manteau tout neuf que ma mère venait d'acheter un jour de paye. J'étais en colère contre Boss, contre moi qui avais laissé mon fichu manteau dans la cabane, et j'étais surtout terrifié d'avoir à l'annoncer à ma mère. Je ne voulais pas lui montrer, mais je ne voulais pas non plus le jeter car il était neuf et j'avais conscience que c'était cher. J'aurais pu le cacher dans le sous-sol, mais ça n'aurait pas été sûr à cent pour cent malgré le capharnaüm, je me disais qu'un jour ils feraient le ménage et que s'ils le trouvaient… J'ai fini par trouver la planque idéale : le piano du salon. Ce piano ne servait à personne, il devait surement être désaccordé et on avait « autre chose à faire dans cette maison que de s'amuser ». Alors j'ai ouvert le panneau inférieur et j'ai caché mon manteau à l'intérieur en priant pour que personne ne l'ouvre un jour. Maman ne m'a jamais demandé où était passé mon manteau. Il est des miracles dont on se souvient.

***

La bibliothèque de la prison n'est pas suréquipée mais on y trouve quand même quelques bons bouquins. Et comme dans toutes les bibliothèques, c'est plutôt silencieux, même ici. Les livres sont bien rangés dans les quelques rayonnages. Bruno ne sait pas qui en a la charge, mais c'est plutôt bien tenu, surement par un binoclard. Et puis on est bien là, dans le petit coin, la meilleure table sans doute, personne ne peut venir par derrière, on peut maitriser tout ce qui se dirige vers soi. En tout cas il est possible de ne pas se laisser surprendre. Il commence à maitriser quelques ficelles de tôlard au bout de ces quelques mois. Il feuillette une vieille revue qui se targue d'expliquer les secrets de la Joconde, sa construction, l'identité de la dame, si toutefois c'en est bien une… Il a toujours été fasciné par ce tableau et le foin qu'on a pu en faire autour. Vaut-elle tout ce déballage ? Possible. Mais aujourd'hui le cœur n'est pas à décortiquer Mona Lisa. Il pense à Milou le SS, à son coup de pute orchestré. Comment savait-il pour la drogue dans le pied du lit ? Première hypothèse évidente : il l'a déposée là lui-même, facile puisqu'il n'y a personne d'autre dans sa cellule, l'autre locataire étant toujours à attendre sagement à l'hosto que ses dents repoussent après leur rencontre avec les chaussures de Sandro. Il referme sa revue sans avoir eu de nouvelle révélation sur Mona Lisa et se lève pour regagner sa cellule. Rann entre dans la bibliothèque, le voit, et ne se met pas à hurler son nom aux quatre vents comme à son accoutumée, ce qui interpelle Bruno.

— Hey, appelle Bruno en se disant que le monde commence à changer de sens et qu'aujourd'hui c'est lui qui hèle Rann.

— Chalut.

— Mais qu'est-ce qui t'est arrivé ?

— Chi je te dis que je me chuis pris une porte tu laisses tomber ? plaisante-t-il malgré sa joue énorme et violacée.

Bruno le regarde sans répondre. Pour une fois, la gaité semble avoir déserté le Rann à grande gueule.

— Ça fait mal ?

— Cha peut aller, j'ai vu pire. Chi je retrouve l'autre bâtard je le plante, je te jure.

— Qui c'est ?

— Le pire ch'est que j'en chais rien. Je me chuis fait

surprendre dans l'echcalier en retournant dans ma piaule. J'ai rien vu et je chuis tombé dans les pommes. Je chais même pas avec quoi il a cogné.

– Ah merde, vacherie. Tu sais pourquoi il a fait ça ?

– Oh oui, d'ailleurs je chuis bien dans la merde, et ch'est rien à côté de che qu'il va m'arriver chi je trouve pas de choluchion.

– T'as pas Sandro qui peut te filer un coup de main ?

– Chandro ? Nom de Dieu non. Ch'est bien mon problème, j'avais un paquet d'ogeille que je venais de récupérer pour lui et je me chuis fait raticher par le gars qui m'a mis une trempe. Quand je vais lui dire que j'ai plus chon blé il va me crever l'autre œil c'est sûr.

Rann a l'air vraiment abattu. Il regarde même par-dessus son épaule pour s'assurer que personne n'a été missionné pour finir le boulot.

– Je peux t'aider en quelque chose ? demande Bruno.

– Ch'est chympa, mais là franchement, je vois pas che que tu pourrais faire.

– Je peux peut-être parler à Sandro, jusqu'ici on est plutôt en bons termes.

Bruno pense au dessin déchiré par Milou et se demande si la colère de Sandro pourra se retourner contre lui. Il espère que non.

– Non, tu rigoles, pas quechtion. Et chi Sandro est chympa avec toi ch'est parche que tu chais dessiner. Mais attenchion, ch'est pour lui, pour ches intérêts, che mec n'a aucune pitié. Moi je chuis carrément mal barré, et j'ai pas grand chose à vendre pour pouvoir le rembourcher.

– Y'avait combien ?

– Chix-chent euros.

– Ah ouais quand même, ça circule dans la maison, j'aurais pas cru.

– Tu rigoles, ch'est rien cha, il y a bien plus gros, un vrai bugenech. Les gros comme Chandro font la pluie et le beau temps, ils dirigent leurs affaires de l'intérieur, mais dehors ils ont toujours leurs fidèles qui font tourner la boutique.

— Je savais que ça existait bien sûr mais être au milieu ça fait bizarre.

— Tu vas t'y faire, t'as du temps pour cha.

Il se met à rire malgré la douleur. On change pas un Rann, se dit Bruno, l'optimisme d'abord. Quand ils étaient ados, il se souvient que Rann vivait dans une famille dont le père buvait aussi. Il en était mort d'ailleurs : la cirrhose du pochtron à la quarantaine. D'après ce qu'il avait pu entendre à l'époque, Rann aussi en avait bavé à la maison, et sa pauvre mère avait eu bien du mal à élever ses trois garçons qui avaient mis le nez dans la bibine de très bonne heure, comme papa. En théorie on nait tous égaux... foutue connerie.

De retour dans sa cellule, Bruno réfléchit toujours à la façon dont Milou a trouvé le sachet de drogue. Comment connaissait-il cette planque dans le pied du lit ? Si elle était connue et avait fait l'objet d'une découverte précédente lors d'une fouille plus officielle, elle aurait été réparée, on aurait re-scellé le lit, pas possible de laisser un truc comme ça. Et pourquoi se serait-il emmerdé à la planquer là alors qu'il aurait pu faire la même chose en la sortant d'un bouquin sur l'étagère... Ça ne colle pas. Une autre hypothèse serait qu'on lui ait dit qu'il y avait de la came ici. Mais qui ? Le locataire à l'hosto ? Il cogite à cette possibilité. Commençant à cerner Milou, il est bien capable d'être allé le cuisiner à l'hôpital. Quant à savoir que le gars avait de la drogue, rien de plus simple, avec la rouste administrée par Sandro il ne faut pas être sorti de Saint Cyr pour se dire qu'il y a soit du fric soit de la poudre dans cette histoire de bagarre... Mais Sandro n'aurait pas risqué des semaines de trou en dérouillant un pauvre gars pour un sachet perdu, ça ne tient pas debout. Bruno se fait bouillir un peu d'eau, sympa cette petite bouilloire, vert pomme, ça donne un certain cachet à la pièce, se dit-il. On n'est pas bien là ? Sans Milou ça serait presque parfait. Assis sur son lit Bruno regarde ses dessins au mur. Il aime bien le Bismarck, superbe cuirassé même si fabriqué « made in Berlin ». Il aime le dessiner, le peindre, le représenter en réel ou dans des enchevêtrements de lignes courbes colorées pour contraster avec les lignes droites blanches et noires du navire. Il avait même exposé une de ses représentations à la galerie Tryptik il y a quelques années mais la toile ne s'était pas vendue. Comment avait-on pu penser à peindre un cuirassé de la sorte ? Vu de côté le navire arborait en effet deux lignes (une blanche et noire) de cinq mètres de large de la ligne de flottaison jusqu'à son radar à vingt mètres au-dessus du pont. Bon effectivement pour le camouflage c'est pas ça, mais pour l'originalité, là bravo. Il a lu un jour que ces motifs servaient à dérouter l'ennemi afin qu'ils pensent avoir affaire à autre chose qu'un navire de guerre. Soit. En tout cas ça n'a pas empêché le cuirassé de couler en quarante-et-un sous les coups des anglais, tout le monde ne devait pas être dupe… Il se rappelle avoir eu du mal quand enfant il avait assemblé la maquette du bateau, cadeau de noël de sa grand-mère. Il avait passé des heures à tenter de reproduire l'effet voulu des deux fameuses lignes qui se jouaient de la perspective. Son Bismarck à lui avait eu une fin moins glorieuse, il n'avait que malencontreusement fini sous le pied de Boss. Ses pensées courent… Et s'il n'y avait pas qu'un sachet ? D'après ce qu'il a pu entendre, le binoclard qui lui tient lieu de colocataire est loin d'être con, il fait partie de la table qui bouquine pendant les promenades, c'est dire. Alors pourquoi ce sachet unique et pourquoi cette planque évidente ? Ça pourrait être un leurre… ou un plan B du genre destiné à limiter la casse pour faire diversion et assurer le reste au cas où il se ferait pincer… Bruno enlève le matelas et se met à soulever le pied du lit en mimant Milou. Le bout de crayon qu'il utilise pour sonder la cavité ne rencontre que du vide, aucun autre sachet. Il fallait s'en douter. Risquer sa vie pour un sachet… non, soit il y en a d'autres, soit sa valeur marchande dort quelque part. Peut-être pas dans la cellule, ou alors possiblement dans le placard fermé du gars, mais quelque chose attend surement sagement bien planqué, il en est presque certain. Une chasse au trésor ? Oui, pourquoi pas, se dit-il, un bon petit challenge ça, une petite course contre Milou, ça peut occuper son homme. Et s'il trouvait d'autres sachets, il ne serait pas contre une petite ligne. Oui d'accord, il n'en prend plus et ce n'est pas une bonne idée, mais qu'est-ce qu'on en a à foutre. Il se remémore l'effet de la coke qu'Hugo Delpierre lui donnait. C'est une saloperie, mais ça peut faire du bien de temps en temps. Bon il faut prendre en compte que fréquenter Delpierre lui a valu d'attraper le Sida, petit effet de bord de sa période à l'ouest de la raison. Mais bon, ce qui est fait est fait, pas la peine de chialer. La bouilloire émet son clic, l'eau est chaude. Rien de tel qu'un petit café avant la promenade.

***

— Yo Chleuh.

Sandro tend son poing à Bruno du haut de son trône de béton. Il ne sait pas déchiffrer les symboles tatoués sur ses phalanges mais il suppose que le mieux est de taper dedans avec son poing pour lui rendre son « Yo ».

— Salut Sandro, la forme ?

Le caïd ne prend pas cas de cet élan de familiarité. Il faut le ménager ce gars-là, il peut lui apprendre des trucs, l'aider à faire émerger son talent naturel d'artiste.

— Alors t'as fini mon dessin Chleuh ?

— Tu ne voudrais pas m'appeler Bruno ?

— Non, Chleuh c'est bien, répond Sandro avec une autorité telle que ce n'est pas la peine d'insister.

— Au moins j'aurais essayé... Pour ton dessin, je l'ai terminé. Ou plutôt je l'avais terminé mais j'ai eu un petit souci.

Bruno déplie sa demi-feuille et la tend au caïd.

— Avant que tu ne t'énerves, sache que ça n'est pas ma faute.

— Waw, je suis beau là, et y'a mes petites marques de fabrique, mais dis-moi, elle est où Mylène et pourquoi je suis déchiré au niveau de mon braquemard, c'est quoi ce délire ?

— Je suis désolé, mais Milou a kidnappé Mylène. Ce connard a déchiré le dessin ce matin dans ma cellule. Fait chier c'est sûr, je l'avais pas loupé la Mylène, elle était aux anges que tu lui fasses sa fête.

— Milou ? Il s'est passé quoi ? grogne le Saint Patron.

— Irruption dans ma cellule ce matin pour un prétendu contrôle. Il avait envie de m'emmerder alors il a fait semblant de trouver de la dope dans le pied de mon lit. Après ça il a déchiré le dessin en précisant je le cite « que le bâtard de Sandro ne la méritait pas et qu'il allait s'amuser lui-même avec Mylène ». Je suis à peu près sûr qu'il va se palucher dessus.

Il regarde le visage de Sandro blêmir et ses phalanges blanchissent, révélant davantage leurs motifs étranges.

— Nom de Dieu, il a trouvé la dope ? Dans le pied de lit ?

— Comme je te le dis.

— Y'en avait combien Chleuh ? Il a tout pris ?

Bruno a la réponse qu'il espérait...

— Carrément oui, il s'est pas gêné ! Je ne sais pas d'où ça sort mais il était aux anges l'enfoiré.

Sandro a le regard plus noir qu'un gorille en colère… ça fait franchement peur.

— Moi je sais t'inquiète, et ce fils de pute va pas l'emporter au paradis c'est moi qui te l'dis !

Bruno, satisfait, regarde Sandro s'éloigner en entrainant sa troupe de décalcomanies sur pattes dans son sillage. Pas un ne moufte, sentant bien que c'est pas le moment de la ramener. Le roi s'éloigne, sa cour sur ses talons, bousculant presque Pince-à-Sucre sur son passage.

— Oh les gars, mollo, dit Pince-à-Sucre en esquissant un pas de côté, vous avez une course à faire ou quoi ?

Pas un regard, pas un ne dévie de sa trajectoire, comme si Pince-à-Sucre n'existait pas. Il se tourne vers Bruno qui n'a pas bougé en regardant la meute s'éloigner.

— Ils ont quoi les tatoués Bruno ?

Pince-à-Sucre est le seul à l'appeler par son prénom dans cette prison. Rien que ça lui aurait suffi à le trouver sympathique. Mais ce n'est pas la seule raison pour laquelle il pense que c'est un brave gars. Il est de l'autre côté de la barrière c'est tout. Là où Milou affiche toujours cet air supérieur et ce sourire narquois, Pince-à-Sucre ne sourit pas. Il a même toujours l'air triste ou préoccupé. Mais quand il s'adresse aux détenus, il le fait avec respect, sans condescendance ni supériorité abusive. Pas facile comme boulot, ça doit être compliqué de trouver le juste milieu pour susciter le respect de ces enfants de chœur. Et en même temps il faut leur faire sentir que comme eux il n'est qu'un homme dont ni le métier ni la position n'ont entamé cette fondamentale évidence qu'un homme est un homme, en prison ou à se faire grâler à Tahiti. Évidemment, quand on est un maton à la Milou, on ne se pose pas la question, les détenus sont du bétail, pas des hommes. Et ce postulat dans la tête des gars comme Milou les aide tellement à légitimer leurs actions. Pareil pour les nazis, se dit Bruno : à partir du moment où ils assimilaient les prisonniers à un cheptel, ils ne faisaient que leur métier finalement, gardiens de vaches. Tout devient facile et les consciences s'en trouvent apaisées. « Quoi monsieur Nüremberg ? J'ai commis des atrocités ? Des crimes de guerre ? Mais monsieur le président voyons, ce n'étaient pas des hommes, comprenez monsieur, c'était juste des juifs croyez-moi, je vous le jure ! J'ai rien à faire ici, c'est un malentendu ! ». Pardonnez-leur, Seigneur, ils ne savaient pas ce qu'ils faisaient, pense Bruno cyniquement.

– Ouh ouh Bruno, je suis là, tu sais ce qu'ils ont la tatoo-team ?

Bruno sort de ses introspections et revient à la réalité.

– Un souci je crois, avec un de tes collègues.

– Ah... je parie que c'est Milou.

– Gagné.

– Et il leur a fait quoi cette fois ? demande Pince-à-Sucre.

– Je ne peux pas t'en parler, tu le comprendras, mais Sandro m'a l'air plutôt en colère.

Pince-à-Sucre regarde autour de lui et sort un paquet de cigarettes de sa poche. Il en tend une à Bruno. C'est un peu risqué, mais il ne voit personne autour. La table de Sandro a été désertée pour un coin au fond de la cour, vraisemblablement choisi pour pouvoir parler et se monter le bourrichon sans être inquiétés. Les autres caïds trônent à leurs places respectives et respectées. Seul le petit gars lisant sur sa ligne de terrain de basket passe à proximité, toujours plongé dans son monde imaginaire le nez dans son bouquin. Bruno se demande s'il change de livre parfois ou s'il lit inlassablement toujours le même. Et si ça se trouve, il ne lit même pas, il se protège en évitant les contacts et en essayant de se faire passer pour un timbré aux yeux des autres pour rester peinard. Allez savoir...

– Pfff Milou est un sacré connard, c'est pas nouveau.

— T'as pas l'air de le porter dans ton cœur non plus. Il est pareil avec ses collègues ?

— T'as pas idée, répond Pince-à-Sucre en serrant les dents.

— Y'a des cons partout si je puis me permettre.

— Un enfoiré de première, un opportuniste, il tuerait père et mère pour se faire une place au soleil. Et le Roi Soleil ici, c'est Plantu, alors il gravite autour. Tiens file-moi une taffe.

Pince-à-Sucre regarde encore autour de lui, évidemment il n'a pas le droit de fumer en service, mais penser à Milou lui fait monter la tension et un peu de nicotine ça ne lui ferait pas de mal. Et puis ce Bruno est sympa. Est-ce qu'un gars comme lui, ancien flic même s'il n'était quelque part qu'un rat de laboratoire, peut avoir descendu ces gens ? Ça c'est un truc qu'il se demande souvent : combien d'innocents croupissent-ils ici ? Combien de coupables ? Combien de condamnés par des textes, par une justice élaborée par les hommes, par ces articles rigides pour magistrats zélés ? Est-ce acceptable qu'un homme soit condamné à des années de prison pour le meurtre d'un violeur ? Il en a connu un, un Joël Robichaud, qui avait pris dix ans pour avoir assassiné avec préméditation le violeur de sa nièce. Dix ans... alors que l'autre a bousillé la vie de la petite fille. Bon sang. Si un mec ne l'avait pas arrêté, combien encore de victimes seraient passées sous ses coups de boutoir ? Ben oui mais c'est écrit dans les bouquins, on ne doit pas tuer, c'est marqué les gars, eh oui, faut lire les p'tites lignes ! Dégoûté...

— Bon allez Bruno, fin de la promenade. Merci pour la taffe.

— Tu rigoles... merci pour la clope, dit Bruno en lui adressant un clin d'œil.

***

– C'est quoi ça maman ?

– Ah mais c'est dégoûtant, lâche ça tout de suite, c'est un ver de terre ! Et va te laver les mains, allez zou.

Salima regarde le ver se tortiller entre ses doigts tâchés de terre. Dégoûtant ? Ah bon ? Alors beurk si maman le dit. Elle le lance dans les thuyas et s'amuse du chat disparaissant sous la haie à la recherche du ver. Sasha regarde sa fille en souriant. Elle aurait voulu l'embrasser et lui remettre les cheveux en ordre mais ses gants ne sont pas un modèle de propreté, même si elle en enfile de nouveaux à chaque sortie au jardin. Planter, déplacer, remplacer arbustes et fleurs, essayer de nouvelles pousses, enlever les mauvaises herbes des parterres : l'occupation la déstresse, la ressource. On est en janvier et ce n'est pas vraiment la saison pour jardiner, mais Sasha n'en a cure. Elle est bien couverte, et elle a besoin d'être dehors. Il faut préparer un nouveau parterre pour le printemps prochain. Le contour est déterminé et il ne reste qu'à trouver de jolies pierres pour le délimiter. Elle ira surement ce week-end sur la côte avec Salima. Elles ramèneront de jolis galets. Son frère Guillaume ne voudra pas venir et c'est très bien comme ça. De toute façon, à part sa console il n'y a rien à en tirer, il a pris tous les traits de son père. Pas la peine de lui demander un coup de main à celui-là non plus. Il est au boulot mais même s'il était à la maison, il serait encore planté devant son écran à tuer je ne sais quelle horde de barbares ou à gaspiller son temps sur ses satanés jeux en ligne. La sécurité matérielle a un prix, elle l'accepte et reste avec ce mec inutile. Pour le reste, elle a des à-côtés… heureusement.

– Allez Salima, je crois t'avoir dit d'aller te laver les mains.

La petite fait la moue en essayant d'attendrir sa mère. Sasha la regarde avec tendresse. Comme elle ressemble à son père : elle a sa bouche et cet épi rigolo sur la gauche de sa tête lui donne un air tellement espiègle et drôle. Et ce regard, si doux, cette façon qu'elle a d'incliner la tête lorsqu'elle réfléchit, tout comme lui. Pour les yeux elle les a bleus comme sa maman, et elle a la même hérité de sa jolie peau hâlée. Elle est tellement belle. Salima est le soleil de sa vie, sa réussite, sa raison d'exister, elle ferait tout pour elle, absolument tout. Pour l'instant ses reins fonctionnent encore, elle n'en est pas à la dialyse, mais un jour il faudra transplanter, elle le sait, et il faudra un donneur. Elle aurait tellement voulu être compatible, donner un morceau d'elle-même à sa fille. Mais c'est ainsi, c'est non. Le père peut-être... s'il le faut, elle ira le voir quand l'heure sera venue, elle le suppliera même, elle pleurera et il comprendra. Peut-être n'auraient-ils pas dû garder le secret, peut-être en aurait-il été autrement. Mais balancer tout ça, la maison, les revenus confortables de Jérémy, sa vie bien rangée et confortable, cela en aurait-il valu la peine ? Sa vie à elle aurait-elle été meilleure ? Aurait-il tout lâché pour elle ? Peut-être se serait-elle retrouvée seule finalement ? Aurait-elle alors retrouvé quelqu'un ? De toute façon elle avait eu cette histoire avec Nathan, elle en était tombée amoureuse, alors aurait-elle pu rester avec le père de Salima ? Elle regarde sa fille courir vers la maison en balançant ses petits bras comme pour s'envoler. A-t-elle fait les bons choix ? L'éternelle question. Les options à prendre sont tellement difficiles, y compris les plus anodines. Seule, elle met un temps infini à savoir quelle chaine elle va regarder à la télé ou quel magazine acheter pour un simple voyage en train, c'est agaçant au possible. Elle regarde sa fille revenir en courant dans le jardin.

— Hep hep hep, je t'ai dit de te laver les mains chérie !

— Mais oui mais c'est le téléphone pour toi, y'a un monsieur.

De toute la hauteur de ses quatre ans elle tend le combiné à sa mère. Sasha enlève ses gants, visiblement contrariée d'être dérangée :

– Oui allo ?

– Salut, c'est Nathan.

– Ah salut, tu sais que je n'aime pas que tu appelles chez moi.

– Oui je sais, mais je devais te parler, et Jérémy n'est pas là je crois.

– Non il est au boulot, mais quand même, dit sèchement Sasha, j'ai été claire là-dessus non ?

– J'ai vu Bruno la semaine dernière, la coupe-t-il.

Sasha marque un temps d'arrêt. Il a vu Bruno. Ça change tout.

– Tu as bien fait d'appeler, excuse-moi, continue-t-elle d'une voix adoucie, tu lui as demandé ?

– Tu pourrais d'abord me demander comment il va.

– Oui c'est vrai, comment va-t-il ? soupire Sasha.

– Je ne sais pas trop, il dit aller bien, qu'il se repose loin de « tout ça », loin du reste, qu'il en a besoin. Mais je ne sais pas s'il réalise encore très bien quelle va être désormais sa vie derrière des barreaux.

– Tu crois que c'est lui ?

– Non. Je le connais bien, toi aussi il me semble.

Sasha ne réagit pas devant la petite pique. Nathan reprend :

– On sait tous les deux le mal qu'on lui a fait, cette descente aux enfers qu'on a tous les trois provoquée. Additionné au reste, je comprends son état d'esprit de vouloir quelques vacances. Les conséquences de notre histoire ont mis un beau bordel dans nos vies.

– Oh ça va, c'est pas le drame du siècle non plus que je sache.

– Justement si, fait Nathan agacé.

— Il les a tués à cause de moi peut-être ?

— Je t'ai dit que je ne le croyais pas coupable.

— Moi j'ai ma conscience pour moi, je n'ai rien fait de mal. Il n'a pas su passer à autre chose, moi j'y peux rien.

— Comme d'habitude, il n'y a que du blanc et du noir pour toi, tu manques un chouïa de nuances.

— Oh ça va Nathan, il faut arrêter un peu. Et sache qu'il n'y a pas que pour lui que ça a été dur, dit Sasha d'un ton pète-sec en se raidissant.

— À qui le dis-tu ! Je te rappelle que j'ai perdu mon boulot par exemple.

— Tu as démissionné, persifle Sasha.

— Exact. Et pourquoi ?

— De toute façon vous pensez être les plus sensés et les plus réfléchis de la terre, vous ne voyez que vos petits univers étriqués.

— Non, tu le sais bien alors arrête, s'il te plait.

Nathan sourit, il connaît le tempérament tempétueux de Sasha et ses idées à l'emporte-pièce. Pourtant, il garde une grande tendresse pour elle. Il aime Bruno. Et il aime Sasha. Oh ce n'est pas vraiment de l'amour, mais elle l'a aidée pendant une période difficile, même si coucher avec elle avait mis le feu aux poudres.

— Bon alors il a dit quoi ?

— Je ne lui ai pas encore demandé.

— Et tu comptes le faire quand ? demande-t-elle en ayant retrouvé son ton « c'est moi qui commande ».

— Attends, je viens juste de le revoir, on avait des choses à se dire, et je n'allais pas lui sauter dessus comme ça, il aurait eu des doutes sur le fait qu'on se voie encore.

— Et alors ? Tu fais ce que tu veux non ?

— Oui c'est vrai, mais si tu veux la réponse pour ton père, il va falloir que tu sois un peu patiente, un peu de diplomatie et de douceur ne font pas de mal.

– Ça m'énerve tellement qu'il n'ait pas voulu me dire où et qui il est !

– Je vais faire ce que je peux Sasha. Mais j'ai retrouvé mon ami, ça a été dur et je veux que nous restions proches même si tu aimerais être le centre du monde.

– Vous ne vous rendez pas compte, vraiment ! Il a souffert, d'accord, tu as un peu souffert, d'accord, mais vous n'êtes pas les seuls à avoir des problèmes. Tu as tes parents, et que je sache il a encore sa mère non ? Vous ne pouvez pas comprendre. Qu'il garde pour lui le secret sur mon père c'est vraiment… dégoûtant !

Son père… Saura-t-elle jamais qui il est ? Pourquoi les a-t-il abandonnées elle et sa mère alors qu'elle n'avait que trois ans. La bâtarde, voilà ce que disaient les gens dans les rues de Béjaïa. La femme sans mari qui promène sa bâtarde ! C'était si difficile. Sa mère devait se sentir tellement honteuse, et les commerçants refusaient même parfois de la servir tandis qu'elle recevait de temps à autre un crachat sorti de nulle part. Être une bâtarde ; la bâtarde de Béjaïa ; elle regardait sa mère qui gardait la tête baissée en allant au marché. Où avait donc disparu ce géniteur français, les abandonnant dans la misère la plus totale ? Pourquoi ? Où est-il aujourd'hui ? Qu'est-il arrivé ? Les aimait-il alors qu'il a disparu comme ça, sans rien laisser derrière lui d'après les dires de sa mère.

– Mon père est mort dernièrement, tu le sais il me semble, dit Nathan lui en voulant de l'avoir oublié. Ne rien te révéler est je pense sa façon à lui de te faire payer. Qu'est-ce qui l'oblige à te le dire ? Rien. S'il le veut il peut emporter le secret de l'existence de ton père dans la tombe. Alors sois un peu indulgente et patiente. Et d'ailleurs tiens, pourquoi tu ne lui écris pas ? Dis-lui que tu penses à lui, que tu es désolée de sa situation. Pas que tu regrettes, il saura très bien que ce n'est pas le cas, mais montre lui ton intérêt, qu'il était et est encore quelqu'un pour toi.

– Ah oui ? Et s'il ne répond pas ? S'il est toujours en colère ?

– Et alors ? Tu as peur de l'affronter ? C'est quelqu'un de bien Bruno, tu le sais tout comme moi. Et s'il a su me pardonner, peut-être le fera-t-il pour toi ?

– Je n'ai peur de personne, dit Sasha en se grandissant. Mais je dois retrouver mon père, il pourrait comprendre ça non ? Il le faut !

– Je pense qu'il le peut, peut-être pas tout de suite, mais ça viendra.

– Je n'ai pas le temps. Bon tu m'aides ou pas ?

Décidemment elle ne changera jamais, pense Nathan, tiraillé entre l'envie de faire plaisir à Sasha d'un côté, et la non envie de se remettre Bruno à dos. Il avait trahi sa confiance une fois et il avait bien failli le perdre. Aujourd'hui ils sont redevenus amis, même s'il est enfermé. Peut-il risquer de le perdre encore, qui plus est pour un dilemme Sasha/Bruno une fois encore ? Merde, pourquoi ne pouvait-il pas avoir les deux ? Il a assuré à Bruno qu'il ne voyait plus Sasha, il lui a dit dans le blanc des yeux lors de sa visite même si ça le dégoutait de lui mentir. S'il venait à l'apprendre ? Et s'il l'interroge sur le père de Sasha il va probablement penser qu'il cherche à l'utiliser et que Sasha tire encore les ficelles du trio… Oui mais elle a tellement envie de savoir… Que faire ? Il frotte ses yeux fermés de la paume de ses deux mains, le cerveau en ébullition.

– Alors, tu m'aides ou pas ? s'impatiente Sasha.

Nathan se dit que qu'il parle à Sasha pour la dernière fois suivant la réponse qu'il va lui donner. Et ça c'est impossible.

– Oui Sasha je vais essayer de t'aider.

Nathan raccroche, mal à l'aise avec la dernière phrase sortie de sa bouche. Putain qu'est-ce qu'il fabrique encore ? Le père de Sasha, ah ça ils en avaient entendu parler. Elle fera tout et n'importe quoi pour savoir où et qui il est. Il la soupçonne d'être entrée dans la police uniquement pour avoir accès à toute information pouvant l'aider à retrouver ce papa qui les a laissées seules elle et sa mère alors qu'elle était toute petite en Algérie. Tous les moyens sont bons pour son obsession. Elle avait même couché avec le gros patron après avoir expérimenté quelques sous-fifres dont elle n'avait pas réussi à obtenir suffisamment d'informations. Elle avait donc entamé une histoire avec le commissaire Grelet mais celui-ci avait fini par partir en retraite avant qu'elle n'ait pu en extraire de réelles pistes. Elle avait été contractuelle sur le terrain. Ça s'était mal passé et elle avait fait l'objet de plusieurs plaintes suite à des dressages de procès-verbaux quelque peu mouvementés. Elle s'était même battue avec une femme refusant de se faire verbaliser. Elle avait écopé d'un avertissement et on lui avait fait comprendre qu'une réorientation serait pertinente...et vite. Elle avait donc été mutée au labo où elle travaillait depuis sur les relevés d'empreintes et l'exploitation des données informatiques après avoir suivi une formation. Et puis Bruno était entré dans sa vie... Peu après son arrivée, il avait pris la tête du labo. Nathan, lui, y avait été affecté l'année suivante avec pour mission d'opérer les prélèvements sur les scènes de crimes, les accidents et diriger les premières analyses. Elle avait rapidement séduit Bruno. Il avait été plutôt facile à convaincre. Pour lui faire plaisir et la garder près de lui, Bruno avait fait son maximum dans la quête de son père. Nathan se sait pas du tout comment il s'y était pris pour avancer, et il a d'ailleurs toujours admiré sa capacité à ronger tout os se présentant à lui. Retrouver le père de Sasha ? S'il était vivant, il le retrouverait. Et à priori, il était sur sa piste ! Dommage pour Sasha, leur trio avait salement explosé avant qu'il ne lui révèle ce qu'il avait appris. Sans ça elle aurait surement pu tenter de renouer avec ce père qui lui manque tant. Erreur de calcul.

Nathan se ronge les ongles pourtant parfaitement manucurés. Sasha… quelle merde. Il ne l'aime pas d'amour, ne l'a jamais aimée, mais quand ce fut son tour d'être dans la ligne de mire de ses faveurs, comme les autres il n'avait pas su dire non. Elle lui avait apporté de la chaleur, du sexe, de la folie et le goût de l'interdit. Elle est mariée quand même, ça ne se fait pas… Mais une femme mariée qui s'intéresse à lui, belle de surcroit avec ses yeux bleu clair, c'est très flatteur, et pourquoi ne pas foncer ? Pourquoi l'aurait-il repoussée ? Affectivement ça n'était pas la panacée à l'époque, aucune histoire stable, des aventures à la petite semaine, et la déprime était là. Pourtant il se sent bien tout seul, même s'il a besoin d'affection, comme tout le monde. Des histoires il en a eu, et pas que des classiques, sa cousine Claire quand ils étaient tout jeunes, sa prof d'anglais alors qu'il l'était un peu moins en terminale. Comme il l'avait aimée. Mais elle avait mis fin à leur histoire devant les difficultés et les risques de leur relation. « Mariée avec le proviseur, tu comprends Nathan, si ça venait à se savoir ? Je serais renvoyée, tu comprends ? » Ah ça non il n'avait pas compris. Et il avait alors goûté à son premier et dernier grand chagrin d'amour. Il s'était donné corps et âme dans cette relation, il y avait mis tout son cœur, toutes ses tripes. Il se serait mis à genoux si elle le lui avait demandé. Il aurait tué pour elle. À l'époque il haïssait les week-ends et les vacances. Ne pas voir Mary n'était-ce qu'une journée était une torture. Ils s'embrassaient parfois, y compris dans la classe déserte en fin de journée et il la retrouvait à l'hôtel certains après-midis quand elle n'avait pas cours. Il se faisait alors porter pâle ou séchait quelques heures. Il l'avait tant aimée, son rire, son expérience de la vie, son délicieux accent, son impudeur, son intelligence et sa culture. « Tu comprends hein Nathan ? » lui avait-elle dit en pleurant. Il était parti en claquant la porte de la chambre d'hôtel et n'avait plus assisté à un seul cours d'anglais jusqu'à la fin de l'année. Il avait quand même eu treize au bac à l'oral comme à l'écrit. Mais depuis Mary il s'était promis de ne plus donner, rien, jamais, à personne. Les femmes, s'il devait y en avoir d'autres, viendraient à lui, pour lui, pour ce qu'il est. Bon ça ne marche pas des masses, il en est conscient. Mais ce n'est pas si grave que ça. Rien n'oblige à une vie stéréotypée. Avoir des enfants, acheter une maison et avoir un chien, c'est ça le Graal ? Le but à atteindre ? La consécration ? C'est ça la normalité ? Et si on n'en fait pas partie qu'est-ce que ça fait ? C'est grave ? On paye davantage d'impôts c'est déjà une punition ça non ? Il assume cette différence, il la revendique presque. Mais il en a assez de se justifier devant les « Alors pas encore casé ? », y compris ceux qui viennent de sa propre mère. Son père, lui, malgré les désaccords profonds qu'ils avaient tous les deux, le comprenait. Lui ne le jugeait pas, ne voulait pas « à tout prix » qu'il soit formaté et inséré « convenablement » dans la société. Il s'en tapait. Mais le colonel était mort en mission d'une certaine façon. En plein vol. Nathan pense que son père n'aurait pas souhaité plus belle mort. Parti entre ciel et terre, libre... Un bip le sort de sa rêverie. Ah enfin, pense-t-il, elle trouve un peu de temps. Nathan s'installe à l'ordinateur et ouvre la conversation :

NathanQueToi : Yep ma douce.
Taïga : Olà mon colibri.
NathanQueToi : Tu es rentrée ?
Taïga : À ton avis ?
NathanQueToi : J'en déduis que tu es rentrée Ça se passe bien ton nouveau boulot ?
Taïga : Oh excellent, c'est génial, je m'occupe de chevaux toute la journée.

NathanQueToi : Et on ne trouve pas de chevaux en France?

Taïga : J'aime pas leur couleur.

NathanQueToi : Pffff je t'aurais trouvé des chevaux roses s'il n'y avait eu que ça.

Taïga : Ne recommence pas mon colibri, tu sais bien que je ne peux pas.

NathanQueToi : Ou tu ne veux pas.

Taïga : La question n'est pas là, j'ai besoin de temps tu le sais.

NathanQueToi : Oui je sais, je comprends, mais quand même, on aurait pu se voir au moins une fois avant ton départ.

Taïga : On est bien comme ça colibri, pas besoin de se voir pour s'aimer.

NathanQueToi : Ça a ses limites.

Taïga : Non justement, ainsi on ne peut pas se faire de mal comme tous ces couples qui nous entourent.

NathanQueToi : Si ça te convient...

Taïga : Mais à toi aussi ça convient, tu l'as toujours dit.

NathanQueToi : Dis-moi au moins qu'il y a une chance pour qu'on se rencontre un jour.

Taïga : On ne peut jamais dire jamais. Tu es malheureux de ce que nous ne sommes pas, mais sois heureux de ce que nous sommes.

NathanQueToi : Médusa! Je le suis mais parfois je rêve que ce soit possible.

Taïga : Peut-être que ma voix te rebuterait, que tu t'évanouirais en voyant ma tête, on en a déjà parlé.

NathanQueToi : Peut-être, et alors, il n'y a aucun souci, on ne se doit rien si ça ne marche pas.

Taïga : Pour l'instant je soigne mes chevaux au Guatemala, je ne sais pas de quoi demain sera fait.

NathanQueToi : Cruella!

Taïga : Mon petit Pongo d'amour

NathanQueToi : Si au moins j'avais ton email je ne serais pas obligé d'aller sur ce jeu débile pour communiquer avec toi!

Taïga : Le mail est un pas dans la réalité colibri, je ne veux pas. On est bien ici, c'est notre univers.

NathanQueToi : Carabosse!

Taïga : Je dois te laisser j'ai encore des trucs à faire avant de dormir.

NathanQueToi : Ah oui c'est vrai qu'il est vingt-deux heures chez toi, ici il n'est que quatorze heures. Je ne t'ai même pas raconté ma journée d'hier.

Taïga : Tu me la raconteras demain colibri.

NathanQueToi : Si tu te connectes.

Taïga : Oui si je me connecte Je te fais plein de bisous, je t'aime.

NathanQueToi : Je t'aime aussi

Taïga... Nathan pense qu'elle s'appelle Céleste dans la vraie vie, une belge. Enfin c'est ce qu'elle lui a dit. Pour la centième fois il parcourt le profil de Taïga pour tenter de percer son mystère. Six mois de correspondance à travers le module de chat de ce jeu débile, six mois sans la moindre avancée dans le réel. Des milliers d'échanges de ces phrases limitées au cours desquels il a développé une fois encore une sorte d'histoire impossible, une de plus. Je vais les laisser venir à moi, avait-il décidé, plus de don de soi, plus d'attente, plus de déception sentimentale. Tu parles. Une fois encore, il attend, il est suspendu au bon vouloir d'une femme. Enfin une femme, il n'en sait rien, il se dit parfois que Céleste « Taïga » est peut-être un gros geek pervers s'amusant avec lui, un barbu adipeux calé au fond de son fauteuil crado à Bruxelles comme elle le dit ou ailleurs. Ça expliquerait qu'elle ne veuille donner ni mail, ni téléphone, ni adresse, ni nom de famille. Et maintenant elle (ou il) est partie au Guatemala pour une durée indéterminée (si c'est bien le cas). « Elle en a besoin » a-t-elle dit, elle doit se ressourcer, retrouver confiance. Parfois il a l'envie terrible de quitter le jeu, d'effacer son profil, seul lien qui les relie. Et basta. Mais c'est impossible, une fois encore il s'est fait hameçonner. Ah s'il était simplement normal comme sa mère le souhaite tant... Amoureux d'un idéal virtuel fantasmé, quelle merde.

***

De retour de promenade, Bruno constate les effets d'une nouvelle visite dans ses appartements. Le cadenas du placard du gars hospitalisé est cassé et toutes les affaires sont en vrac, la porte n'est même pas refermée. Le matelas est mal remis et des crayons sont tombés à terre. La télécommande de la télé est ouverte et les piles sont sur le sol. La bouilloire est ouverte et même pas remise sur son socle. Bruno se dit que Milou a les mêmes ambitions que lui : trouver le reste de la dope ou un paquet d'oseille. Il a dû réfléchir dans sa petite tête pleine d'eau qu'un seul sachet était un bien maigre butin et il y avait sans doute davantage à gratter. Il était donc revenu à la charge. Reste à savoir s'il a trouvé quelque chose, Milou lui aurait alors damé le pion et Bruno aurait perdu le match. Il sourit. Son colocataire avait bien roulé Milou avec ce sachet. Le mec était intelligent pour sûr. Un petit leurre dans le pied du lit au cas où et hop, on enfume le colosse. Mais le gardien est coriace à défaut d'être très subtil, un vrai pitbull. Bruno s'assied sur le bord du lit et regarde autour de lui en essayant de faire le point. Première hypothèse : Milou a trouvé le reste à la deuxième fouille et va lui mettre tout ça sur le dos. Si ça se confirme, à son avis d'ici ce soir il va recevoir la visite de son cher copain. Si ce n'est pas le cas, Milou va s'arranger pour découvrir la planque en retournant cuisiner moins gentiment le coloc à l'hosto, ce qui lui laisserait un peu de temps. Mais si le gars parle alors ce sera revisite du pitbull et là, il est foutu pour continuer à passer un bon séjour... Deuxième hypothèse : il n'a rien trouvé. Et donc encore deux possibilités : il n'y a rien à trouver, ou alors le gars a été plus malin encore. Eh bien soit, monsieur le malin, j'ai un défi à relever, pense Bruno, je dois faire la nique à Milou. Il se lève pour entamer une deuxième passe en commençant par la bouilloire ouverte. De toute façon il n'a rien d'autre à foutre pas vrai ?

***

– Entrez Sonnier.

– Monsieur le directeur, répond Milou en entrant dans le bureau.

– Je suis à vous dans une minute, je réponds au préfet pour sa visite dans nos murs et je file, on m'attend pour déjeuner, j'espère que vous ne me dérangez pas pour rien.

– Le préfet va venir ici ?

– Au jour d'aujourd'hui il ne connaît pas la date exacte mais oui il va venir.

– Il vient pour redorer son blason pour les élections ?

– Entre nous soit dit, il ne vient pas par courtoisie ou pour boire un café. Effectivement il pourrait sauter suite aux prochaines élections. Il veut montrer qu'il est près du terrain, n'est-ce pas, qu'il fait tout pour la sécurité de ses concitoyens et il met un point d'honneur à s'assurer que les détenus sont traités humainement, je veux dire par là comme à l'hôtel quoi. On croit rêver n'est-ce pas ?

Milou n'en sait rien, il n'en a rien à foutre du préfet et des ronds de jambe du dirlo envers les politicards. Qu'il fasse ses courbettes, qu'il se fasse enculer même, rien à cirer. Qu'il se casse ce Plantu, Milou ne rêve que de s'asseoir dans son fauteuil. S'il la joue fine c'est possible, quitte à lui lécher le cul en attendant. Ce jour-là les choses allaient changer à la prison. Et le tampon « trou sans toucher les vingt mille » allait servir un peu plus que ça c'est clair. Il allait les mater tous ces moins que rien. Mais en attendant la retraite du bonhomme, il lui faut faire quelques révérences même s'il a envie de lui cracher à la gueule. À moins qu'ils ne parachutent un jeune blanc-bec à sa place, ça ça le ferait vraiment chier... Mais le dirlo a le bras long, sa femme est bien placée au ministère. Et si Plantu le recommande, il se pourrait bien qu'il ait une chance s'il fait activer les relations de sa femme. Le diplôme ? La femme de Plantu a le bras encore plus long que celui de son mari pour passer outre. En tout cas pour l'instant, il tient Plantu par les couilles avec son petit péché mignon, même si ce connard a refusé ses congés. Pas pour longtemps... Il attend placidement que Plantu lâche la souris de son ordinateur.

— Oui Sonnier vous vouliez donc me voir n'est-ce pas ?

— Oui monsieur le directeur, j'ai une petite surprise pour vous.

— Vous tombez bien, j'adore ça.

Plantu ôte ses petites lunettes de savant fou et le regarde, une lueur d'impatience dans les yeux. En général, quand Sonnier a une surprise, c'est une très bonne surprise... Milou sort le sachet de coke de sa poche et le pose sur le bureau de Plantu. Il n'y en a qu'un seul pour l'instant, c'est assez peu, mais ça fera l'affaire. Pour les autres, un petit détour demain par l'hôpital s'impose. Plantu ajuste ses lunettes pour examiner son cadeau.

— Vous avez trouvé ça où ? demande Plantu en triturant le sachet de ses deux mains.

— Chez Canif monsieur, je savais bien qu'il fallait s'en méfier.

— Chez Canif? Entre nous soit dit, je ne l'aime pas beaucoup, je n'ai aucune confiance en ces poulets corrompus qui se croient au-dessus des autres. Amenez-le moi, je vais lui faire goûter aux joies du mitard.

— Si je puis me permettre monsieur le directeur, j'aimerais temporiser.

Milou n'a pas l'intention de lâcher les chiens sur Bruno, pas encore. C'est jouissif de l'avoir à sa merci. Il faut garder la main pour asseoir sa supériorité

— Pour quoi faire ? Amenez-le-moi dans une heure.

Milou sait parfaitement que le poisson est ferré. Sitôt qu'il aura quitté le bureau, Plantu va sortir sa carte de crédit et se faire un bon petit rail de coke : le talon d'Achille du directeur, son petit pêché mignon. Il ne va pas rater cette opportunité de l'avoir totalement à sa botte.

– Il a été trop coopératif quand j'ai trouvé la dope. Je suis sûr qu'il essaye de me berner. Mais je ne suis pas con, et je peux vous assurer que si vous me laissez faire, je vous trouverai le reste et je pense qu'il y en a un paquet. Après ça on l'envoie au trou pour six mois si vous voulez.

– Le reste ?

Plantu regarde Milou, pensif, en se disant qu'une petite réserve de coke serait plus qu'appréciable.

– Bien vu Sonnier, bon gardien chef ça.

– Je vous remercie monsieur le directeur, et je respecterai le deal qu'on a passé, tout ce que je trouve est à vous. Mais personne ne travaille pour rien et les extras ont un prix, faut bien vivre.

– Nous y voilà, Sonnier, crachez votre requête puisque vous en avez une n'est-ce pas ? siffle Plantu en reluquant le sachet avec une impatience grandissante.

Vivement que ce con s'en aille, pense-Milou. En attendant, jeu set et match :

– Oh pas grand-chose monsieur le directeur… mais j'ai vraiment besoin de mes congés.

Dans l'cul Pince de mes deux, tu verras ta mère une autre fois, jubile Milou en sortant de ce qu'il espère bien être un jour son futur bureau.

Les carnets de Bruno

J'ai tué mon père. Il est mort à cause de moi, j'aurais dû faire quelque chose. Je regarde tes lignes, carnet, et je ne sais pas si je peux écrire ça. Émilie m'a conseillé de tout mettre, tout noter, même le pire. Elle m'a dit que sortir mes tripes m'aiderait pour mon avenir, pour voir les choses plus sereinement a-t-elle dit. Merci à elle pour tout ce qu'elle a fait pour moi. Merci Émilie, de tout mon cœur... Je te disais donc que j'ai tué mon père, et son image me hante, ce souvenir est effroyable. Je ne sais pas si l'écrire sur tes pages va changer quoi que ce soit au fait que je regrette tellement de ne pas avoir pris une autre décision. À l'époque (ça me parait si loin mais c'était au début de l'année dernière), sans doute n'ai-je pas eu d'autre choix, c'est ce que me dirait Émilie. Ça s'est passé peu après avoir mis fin aux souffrances de cette pauvre Rita. Ce soir-là, papa est rentré plus tard que d'habitude. Il devait être passé au bistrot car il titubait et ne parlait pas très bien. Maman lui a sauté dessus dès qu'il a enlevé son imper. Mon père a essayé d'articuler qu'il s'était fait voler les bouteilles de vin dans les sacoches de la mobylette alors qu'il prenait un pot avec son copain de beuverie Galoche. Maman est devenue cinglée, elle l'a attrapé par une oreille et l'a envoyé contre le frigo. Je crois bien qu'elle lui a cassé le nez, le sang a giclé partout et papa s'est mis à crier des « Bon Dieu elle me l'a pété !» et des « C'est pas ma faute nom de Dieu !». Maman ne l'a pas entendu de cette oreille et elle lui a mis un coup de poing en plein visage, exactement à l'endroit où son nez tordu venait de casser. Mon père a hurlé puis il est tombé évanoui de douleur ou du trop-plein d'alcool sur le lino crasseux de la cuisine. Maman a saisi la demi-bouteille de vin sur la table sans faire aucun cas de mon pauvre père étalé par terre et est partie la siffler dans sa chambre. Ma sœur Cécile pleurait ou criait je ne sais plus. J'avais envie de tuer mes deux parents et de me foutre en l'air après, arrêter cette comédie, ce calvaire qu'était devenu la vie ici. Mais je devais être fort pour Cécile et mon rôle était de la protéger du mieux que je pouvais. Mon père a émergé alors que je nettoyais la porte pleine de sang du frigo. Ma sœur était agenouillée près de lui et lui tenait la tête. Elle ne savait pas quoi faire d'autre, mais à quinze ans, que peut-on faire dans une situation pareille ? J'ai relevé mon père saoul et sanguinolent en le prenant par la main et je l'ai assis à la table de la cuisine. Je lui ai dit que ça serait bien de manger un peu. Il a marmonné un truc, j'ai pris ça pour un oui. J'ai sorti un œuf dur et lui ai beurré une tartine de pain. Je lui ai servi un grand verre d'eau et j'ai dit à ma sœur d'aller faire ses devoirs, je gèrerais papa tout seul. Elle avait l'air si fatiguée de ce merdier. Elle est partie en silence. J'ai épluché l'œuf de papa, l'ai coupé en deux et je me suis assis en face de lui. Mon père : alcoolique, malheureux, et ancien héros de guerre non reconnu. Depuis son récit à propos de la résistance je voyais papa autrement. Il n'était pas un perdant, mais juste quelqu'un qui n'a pas eu la chance de devenir celui qu'il aurait pu être. Papa… je t'admirais. Ce soir-là, il a mordu en silence dans la tartine, les yeux vitreux, il a pris la moitié de l'œuf et l'a fourré dans sa bouche mal nettoyée du sang de son nez. Au début je n'ai pas compris. Il a commencé à se crisper et ses yeux se sont ouverts en grand. Il s'est mis à essayer de tousser et ses bras se sont raidis. Des morceaux d'œuf ont jailli de sa bouche entrouverte et j'ai reçu des bouts de blanc. J'ai demandé si ça allait, ce qu'il avait. J'ai commencé à lui lancer des papas et je me suis rendu compte qu'il était en train de s'étouffer. Sa peau prenait une couleur cramoisie et il me regardait de ses yeux jaunis… avec effroi ? Ou tristesse ? Ou il voulait me dire quelque chose ? Je l'ai regardé et me suis levé d'un bond en me disant que si je ne faisais rien et vu qu'on n'était que tous les deux il allait crever là, sous mes yeux. C'est alors que je me suis dit *et alors, que peut-il lui arriver de meilleur ?* Finir sa vie plus tard sous les coups de ma mère, étouffé dans son dégueulis, ou bien finir sa vie ici, maintenant, avec moi, son fils, pour l'aider à se libérer de l'autre furie ? Alors j'ai rien fait. Je me suis rassis et je l'ai regardé s'étouffer. Ce n'est peut-être pas une mort en héros, mais c'est celle de quelqu'un qui s'évade, qui prend le large, abandonnant une existence pitoyable afin de trouver une vie meilleure ailleurs. Papa est tombé, lentement. Il a emmené avec lui la tartine entamée et le verre d'eau. Et moi je suis resté assis là, à regarder ses spasmes qui me rappelaient ceux de Rita. J'espérais que l'œuf n'allait pas ressortir et qu'il n'allait pas aspirer une grande goulée d'air pour un retour en enfer. Je pleurais, je sentais de grosses larmes couler, mais je ne bougeais pas, je ne voulais pas bouger, je ne le pouvais d'ailleurs pas. Je lui rendais sa liberté, moi et ma sœur on se démerderait, on trouverait une solution. Les soubresauts de papa se sont espacés, il avait les mains sur sa gorge et ses pieds remuaient encore. J'ai attendu longtemps comme ça, à le regarder immobile, les yeux grands ouverts. Et j'y ai lu un merci, enfin, je crois. Papa, je t'ai aimé malgré tout, pardon pour ce que j'ai fait, pardon, repose enfin en paix.

12

Super matinée, pense amèrement Bruno en quittant sa cellule où il faisait les cent pas en attendant le déjeuner. Cet avocat porcin lui hérisse le poil, un bon à rien qui ne pense certainement qu'à bouffer et s'enrichir, peu importe la manière. « Avouer, voilà ce qu'il faut faire, innocent ou non ». Avec les charges qui pèsent sur lui c'était la meilleure stratégie à adopter d'après lui. Tu parles, la plus facile, oui ! Il allait torcher l'affaire en deux temps trois mouvements et avec le blé si facilement gagné il pourrait s'acheter un Fast-Food et se gaver de hamburgers à vie et continuer à engraisser jusqu'à en crever ! Gros porc d'incapable... Et sa façon de lui serrer la main, quelle horreur, une anguille visqueuse, voilà à quoi ça lui fait penser. Et aujourd'hui il se pointe en lui disant « qu'il avait du nouveau ! » et « qu'on n'allait pas se laisser faire », et que « je vais vous sortir de là monsieur Canif ! ». Il lui a aussi fait part de l'arme des quatre crimes qui aurait repris du service. Ça, il n'en croit toujours pas ses oreilles. Ainsi ce n'est pas terminé, il y a un autre mort. Pitié pourvu que Judith n'ait pas pété un câble, c'est la seule chose qu'il espère.

– Hugo Delpierre, vous connaissez ? avait demandé l'avocat.

Il en était resté interdit et s'était efforcé de ne rien laisser paraître. Hugo Delpierre, celui lui a refilé le Sida et l'a arnaqué pour le tableau. Purée quelle période encore que celle passée près de Delpierre, dans un oubli total de lui-même, dans le sexe et la drogue. Heureusement, ça n'a pas duré très longtemps, ça le rendait barge. Il repense au tableau cédé à Delpierre contre quelques doses de coke. C'était une toile à laquelle il attachait beaucoup d'importance et il l'avait laissée filer pour quelques grammes. Quel imbécile mais là encore il s'octroie l'attribution de circonstances atténuantes de par la période instable dans laquelle il surnageait suite aux ravages du cyclone triangulaire Sasha / Nathan / Lui-même.

– Non je ne connais pas, de nom seulement, avait répondu Bruno, c'est un amateur d'art non ?

– Oui effectivement, bien connu de certaines communautés à Nantes, et le milieu de l'art en est une... Mais ce n'est pas la seule.

L'avocat dont il ne retient jamais le nom avait posé son coude sur la table et basculé sa main vers l'arrière à la façon Cage aux Folles. Le gros avait continué :

– En tout cas il a été assassiné le trente et un décembre vers minuit, et tenez-vous bien monsieur Canif, par la même arme utilisée pour les crimes dont vous êtes accusés. La balistique est formelle. Je tiens ça du capitaine De Kerimel, lequel n'a d'ailleurs pas trop l'air dans son assiette. Vous me direz, je crois bien qu'il picole un peu ce gars-là. En tout cas c'est du tout bon pour nous ça, ça veut dire que le véritable assassin continue sa sale besogne, donc on pourrait peut-être bien vous faire acquitter.

Un avocat qui dit « peut-être » avec un pavé comme celui-là n'est certainement pas un premier de la classe c'est sûr.

– Je vous conseille donc de ne rien dire, surtout n'avouez aucun de ces crimes.

Jusqu'ici l'avocat avait tout fait pour le convaincre du contraire. C'est sans doute normal chez les anguilles de changer de cap suivant les courants.

– Ah oui, De Kerimel voudrait bien vous voir à ce propos, je lui dis quoi, que c'est OK pour vous? avait demandé l'avocat dégoulinant de sueur en plein mois de janvier.

– C'est vous l'avocat non, à vous de me dire ce que je dois faire… avait répondu Bruno juste pour le faire chier.

Là-dessus il s'était levé et avait quitté le parloir, il avait besoin de réfléchir à cette drôle de nouvelle.

De retour dans sa cellule, il ne parvient pas à rester en place. Ainsi non seulement le Lüger a refait surface mais en plus il a repris du service. Et pour tuer qui ? Hugo Delpierre ! Encore un crime dont il pourrait être accusé s'il n'était pas déjà enfermé. Et Pierre-Antoine veut le voir. Bruno tourne en rond et le stress a repris le dessus malgré ses résolutions de ne plus s'en faire pour quoi que ce soit. Ça fait trop pour rester de marbre. Qui manipule le Lüger ? Pourquoi les victimes ne sont-elles que des personnes qu'il a côtoyées ? Pourquoi ça continue ? Pourquoi faut-il qu'il ait encore à faire à Pierre-Antoine ? Il n'a pas eu assez de le faire boucler, sa vengeance n'est pas assez corsée ? Cet imbécile de facho… Il lui a pris Judith, oui et alors ? Il l'a sauvée oui ! Elle était tombée amoureuse de l'uniforme de De Kerimel, évidemment quand on est jeune et grand, si en plus on arbore une jolie veste militaire, bon nombre de filles vous tombent dans les bras, ne se fiant qu'à la coquille aveuglante et prometteuse sans rien regarder de l'homme qui vit dessous. Pauvre Judith, elle en avait soupé de ses interdits, de ses « ne fais pas de danse c'est pas pour toi », « ne travaille pas, tu n'en as pas besoin » et autres « et celui-là, tu le connais ? Pourquoi tu lui as parlé ? ». Et encore, Judith lui en avait dit bien davantage sur ses relations avec Pierre-Antoine De Kerimel… un français à l'ancienne qui vit encore au temps du second empire ! Il se souvient de l'engueulade entre lui et De Kerimel juste avant qu'il ne parte au service militaire en 1978 :

– Ton père ? Dans la résistance ? Mais oui fais-moi rire, lui avait dit Pierre-Antoine.

– Crois ce que tu veux, je te dis qu'il a été résistant.

Il lui avait alors raconté avec fierté ce que lui avait confié son père alors qu'il assemblait une maquette de Junker JU 87, le célèbre bombardier en piqué Stuka de la Luftwaffe tristement connu pour terroriser les populations en leur tombant dessus. Son père était entré dans sa chambre, c'était un samedi matin. Bruno s'en souvient car il a marqué ce jour d'une pierre blanche dans son esprit. Il avait communiqué avec son père ! Il était arrivé derrière lui et avait sorti :

— Tu savais qu'ils avaient une sirène fixée au train d'atterrissage ? Et quand ils piquaient, avant de lâcher leur cargaison de mort, la sirène enflait en un son de plus en plus aigu au fur et à mesure que l'avion accélérait dans sa chute libre. C'était effrayant, c'était la panique quand on entendait ce satané bruit de sirène de Bon Dieu.

Bruno avait regardé son père avec étonnement. Il avait connu les Stuka ? Il avait ouvert de grands yeux.

— Tu as vu des Stuka ? En vrai ?

— Un peu oui Nom de Dieu de Bon Dieu. Je les ai même vus piquer une fois ! J'ai entendu ces satanées sirènes. Je n'ai pas vu les dégâts de leurs bombes car ils avaient déjà dû les larguer sur Saint-Nazaire. Ils avaient sans doute pilonné les pauvres gens qui voulaient s'échapper avant que la nasse ne se referme. Mais ils avaient encore des cartouches à cramer, alors en voyant le rassemblement sur la route, ils ont piqué. C'étaient les fiançailles de Yolande et Jean-François, on les connaissait, ils étaient populaires dans le coin, elle était la fille du coiffeur et lui était facteur. Alors forcément il y avait un peu de monde pour essayer de rigoler un peu et le cortège était en marche pour la grange Deniau histoire d'écouter un peu d'accordéon et danser la java. Nous on était dans le champ près de la route quand les avions ont fait sonner les sirènes de l'enfer. Elles ont hurlé et les fridolins les ont mitraillés tous les deux dans leurs beaux habits de mariés, et quatre autres gars y sont passés aussi. Bon Dieu ils n'en avaient rien à foutre les casque-à-pointes, Nom de Dieu de frisés, ils ont même fait deux passes !

Il ne l'avait pas vraiment cru au début, mais ça le faisait rêver du haut de ses douze ans et ce soir-là son père s'était assis sur le bout du lit de Bruno et il lui avait raconté ses trois semaines de maquis dans la volante, à Saffré en juin quarante-quatre. Ils étaient armés et ils patrouillaient dans la forêt, de jour comme de nuit. Il lui avait confié quelques anecdotes et son regard brillait encore de lucidité, ce qui allait être de moins en moins le cas les années passant... Il lui avait parlé d'un Kiki et d'un Pierre Marionnaud, un sacré chef d'après lui. Ils attendaient un parachutage allié dans les parages. Un jour des résistants sont tombés en panne en revenant vers Nantes et l'un d'eux a réussi à revenir on ne sait trop comment pour prévenir Marionnaud et son équipe. Ils étaient donc partis, lourdement armés, mon père compris. Sur les lieux du dépannage, en pleine brousse juste avant Montoir, trois allemands sont sortis des frondaisons et se sont avancés vers eux, les prenant sans doute pour des gars du coin. Leur manque de prudence leur a coûté la vie. Lucien Canif fut le premier à tirer et à descendre l'officier. Les deux autres jeunes soldats se sont alors arrêtés, interdits, et se sont laissés tirer comme des lapins. Marionnaud et sa bande ont détroussé les cadavres et ramené fringues et armes à la ferme de Bress. Lucien, son glorieux père, avait gardé en trophées les effets de l'officier, un Herr Lieutenant de la Wehrmacht qui n'aura finalement pas revu Berlin.

Ces confidences les avaient rapprochés, et malgré son alcoolisme il avait admiré son père. Il s'était rassasié de l'histoire, même s'il avait de prime abord pensé à une invention de poivrot. Ça le faisait rêver quand même.

À la mort de son père, ou son meurtre vu comment on considère la chose, il avait eu besoin d'aller se réfugier une nouvelle fois à la cave où il ne descendait plus depuis bien longtemps. C'était l'année de ses dix-sept ans, une année encore plus terrible que d'ordinaire : la mort de son père, l'échec de son CAP, le souvenir d'avoir tué Rita la pauvre chienne… Il avait ressenti le besoin de souffler un peu dans cet endroit où il aimait à se retrouver seul parfois quand la pression était trop forte. Il avait tenté de dénicher des souvenirs de son paternel et avait ouvert des boites, des cartons, avait déplacé des objets, en avait soulevé d'autres. Il avait fini par extirper une vieille boite sous une étagère. Il l'avait ouverte et y avait découvert un uniforme d'officier allemand, une casquette, des bottes, deux grenades (une offensive à manche et une fumigène) ainsi qu'une ceinture sur laquelle était accroché un étui renfermant… un Lüger ! Dans les poches de la veste, il avait trouvé deux chargeurs pleins. Il avait alors eu sous les yeux la preuve que son père n'avait pas déliré. Il avait vraiment flingué un officier d'Hitler ! Son père à lui ! C'était finalement bien un grand résistant qui avait honoré son pays. Bruno avait pleuré de tristesse mais aussi de fierté. Il avait alors refermé la boite et l'avait repoussée sous l'étagère, soigneusement, comme une relique, et n'y avait plus jamais touché.

Bruno avait raconté tout ça à Pierre-Antoine, et celui-ci s'était foutu de sa gueule. Ils avaient débattu sur la guerre puisque le père de Pierre-Antoine avait participé lui aussi, mais aux côtés de Gaëtan Rondeau, maire de Nantes en 1942. D'après lui, il n'avait fait que son devoir de français.

– Tu parles, lui avait dit Bruno, un collabo c'est tout, voilà ce qu'était ton daron.

– Collabo ? Mais bon sang Bruno, le patron c'était Pétain, mon père n'a fait qu'aller dans le sens de celui qui a été élu, il a fait son devoir de français, il a tout fait pour préserver la paix.

— Oh putain, avait répondu Bruno, le chef de la France c'était De Gaulle, pas cet enfoiré de Pétain de mes couilles.

— Ah non, si les ricains ne nous avaient pas libérés, tu parlerais pas comme ça, tu dirais que De Gaulle n'était qu'une marionnette et que finalement Pétain avait raison d'aller dans le bon sens, celui de l'apaisement, pour la sécurité des français. Ça mon père l'avait compris.

— Ouais c'est ça, il avait compris qu'il fallait arrêter tout ce qui ressemblait à un juif, purée ça c'est de la France, s'était esclaffé Bruno.

Ils en étaient presque venus aux mains, mais ce jour-là Judith était intervenue et avait calmé le jeu entre eux deux, sans s'énerver, avec un grand sourire lumineux qui les avait fait fondre tous les deux. Tellement loin de tout ça... Pour le moment, un but un seul, trouver la dope. Alors il y retourne en essayant d'être plus acéré, plus exigeant. Il examine chaque couture de matelas, chaque soudure de lit, de tuyau, chaque appareil, vérifie que la visserie ne comporte pas de trace d'ouverture ou de fragilité, inspecte chaque centimètre carré de la chambre, y compris le trou des chiottes. Il s'assoit sur le trône pour réfléchir un instant en regardant les infos. Il parcourt la cellule des yeux en attendant la Grâce. Quoi de mieux que de cacher quelque chose en l'exposant, c'est un truc qu'il connaît depuis longtemps. Il se souvient du manteau dans le piano, au nez et à la barbe de sa mère. Alors que voit-on ici, en évidence ? Le lit, les armoires, les étagères et ce qui les encombre : ses crayons, ses tableaux, et pour le coloc, deux-trois bouquins et une bougie neuve marquée « On t'aime Tony » avec un gros cœur dessus. Bruno se lève, prend la bougie entre ses mains et commence à l'inspecter... Une petite irrégularité dans la cire à la base de la bougie attire son attention, une infime différence de couleur. Bruno prend son couteau plastique et commence à gratter… Il ne faut pas longtemps pour découvrir la planque. Le Tony a creusé la bougie puis l'a refermée en chauffant la cire. À l'intérieur, Bruno découvre non pas un ou deux mais sept sachets de coke. Eh bien mon cochon, pense Bruno, y'avait surement un paquet de blé à te faire en doublant Sandro sur cette quantité. Mais bon, c'est quand même un peu osé, je ne sais pas ce qui t'a motivé mais il y avait quand même un sacré gros risque. Bingo donc, cette fois Milou, tu l'as dans l'os, sourit Bruno. Ça lui remet un peu de baume au cœur en cette journée pénible. Reste à savoir comment il va exploiter sa découverte…

***

— Claude tes parents ont appelé, ta mère dit que tu peux la joindre jusqu'à vingt heures, dit doucement Izzy.

— Oui c'est ça, on verra.

Marie-Claude n'est pas d'humeur à supporter les âneries de sa mère. Tout ce qu'elle veut c'est sentir la fraicheur du délicat parfum d'Izzy et échanger sur leur journée.

— Et toi tes parents ? demande Marie-Claude.

— Oh ça va, rien de nouveau, maman pleure toujours la mort de son chat, et papa se demande s'ils ne feraient pas mieux d'avoir un chien. Tu vois, c'est très intéressant.

Marie-Claude rit. Que c'est bon d'écouter Izzy, elle lui réciterait une recette de cuisine que ça lui ferait un bien fou. Izzy la regarde avec ses yeux d'amoureuse… Marie-Claude ressent une chaleur bienfaisante. Elle lui ferait bien l'amour, ici, tout de suite. Mais elle ne veut pas brusquer Izzy, elle n'est pas un objet sexuel, elles se respectent infiniment et elle aime ces moments de retrouvailles, même après une courte séparation, où elle sent monter un désir qu'elle aime étirer jusqu'à l'heure où elles se retrouvent toutes les deux dans l'intimité de la chambre.

– Et toi Claude, ça s'est bien passé ? Ça avance ton affaire de meurtre ?

Izzy l'appelle Claude, c'est la seule à l'appeler comme ça. Comme c'est bon.

– Ça avance puisque l'arme a été en quelque sorte identifiée, c'est un vieux pistolet de l'armée allemande de la guerre 39-45, et tiens-toi bien, c'est le même qui a servi à tuer les personnes dont les meurtres ont été imputés à Bruno Canif !

– Canif, le gars qui est passé à la télé, le flic qui a pété les plombs ?

– Précisément. Je ne te raconte pas le malaise vu que c'est De Kerimel qui l'a coincé. Alors avec ce nouveau meurtre avec la même arme, je te dis pas.

– Eh bien dis donc, sacré rebondissement, répond Izzy en lui caressant le dos.

– Ouais, Pierre-Antoine l'a mauvaise. Mais plus ça va, plus je crois que ce type a un problème.

– Ah oui, tu le mettais plutôt sur un piédestal non ?

– Tu parles ! Un vrai malade oui, nous sommes allés chez sa copine Betty. Elle l'a appelé pour une agression chez elle par un type un peu zonard avec qui elle sortait et qui voulait lui soutirer du blé. Eh bien tu ne le croiras peut-être pas, mais en arrivant dans la cour, le mec sortait en courant de la maison de Betty et Pierre-Antoine a délibérément fauché le type avec sa vieille bagnole. Il a failli le tuer, t'aurais vu ça, un vrai malade !

– Il a eu du mal le gars ?

– Les deux jambes brisées ; et il saignait beaucoup à l'aine. Il aurait pu y passer !

– Eh bien il faut qu'il se fasse soigner ton capitaine, souligne Izzy, il a l'air plutôt dangereux.

– C'est vrai qu'il me fait un peu peur, je te l'avoue.

Marie-Claude dit tout à Izzy. Ça n'est pas vraiment déontologique de parler des enquêtes avec elle, mais Izzy c'est différent, elles n'ont aucun secret l'une pour l'autre. Pourvu que ça dure et qu'elles ne deviennent pas comme tous ces couples qui croulent sous le poids des non-dits. Elle fera son maximum pour garder intact ce sentiment fusionnel.

– Quand il a arrêté Canif il avait bien des preuves non ? demande Izzy.

– Les meurtres sont liés directement à Canif, on a retrouvé la trace de Leguerson, le mec qui l'a violé quand il était enfant, dans les fichiers de la brigade des mœurs. Canif étant flic, rien de plus facile que d'aller fureter pour remonter le truc. Pour l'amant de sa femme il avait largement le mobile et le fameux Boss le faisait souffrir quand ils étaient petits. Quant à sa maitresse, on ne sait pas, il a pu péter un boulon une fois avoir goûté à un certain plaisir de tuer, ou alors il a pu avoir un souci avec elle. Avec ce faisceau de présomptions De Kerimel a fini par obtenir l'autorisation de l'arrêter pour prévenir d'éventuels autres meurtres en attendant le procès. On va surement repartir de zéro avec cette affaire Delpierre.

– Qu'est-ce que tu fais sauter dans ta main, demande Izzy.

– Oh rien, un allume-cigare… allez je vais à la douche, tu me rejoins ?

***

Pas moyen de dormir ce soir, Pierre-Antoine est encore au premier plan de ses pensées C'est pas possible, les choses sont écrites, le hasard ne permettrait pas un truc pareil ! Pierre-Antoine encore et toujours, en frontal quel que soit le tournant de sa vie. Et ce Lüger bordel ! Un Lüger, merde c'est pas commun ça, il se l'était déjà dit lorsque Pierre-Antoine l'avait interrogé pendant l'enquête. Il connaît bien cette arme, en théorie tout du moins, cette arme de poing des officiers allemands pendant la seconde guerre. Le Lüger Parabellum P08 9mm lui fait aussi penser à la faute d'orthographe sur le tatouage raté de cet imbécile de Sandro. Bref, tout le monde ne se ballade pas avec un flingue de la Wehrmacht à notre époque. Ça pourrait être une coïncidence mais merde, il y a quand même eu un Lüger dans la cave de la maison de ses parents ! Serait-ce possible que deux de ces engins soient impliqués dans une même affaire ? Non, il ne s'agit que d'un seul et même Lüger. Est-ce celui qu'il avait trouvé autrefois dans la cave ? Utilisé pour tuer des personnes de son entourage, cela pourrait-il avoir un sens ? Autre chose incompréhensible, la police n'a pas retrouvé l'arme des crimes dont il est accusé, mais elle n'a pas trouvé de Lüger à la cave non plus lors des perquisitions. Il est pourtant certain de ne pas y avoir touché depuis sa découverte l'année de ses dix-sept ans. Donc si c'est l'arme des crimes, qui la détient en ce moment même ? Judith ? Allons donc, impossible, essaye-t-il de se rassurer. Tuer son ex-amant ? Mais pourquoi donc ? Tuer ce violeur de Leguerson ? Allez à la limite admettons, pour venger son mari... mais il n'est plus que son ex alors pourquoi ? Et tuer Boss ? Alors là on frise la folie, elle le connaissait mais quand même, c'est tellement improbable... Et tuer Roxane sa pauvre « Dame qui roule » ? Mais pour quel motif encore ? Jalousie ? Ils ne sont plus ensemble, ça ne tient pas debout. Il y avait eu tellement plus grave que ça avec Sasha. Elle l'aurait tuée elle, peut-être, mais pas Roxane qui n'avait été qu'un pansement pour Bruno, Judith le savait bien, et elle avait aussi usé du sparadrap avec son prof de guitare. Non elle ne l'aurait pas tuée, c'est insensé. Judith tenant en joue quelqu'un avec un Lüger ? Non non non, c'est impossible. Et le pire, c'est Delpierre ! Impossible qu'elle soit au courant. Bruno avait tout blindé. Elle était cryptologue, OK, touchait sa bille en informatique, OK, mais pas suffisamment pour pirater ses mots de passe et surtout les protocoles utilisés pour ses échanges avec Hugo Delpierre. Il faudrait être sacrément doué pour un truc pareil, et avoir des raisons de fouiller aussi loin dans ses affaires. Encore, un mec comme Chuck pourrait peut-être faire ça mais pourquoi donc ? Chuck l'a gentiment aidé à retrouver le père de Sasha il y a deux ans de ça par l'intermédiaire de Victor. Chuck… Un petit génie. Pourquoi ferait-il ça… à moins que… si c'était pour aider… son ami Victor ? Le froid que ressent soudain Bruno lui fait un mal de chien. Victor… Oui c'est un génie aussi, diagnostiqué autiste Asperger, avec réserve cependant. Mais il est incapable de faire du mal à une mouche, sauf peut-être pour se défendre, ou défendre ceux qu'il aime le plus. Bon c'est vrai, il avait tué le chien percuté sur la route lors de l'accident au cours duquel Victoire a perdu la vie. Il avait démoli ce chien à coups de poings et de pieds, un berger allemand femelle, pourtant pas un petit morceau. Mais la rage avait décuplé ses forces et il avait massacré le clebs. Bruno se remémore qu'à la suite de l'incident, Victor avait été interné en psychiatrie pendant onze mois. Il avait été violent oui, mais il faut comprendre qu'un bout de lui-même était mort, sa sœur jumelle, sa chair, son demi-lui. Si Victor était aujourd'hui à l'origine de ces meurtres, quel serait son mobile ? Il ne connaît même pas toutes ces personnes. Ces gens qui étaient en relation avec lui… et qui lui ont tous fait du mal à une période de sa vie, y compris Roxane la dame qui roule qui l'avait menacé de tout dire à Judith s'il ne larguait pas tout pour venir vivre avec elle. Boss le branleur, Leguerson le violeur,

Roxane, Antoine l'amant… Comment Victor aurait-il pu savoir sinon en piratant son téléphone et son ordinateur ? C'est pourtant plausible avec l'aide de Chuck, et Victor est lui-même un maitre en algorithmique et en cryptologie. Il a d'ailleurs dépassé les compétences de sa mère qui pourtant en a fait son métier ! Mais Delpierre, c'était encore plus corsé de découvrir son existence. Mais pas impossible, d'autant plus que ce dernier lui a fait un bon petit coup de pute avec le tableau. Si ça se trouve, Victor est tombé sur des échanges… Il ne veut pas y croire mais cependant, il ne voit pas comment mettre à mal cette possibilité. Et la dernière fois Victor lui a paru bizarre. Il se rappelle le fait qu'il ait mentionné Rann et son œil blessé bien qu'il soit quasiment certain de ne jamais lui en avoir parlé. Comment sait-il ? Sa mère ? Pourquoi lui parlerait-elle de Rann ? Ils n'en ont jamais parlé ensemble. Il n'en a d'ailleurs jamais parlé à personne, sauf… à ses carnets. Bruno sent une deuxième douche froide le saisir. Les carnets ! Pourvu que Victor ne les ait pas trouvés ! Ils sont bien planqués dans la cave chez sa mère, dans un capharnaüm indescriptible « où une brebis ne retrouverait pas ses petits » disait son arsouille de mère à l'époque (elle se mélangeait parfois les crayons dans ses délires alcooliques et elle pouvait dire « Trouver une vache dans une meule de foin »). S'il a mis la main sur les carnets, il doit avoir reçu un tel choc ! Bruno a toujours embelli son enfance en la racontant à Victor le soir pour le faire rêver et croire au bonheur. Mais dans les carnets, tout est cru, vrai, net et sans fioriture : la vérité nue. Ça peut l'avoir bouleversé. Il n'y a que comme ça qu'il a pu savoir pour Rann. Et s'il a lu les pages sur son accident oculaire, il a aussi lu ce que Boss a fait endurer à Bruno. Il a aussi tout découvert pour Leguerson, le mec qui a quasiment violé son père ! Boss et Leguerson… Avec son copain Chuck, ça n'était certainement pas trop difficile de remonter leurs traces et de les débusquer pour faire un carton et venger son Bruno de père non ? Ils avaient déjà infiltré la police sur sa propre demande il y a quelque temps via son propre login afin de l'aider pour le père de Sasha. Ils avaient donc pu avoir accès à toutes les archives. Leguerson y est fiché de part les autres viols dont il a été accusé ensuite. Et Antoine, et Roxane, leurs amants respectifs à Judith et à lui-même ? Rien de compliqué non plus s'il a pu prendre le contrôle de leurs portable. Mais pourquoi les tuer ? Eh bien peut-être parce qu'ils ont fait du mal à la famille, à la relation qu'avaient ses parents. Peut-être Victor pense-t-il qu'ils ont détruit leur mariage ? En tout cas c'est possible. Bruno réfléchit et tente d'extrapoler : si Victor joue au justicier pour venger son père, c'est alors probablement lui qui a tué Delpierre. Non, impossible, il n'a pas pu lire son journal... Oui mais si ? Bruno ne peut s'empêcher de continuer de penser. S'il a tué Delpierre, qui s'apprête-t-il à tuer encore ? Victor ! Qu'as-tu fait ! ! Que fais-tu ? Ça ne s'arrêtera donc jamais ?

***

« Les méduses rêvent dans leur lit salé. Normalement. Elles naissent et meurent dans les eaux de tous les océans du monde, après une vie bercée au gré des courants à ingurgiter des colonies de savoureux plancton. Ce même plancton séculaire ayant permis l'émergence de la vie animale en des temps immémoriaux perpétue son office en abreuvant les méduses de ses bienfaits et de sa magie. Il n'est pas bien certain que lesdites méduses aient conscience de se nourrir de ce caviar mais elles s'en repaissent, par réflexe, par instinct. Elles dansent, superbes, en groupes ou en familles méduses, majestueuses, silencieuses, transparentes, se mouvant à cheval sur les ondes nées du hasard. Et

elles mangent, insouciantes, inconscientes... En guise de défense ces créatures sont dotées de microscopiques aiguilles empoisonnées destinées aux impudents et autres imprudents. C'est ainsi depuis six-cent-cinquante millions d'années, une éternité avant que l'homme ne soit. Leur destin : vivre, manger et mourir en mer. Cependant il n'en va pas tout le temps ainsi. Parfois les dérèglements climatiques, génétiques et autres proliférations polluantes nées de la folie des hommes les poussent aux estuaires qu'elles empruntent alors pour remonter les fleuves. Lassées du sel de leur lit originel elles prennent peu à peu gout à la douceur du plancton dégénéré des eaux fluviales. Elles s'y multiplient et remontent ainsi les courants toujours plus haut, toujours plus en amont vers le secret des sources. Mais ce faisant, elles envahissent les cours tranquilles telles d'impitoyables Vikings, plantant leurs épines urticantes sur les rives et leurs habitants incapables de les refouler. C'est ainsi que le désordre et le chaos s'installent en métastases cancéreuses dans ces fleuves, puis dans les rivières... et par là même... »... dans les trajectoires hasardeuses de la vie des hommes oui je sais...

Stop ce DVD je le connais par cœur. Allez à table Red, il va falloir que j'aille acheter des colorants, je n'en ai presque plus pour toi. Il me reste du bleu et du vert mais je ne veux pas altérer ta jolie couleur. Tu es bien rouge, ça fonctionne parfaitement, bonne idée ces colorants mélangés au plancton. Vous êtes si belles, si semblables, si différentes. Une semaine que vous goutez à l'eau douce, et ça a l'air d'aller, vous aimez ça on dirait. Vous dansez toujours tellement bien, avec grâce, avec majesté. Je vous aime mes méduses.

Victor danse au fond de l'eau
Un pas chez Red, un pas chez Blue
Remonte vite sur ton bateau

Avant que Green ne soit jaloux

Victoire... Tu me manques tellement. Ma sœur... Papa, pourquoi m'as-tu menti ? Comme tu as été malheureux. Je suis là papa, je veille sur toi. Je ne faillirai pas. Je n'ai pas pu sauver Victoire, mais je saurai te protéger. Personne ne te fera plus de mal, je te le jure. Voyons voir... dans quel carnet as-tu tué Rita... non, pas celui-ci... voilà, mon passage préféré. Toi aussi papa tu as tué un chien, comme moi. On fonctionne de la même façon papa, on protège les gens qu'on aime. Comme je suis heureux de lire tes carnets, je te connais mieux, je comprends mieux, je peux t'aider. Boss et Chet Leguerson ne t'approcheront plus. Et les autres non plus : l'ami de maman ne viendra plus briser notre famille et la dame qui roule ne t'obligera à rien du tout. Pour Hugo Delpierre, ne t'en fais pas papa, j'ai réglé le problème, et j'ai récupéré ton tableau, je te le redonnerai quand tu sortiras. Oui Blue, cesse de faire des bulles comme ça, ne t'impatiente pas, il y a du plancton pour vous trois. Oui oui Victoire je m'en occupe bien...

Je n'ai plus qu'une chose à faire papa : trouver pourquoi maman est partie, trouver qui vous a séparés. Je règlerai ça et vous pourrez être de nouveau tous les deux... avec moi... presque comme avant.

Non Victoire ne commence pas, chante si tu veux mais ne t'approche pas du brasier, arrête Victoire, s'il te plait... je t'en supplie, concentre-toi, éloigne-toi des flammes, ne m'approche pas ! Va-t'en !! Ne pleure pas ! Ne crie pas !! ARRETE ! ARRETE ! NON !!! NOOON !

Partie 2
Sournoises tentacules

1

06 janvier 2015

— Que me vaut donc l'honneur de ce rendez-vous de si bon matin ? demande Sasha.

— Il faut que je te parle, et comme tu ne veux pas que je t'appelle chez toi, je me suis dit qu'un petit déjeuner en terrain neutre serait approprié.

— Mais ça m'a l'air sérieux dis-donc, se moque Sasha, en tout cas fais vite, il faut que je sois au boulot dans une heure. Je peux arriver un peu en retard, j'ai dit que j'avais une visite médicale. Tu t'en fous toi, tu bosses plus.

Je bosse plus... à qui la faute ? pense Nathan. Elle ne manque pas d'air... comme toujours.

— Bon je peux te parler ?

— Je n'ai pas encore pris mon café, on s'en boit un tranquillement et on voit ça après, j'ai besoin d'un bon jus le matin avant toute chose, dit Sasha en le regardant du coin de l'œil.

— Sasha... c'est important, dit Nathan patiemment.

— Ce que je vois moi, c'est que ce matin je suis allé voir la maitresse, j'étais furieuse. Hier Salima s'est fait voler son goûter ! Non mais tu te rends compte ?

— Je...

— Et personne ne dit rien ! On se demande à quoi sert l'école. Ils sont payés pourtant non ? Non ? Ils ne peuvent pas surveiller ce qui se passe ? Non ? C'est trop demander ?

— Eh bien...

— Mais ça ne va pas se passer comme ça tu peux me croire. Ce soir je vais passer voir le directeur et je peux te dire que ça va faire l'ordre du jour à la prochaine réunion des parents d'élèves !

Sasha en a les larmes aux yeux tellement elle est agacée de cette histoire de la plus haute importance. Nathan la regarde et sourit intérieurement. Il aime ses yeux bleus, qui quand ils sont mouillés font d'autant plus ressortir le contraste de leur clarté acérée sur sa peau brune. Oh il n'est pas amoureux d'elle à proprement parler bien sûr, mais il ressent comme de l'affection, encore que ce ne soit pas exactement ça. Il aurait aimé la raisonner, la conseiller mais c'est peine perdue, Sasha ne se dompte pas. Ils ont couché ensemble pendant une longue période, elle disait être amoureuse de lui, mais il s'est toujours protégé. Il a géré le fauve à distance sans trop s'impliquer affectivement, pas comme Bruno qui s'est pris la panthère en pleine face. Il en est tombé éperdument amoureux et n'a jamais su se sortir de ses griffes. Quelle période ! Elle l'utilisait comme un instrument avec cette histoire de père. Quant à lui-même, il avait trahi la confiance de son meilleur ami alors que Bruno se confiait sur son mal-être à propos de Sacha. Nathan s'était tu sur sa liaison avec elle « pour son bien ». Il ne lui avait pas dit qu'à son tour il bénéficiait de ses faveurs. Mais comment lui faire comprendre et accepter que son tour était terminé, qu'il devait laisser la place ? C'était évidemment aussi pour ne pas perdre le meilleur ami qu'il ait jamais eu qu'il avait tenu sa langue. Parfois on choisit de se taire… et on espère que ça va passer en croisant les doigts. La tornade avait été extrêmement violente et il avait été difficile pour tous les deux de s'en remettre. Pour Sacha ? Peut-être un peu…Et aujourd'hui ? Il semble bien que quelque chose se trame, quelque chose en lien avec tout ça et qu'il faut désamorcer… il le sent… et ça les concerne tous les trois.

— Bonjour, qu'est-ce que je vous sers ?

— Un café s'il vous plait, demande Nathan.

— Un allongé pour moi, fait Sasha en arborant un sourire

évocateur à Nathan.

Il fait mine de ne pas relever la petite allusion.

— Avec un jus d'orange, si ce sont de vraies oranges pressées bien sûr, continue Sasha.

— Entendu madame.

— Et vous pouvez repasser un coup d'éponge sur la table ? J'aimerais bien pouvoir y poser mes mains, c'est vraiment dégoûtant. Si c'est comme ça chez vous...

— Bien madame, répond le serveur, impassible.

Nathan se dit que parler ainsi au serveur pourrait lui valoir quelque surprise comme par exemple un mollard tombé malencontreusement dans un jus d'orange derrière un bar... Il regarde le serveur s'éloigner. Comment peut-on s'adresser ainsi aux gens qui font leur boulot ? Il aurait aimé dire au serveur « non mais moi je ne pense pas ça, faut pas me mettre dans le même panier ». Mais il ne dit rien, il espère qu'il l'aura compris de lui-même.

— J'ai beaucoup réfléchi, dit Nathan. Ce qui se passe est extrêmement sérieux.

Sasha le regarde, droite comme un « I », les mains sur les genoux en attendant le ménage sur la petite table.

— Bruno est en prison et...

— Tu vas me dire que tu ne veux plus m'aider pour mon père, c'est ça ? Parce que si c'est ça tu le dis tout de suite !

Sasha se tend encore davantage, il se demande s'il a choisi le bon jour.

— Non, non, il ne s'agit pas de ça, pas la peine de t'énerver, ça va, tente-t-il de l'apaiser. Ça va pas être facile...

— Ecoute, Bruno est en prison, non laisse-moi parler, dit-il en lui montrant le plat de sa main, et je suis persuadé qu'il n'a pas tué ces gens.

— Grand bien lui fasse. Ça va peut-être le faire réfléchir quand même. Il va peut-être comprendre que c'est inhumain de ne pas me dire pour mon père.

– Arrête, la question n'est pas là du tout.

– Elle est où alors ? demande Sasha avec emphase en levant les yeux au ciel.

Le serveur passe un coup sur la table et y dépose café et jus d'orange.

– Voilà, le jus d'orange de madame, avec de vraies oranges.

Nathan essaye de regarder si rien de louche ne flotte à la surface mais ne repère rien de suspicieux.

– Si ce n'est pas lui qui a tué, poursuit Nathan, c'est que quelqu'un d'autre s'en est chargé. Et si c'est le cas, c'est qu'il est en liberté. Jusque-là tu me suis ?

Sasha lui lance presque un regard de haine, pour qui se prend-il à la prendre pour une cruche ?

– J'ai beaucoup réfléchi tu vois, et les morts tournent autour de Bruno, reprend Nathan. Ce sont des personnes qui lui ont nui, qui lui ont fait du mal, qui l'ont fait souffrir : l'amant de sa femme, le gars qui l'a violé, l'autre qui l'a harcelé dans sa jeunesse. Pour sa maitresse j'en sais rien. Mais il se peut qu'elle l'ait fait chanter par exemple.

– Bon, et alors, demande Sasha en inspectant si la table est de nouveau digne qu'elle y pose les mains.

– Eh bien c'est simple, nous lui avons fait sacrément mal toi et moi.

– Ah parce que lui ne m'en a pas fait peut-être ? se raidit Sasha.

– Encore une fois la question n'est pas là puisque personne ne meurt dans notre entourage à nous ! s'énerve Nathan. Le souci c'est que je me demande dans quelle mesure nous ne serions pas... des cibles potentielles pour le fou qui descend les ennemis de Bruno.

Sasha regarde ses genoux. Elle semble réfléchir et son visage s'est encore crispé. La journée ne commence pas vraiment bien. La maitresse à l'école et maintenant Nathan qui vient lui foutre la trouille. Ça l'amuse ou quoi ?

— Tu es venu pourquoi ? Pour me faire peur ?

— Non, pour te faire prendre conscience que mes préoccupations sont sérieuses. Je voulais t'en faire part car ça me semble important, et d'après moi il faut prendre les devants pour se protéger.

— Ah oui ? Et quoi faire par exemple ?

— Je me trompe peut-être, mais si ce n'est pas le cas, il faut que les chargés de l'affaire soient au courant de tout. C'est De Kerimel qui s'en occupe. Il faut lui dire ce qui s'est passé entre nous trois.

— Quoi ? Mais ça ne va pas bien là !

— Il faut qu'il connaisse les différends qu'on a pu avoir.

— Non mais tu t'en fous toi, tu es célibataire ! Moi j'ai une famille ! Si je raconte ça je fous tout en l'air !

— Je sais Sasha, la décision n'est pas facile à prendre. Mais peut-être que l'enquête peut rester discrète et laisser ton mari en dehors de tout ça.

— Il n'en est pas question !

— Au moins on serait protégé, parce que si mes craintes sont fondées, on est potentiellement tous les deux en danger.

Sasha remue son café « allongé » un peu trop rapidement et éclabousse quelque peu la petite table ronde. Elle ne le remarque même pas.

— Non, non, non, je ne renoncerai pas à tout ce que j'ai bâti. La maison, les voitures, la piscine qu'on vient de terminer, la maison de Saint-Lary, tout ça c'est en bonne partie à lui, je ne peux pas risquer de tout abandonner. Si je perds Jeremy pour adultère je dis adieu à tout.

— Je croyais que tu n'en avais rien à faire de ton mari et de son fric.

— Eh bien de mon mari, oui, et ne me parle pas de belle mentalité, je suis réaliste c'est tout.

— Euh... Matérialiste surtout, je dirais.

— Et alors ? Tu ne veux pas le meilleur pour tes enfants toi ?... Ah oui c'est vrai, tu n'en as pas, tu ne sais pas ce que c'est !

Attaque typique à la Sasha, Nathan n'y répond pas même si ça le fait bouillir. Il en a assez de ces gens qui le tannent à longueur de vie sur le fait qu'il est « anormal » de ne pas avoir d'enfant. Et puis elle est vraiment trop con, pourquoi s'emmerder à lui demander son avis ? Il va aller le trouver tout seul ce De Kerimel, ça va être vite vu. Pourquoi risquer sa vie pour ses yeux bleus, aussi jolis soient-ils ?

— Donc tu ne veux rien dire si je comprends bien. Je te demande quand même d'y réfléchir rapidement, dit Nathan.

— C'est tout vu, il suffit que tu imagines un truc dans ta petite tête et moi je devrais risquer de foutre ma vie en l'air ? Tu crois vraiment que je vais faire ça ?

— J'espère que tu as raison, et que je ne suis qu'un parano.

— Oui j'ai bien l'impression que c'est ça...

— Je souhaite aussi que tu n'aies pas à t'en mordre les doigts.

— Et toi alors, tu vas faire quoi ? Tu vas leur dire ? Tu es prêt à me trahir ? demande Sasha en le dardant de son regard le plus provocateur.

Nathan la regarde comme s'il observait le serpent Khâ dans le « Livre de la jungle ». Il peut presque voir les cercles concentriques de toutes les couleurs jaillir de ses yeux et partir à l'assaut des siens. Il la tient à distance le plus souvent qu'il le peut, mais il doit reconnaître que son pouvoir est grand. Elle l'a déjà persuadé de l'aider à faire le forcing pour que Bruno lui dise la vérité sur son père, et maintenant elle est en passe de lui faire affronter un danger évitable en demandant simplement protection à De

Kerimel. Bordel, pas question, il tient à la vie, c'est pas une irresponsable égocentrique qui va l'en empêcher...

— Non je ne dirai rien... pour l'instant, lâche la bouche de Nathan qui se surprend lui-même à aller à l'opposé de sa détermination.

— À la bonne heure, monsieur redevient raisonnable, dit Sasha en saisissant sa main par-dessus la petite table.

Il tire pour se dégager mais les doigts de Sasha l'enserrent tel un boa constrictor. Sasha appelle à la rescousse son autre main et tient celle de Nathan entre ses dix doigts.

— Ah Nathan... comme je t'ai aimé. Et je crois bien que j'ai encore tellement de sentiments pour toi, dit-elle en caressant l'intérieur de sa paume.

— Oh de l'eau a coulé sous les ponts, et je suis certain que tu as pêché d'autres poissons, le commissariat regorge de brochets et de squales prêts à tout pour toi.

— Attention à ce que tu dis, je ne suis pas une salope ! dit Sasha blessée en enlevant brusquement ses mains.

— J'ai pas dit ça, dit Nathan qui n'a pas envie de glisser vers ce terrain-là, mais dis-moi, tu ne vas pas finir par être en retard toi ?

***

En voyant Pierre-Antoine s'avancer dans le parloir, une foule de souvenirs désagréables envahit Bruno au premier plan desquels l'image d'une Judith malheureuse. Il porte toujours son grand imper en cuir noir dégueulasse, on dirait un truc rescapé d'une vieille réserve de la Gestapo. Remarque c'est bien possible que ce soit le cas vu les fréquentations de son père en quarante-trois... Et dire que Judith a été mariée à ce trou du cul, la pauvre, comment avait-t-elle pu succomber à ses avances ? Le cerveau et les mystères de l'attirance sont impénétrables. Après tout, ne l'a-t-elle pas aimé lui aussi ? Pierre-Antoine arrive face à Bruno qui est déjà assis. Il ne prend pas la peine de demander s'il peut s'asseoir, évidemment qu'il le peut, il est le flic, celui-là même qui a arrêté l'assassin. Donc il fait comme il veut, que ce soit clair pour tout le monde. Les deux hommes se dévisagent un long moment, gravement, sans parler. D'un côté est assis le justicier solitaire qui en a bavé des ronds de chapeau de s'être fait piquer sa femme et qui a, malgré sa douleur, continué à servir la justice et son pays en arrêtant ce meurtrier ; face à lui, l'assassin... ou alors simplement la victime d'une erreur judiciaire manifeste, conséquence d'un manque de discernement ou de partialité de l'homme en face de lui. À moins que ce ne soit un homme harcelé pour étancher une certaine soif de vengeance, peu importe la véracité des faits qui lui sont reprochés. Ou alors c'est un simple psychopathe, si tant est qu'un psychopathe puisse être simple. Pierre-Antoine rompt le silence :

– C'est quoi ces conneries ?

Bruno regarde Pierre-Antoine dans les yeux en y mettant tout le « Je ne vois pas de quoi tu veux parler » possible.

– Tu niais tout en bloc, et hop, d'un coup c'est toi qui a tué tout le monde ? C'est ton avocat de misère qui m'a dit ça. Il m'a dit avoir pourtant essayé de te persuader du contraire et toi...

– Bonjour Pierre-Antoine, souligne Bruno pour signifier qu'il est possible de se parler sans animosité et de rester courtois, oui j'avoue tout. Tu devrais être content, ça va aller dans ton sens non ? Et comme ça je vais moisir en taule jusqu'à la quasi fin des temps en simplifiant la procédure. Cool pour toi dirais-je...

Bruno lui offre un sourire narquois.

– Évidemment, tu sais surement que Delpierre s'est fait

descendre par la même arme dont tu t'es servie ! Je ne sais pas ce que tu fabriques mais je vais le savoir, ça c'est sûr.

Pierre-Antoine a bien du mal à rester calme, Bruno ne fait que se foutre de sa gueule il en est certain. Il a vraiment envie de lui rectifier le portrait.

– Je ne manigance rien, j'avoue, c'est tout, j'ai bien tué ces quatre personnes, voilà, ça au moins ça devrait être clair pour toi. Tu devrais être heureux que je te facilite la tâche.

– Comme par hasard bien sûr, tu avoues ça juste après un nouveau crime qui ne peut pas être de ta main ! Et ce flingue que tu as utilisé, bordel il est où ? D'ailleurs puisque tu avoues, ça ne doit pas te poser de problème de me le dire enfin : le Lüger putain il est où ? crie presque Pierre-Antoine.

Les visiteurs se retournent et Pince-à-Sucre le regarde en mettant un doigt sur ses lèvres.

– Je ne sais pas, arrête de brailler, je t'ai dit et redit que je n'en savais rien du tout, dit Bruno comme s'il s'adressait à un enfant.

– D'après ce que tu m'as dit il y a longtemps pourtant, il y avait bien un Lüger dans ta cave puisque ton père a eu l'excellente idée d'y ranger ses trophées de guerre, non ?

– Exact, et on en a déjà parlé et reparlé. Tu me fatigues, tu sais ça ? Je t'ai dit mille fois que je n'ai vu ce Lüger qu'une seule fois dans ma vie. Je l'ai ensuite rangé où je l'ai trouvé et je n'y ai jamais retouché depuis.

Pierre-Antoine relève l'incohérence et se penche vers Bruno :

– Alors tu dis ne jamais l'avoir retouché... mais tu avoues devant moi quatre crimes perpétrés avec ce Lüger ! Tu me prends pour un con c'est clair, comme tu l'as toujours fait, crache-t-il.

– Moi j'en sais rien, démerde-toi, je ne vois pas en quoi je pourrais ou voudrais t'aider. Si la peine de mort existait encore dans ce pays, tu m'aurais déjà fait trancher le cou tellement tu me hais ! Et d'ailleurs qu'est-ce qui te dit que c'est ce Lüger qui a été... que j'ai utilisé ?

– On a collaboré avec les archives allemandes de la seconde guerre.

– Collaboré ? Joli mot répond Bruno...

– On a identifié l'arme, dit Pierre-Antoine en faisant un considérable effort pour ne pas relever l'attaque, son numéro de série indique quelle a été affectée à la forteresse de Saint-Nazaire. Comme par hasard, ton père a soi-disant résisté sur le même secteur et a assassiné puis détroussé un officier allemand de son artillerie. Excuse-moi mais quand un Lüger sert à descendre tes relations il n'y a pas cinquante conclusions à tirer...

– C'est marrant ça, à l'époque quand je t'ai raconté ça tu m'as vraiment pris pour un mythomane avant d'essayer de m'en mettre plein la vue sur les relations qu'entretenait ton père avec l'occupation, provoque Bruno.

– Mon père était juste un patriote, qui voulait le bien de son pays, c'est tout !

– Au détriment des français ? continue Bruno avec malice.

– T'es toujours aussi con, je ne sais pas ce qui me retient de t'en allonger une, vraiment ! Il se lève. Tu ne perds rien pour attendre, tu me caches encore des choses et je trouverai lesquelles tu peux en être certain.

– Bonne continuation alors, dit Bruno tout sourire. N'oublie pas de me tenir au courant.

Pierre-Antoine tourne les talons sans un regard en arrière, déterminé à faire mordre la poussière à Bruno, le père de tous ses maux. Il l'a mis sous les verrous mais il réussit encore à se foutre de sa gueule malgré tout. J'irai jusqu'au bout, quoi qu'il m'en coûte, pense-t-il en franchissant le seuil du parloir.

***

De : nathan.sergentd@nte-wal.gouv.fr
À : bruno.canif@nte-wal.gouv.fr
Date : 20 janvier 2012 12 :18
Sujet : Il faut te détacher...

(extrait) ...ça me chagrine de voir que tu n'arrives pas à te détacher de Sasha... Tu ne lui dois rien bordel ! Tout ce qu'elle fait c'est t'utiliser pour retrouver son père c'est tout, elle ne t'a jamais aimé, tu fais fausse route. Elle t'a séduit parce que tu étais là, avec la possibilité de l'aider, pas pour ta personnalité. Je suis cruel sans doute mais je ne veux que ton bien et je me dois de te le dire. Les amis se disent tout. Tiens t'en éloigné, elle ne te mérite pas. Tu peux évidemment compter sur moi aussi souvent que tu le voudras, je serai là...

De : bruno.canif@nte-wal.gouv.fr
À :sasha.menerva-thebaud@nte-wal.gouv.fr
Date : 17 janvier 2014 08 :06
Sujet : Colère noire !

Je n'arrive pas à y croire... tu n'as pas trouvé mieux à faire que de choisir Nathan ?! Deux ans tu te rends compte, avant de me dire que vous couchez ensemble depuis tout ce temps ? Alors qu'on se côtoie tous les jours au labo ? Je croyais mériter mieux que ça, que j'étais au moins ton grand ami. Tu m'as bien baladé en me gardant sous le coude tout ce temps. Quelle salope. Tu m'as trahi, de la pire des façons... J'ai tellement mal... Je t'en veux tellement ! Et lui... lui !...

De : nathan.sergentd@nte-wal.gouv.fr
À :sasha.menerva-thebaud@nte-wal.gouv.fr
Date : 17 janvier 2014 13 :28
Sujet : Erreur !

(Extrait)... Quelle erreur monumentale! Tu aurais dû te taire, pourquoi a-t-il fallu que tu lui dises? Ça t'apporte quoi? Toute vérité n'est pas bonne à dire bon sang! Bravo à toi...

De : bruno.canif@nte-wal.gouv.fr
À : sasha.menerva-thebaud@nte-wal.gouv.fr; nathan.sergentd@nte-wal.gouv.fr
Date : 18 janvier 2014 07 :05
Sujet : Deuil

Je vous hais. Ma mère avait raison, les amis ça n'existe pas. Deux ans bordel! Vous avez bien dû vous marrer de ma naïveté! Et toi Nathan, comment as-tu pu?? Je t'ai confié toutes mes souffrances et toi tu jouais ce double-jeu... Je devrais te tuer pour ça! Sasha, pour moi tu es déjà morte et je ne regrette finalement qu'une seule chose dans ma vie : avoir croisé ton chemin. Au fait, je suis sur le point de trouver qui est ton père. Dommage pour toi hein? ...

De : nathan.sergentd@nte-wal.gouv.fr
À : bruno.canif@nte-wal.gouv.fr; sasha.menerva-thebaud@nte-wal.gouv.fr
Date : 18 janvier 2014 08 :40
Sujet : Re : Deuil

Oh ça va maintenant, il faut relativiser un peu merde, il n'y a pas mort d'homme non plus!

Nathan

De :sasha.menerva-thebaud@nte-wal.gouv.fr
À : bruno.canif@nte-wal.gouv.fr
Date : 18 janvier 2014 09 :10
Sujet : Re : Deuil

Je me sens honteuse et misérable. Mais Nathan me dit qu'on doit faire ce qu'on veut, tu ne dois pas interférer. J'ai confiance en lui... Laisse-nous tranquilles.

Je t'aimerai toujours

Sasha

Papa impliqué dans une histoire de cœur tripartite? Décidemment il aura eu quelques errances, je n'avais pas soupçonné celle-ci. Que d'échanges de mails emplis de haine et de rancœur, une vraie base de données, ça va prendre du temps de tout lire. Et surtout la voilà la raison pour laquelle maman est partie! Papa a été trahi alors qu'il trahissait lui-même maman. Alors qu'il était au plus mal papa avait même envoyé un long message à maman pour tout lui expliquer, il est sous ses yeux, affiché en plein écran :

... cette histoire se termine enfin mais si je te le dis aujourd'hui c'est que je ne veux plus me cacher, je m'en remets à toi Judith, je t'aime même si ces mots te semblent indécents! J'assume ce que j'ai fait mais ça n'a jamais entaché mon amour pour toi. J'essaierai de te faire comprendre pourquoi... Je suis perdu...

Maman n'a pas répondu à ce message, en tout cas pas par messagerie... Ils ont dû en parler à son retour. Le fait est qu'elle est partie avec sa valise le lendemain, le 19 janvier 2014. Si j'avais été là ce jour-là j'aurais tout fait pour l'en dissuader, pour essayer de garder une unité à la famille malgré le départ de Victoire...

En tout cas bingo pour la messagerie, merci Chuck, voici deux nouveaux noms de personnes qui pourraient bien recommencer à faire souffrir papa si personne n'y prend garde.

« Ding »

Ah...c'est sûrement Chuck.

— Bonjour Chuck ça va?

— Oui, tu as vu la téloche? Ils ont eu une bonne vieille suée au Palais Brongnard. La prochaine fois c'est la bonne. Pour l'instant je n'ai pas pu aller plus loin, ils avaient une longueur d'avance pour une fois : un tracker nouvelle génération. Mais j'ai eu le temps de déverrouiller tous leurs accès de niveau deux juste avant que toutes leurs alertes ne passent au rouge. J'ai réagi au quart de poil et j'ai flingué toutes les adresses et relais qui auraient pu mener jusqu'à nous. Maintenant on est tranquille. Mais ils ont dû mettre des cadors de l'autre côté, ils m'épatent. Ça m'a donné un sacré coup de chaud ! Mais c'est cool, le ver est dans le fruit comme on dit.

– Le verre est où ?

– Laisse tomber c'est une expression...

– Donc mon algorithme n'était pas si infaillible que ça alors, je me demande comment ils ont repéré l'intrusion...

– T'en fais pas pour ça Vic, ils ne peuvent plus rien faire maintenant.

– Je vais chercher, en tout cas. Mais je suis sûr que tu vas y arriver de toute façon, j'en suis persuadé. Tu bâtiras un monde meilleur. Ah oui, et je voulais te remercier pour l'accès aux flics, j'ai tout ce que je voulais savoir.

– Mais de rien, faut bien s'entraider.

– Et maintenant j'ai besoin d'un moyen de communication avec mon père. Tu as une idée ?

– Tu fais chier, tu vas nous faire choper un de ces quatre.

– J'en ai besoin, il faut qu'on se parle sans risquer qu'on nous entende, c'est important. J'ai bien pensé au portable forcément, mais d'après ce que j'ai pu glaner ils sont facilement traçables, ils ont des nouveaux systèmes de pistage à cause du terrorisme en cellule.

– J'ai bien une idée qui va de soi, je te trafique une carte SIM façon Chuck, tu dis à ton père de se procurer un portable et on passe par le wifi du pénitencier, il y en a forcément une. L'idéal serait d'approcher la carte SIM de la borne pour pirater leur réseau facilement. Après ça, vous n'avez plus qu'à utiliser notre dernière version de Télégram. Comme ça on va la tester grandeur nature ! Non je rigole Vic, pas besoin de tester, elle est prête et sûre, personne ne pourra décoder les infos.

— Vraiment très fort. Tu peux me donner la SIM bientôt ?

— Facile mon grand, je te la programme dans la matinée. Passe cet après-midi, elle sera prête.

— Je ne te remercierai jamais assez. Et merci aussi de m'avoir appelé Vic, j'aime bien.

Allez encore un ou deux emails de la messagerie de Sasha et j'arrête, les méduses m'attendent. Red nage dans le fond, elle remonte rarement. C'est sans doute l'effet de l'eau douce qui commence à se faire sentir. Green et Blue ne semblent pas encore affectées. Sans doute les méduses ne sont-elles pas toutes égales, à l'instar des être, humains.

De : sasha.menerva-thebaud@nte-wal.gouv.fr
À : bruno.canif@nte-wal.gouv.fr
Date : 10 décembre 2011 10 :48
Sujet : Re : À tout à l'heure...

Je dois rentrer à la maison, la crèche a appelé et je dois passer prendre Salima, elle est malade. On ne pourra donc pas se voir comme prévu. Dommage, pour une fois que Jérémy est en déplacement, j'ai même déjà acheté le champagne... En parlant de Salima, hier soir je me faisais la réflexion qu'elle te ressemble de plus en plus, c'est fou comme elle a les mêmes mimiques au niveau de la partie inférieure du visage, elle a ta bouche et elle a pratiquement le même épi que toi. Je l'aime tellement. Tu m'as fait le plus merveilleux des cadeaux même si j'ai dû un peu... insister à l'époque (hihi). Ça valait le coup tu ne trouves pas ? C'était complètement déraisonnable, je le sais bien, mais Salima est notre secret le plus beau, le plus fou, et je ne regrette rien. Je sais que tu me prends pour une folle mais c'est ainsi. Évidemment tu ne la vois pas, et tu n'existes pas dans sa vie, mais moi, je sais, et c'est ce qui importe. Elle est à NOUS...

Quoi ? Non c'est impossible ! Il n'a pas pu faire ça ! Je n'ai pas de sœur, ma sœur c'est Victoire, c'est ma jumelle, mon double, mon sang ! Qui est cette Salima ? Ma demi-sœur ? La fille de papa et de cette Sasha ? Non c'est impossible, il n'en est pas question. Non Victoire, reste où tu es, ne viens pas maintenant, je dois me concentrer, laisse-moi. Je dois régler ça. C'est une intruse, elle n'appartient pas à la famille ! Je n'ai d'autre sœur que toi ma Victoire ! Fais-moi confiance, je vais arranger ça !

***

– Vous me dites que vous avez fait le lien Delpierre/Canif? Bravo, moi je l'avais déjà fait avec le Lüger il y a un moment, dit Pierre-Antoine cyniquement.

Marie-Claude Castelet lève les yeux au ciel puis se maitrise en essayant de rester professionnelle il n'est pas question de répondre aux provocations du capitaine. Pourquoi fait-il ça d'ailleurs ? Sans doute se sent-il mal avec cette histoire de Lüger qui le fait un peu… « passer pour un con » il faut bien le dire. Ça n'a pas encore fait le tour du commissariat mais ça ne va pas tarder. « De Kerimel a arrêté un type qui continue de tuer alors qu'il est en prison ! Trop fort ! » allait-on entendre dans les couloirs. Le patron ne l'a pas encore convoqué mais ça va surement venir, il va devoir lui fournir quelques explications. D'après elle, le mieux c'est d'avancer, de faire au plus vite pour résoudre l'affaire Delpierre. Trouver le lien qui le relie à Canif pourra aider le capitaine à faire face aux critiques. Elle ne sait pas pourquoi mais elle le plaint. Il n'a pas l'air bien dans sa peau, toujours bougon, à moitié crado, sentant un peu trop souvent l'alcool. Il est bourru, ça c'est sûr, mais il a quelque chose, une fêlure qui la touche. Il aurait surement pu être un type bien si… si quoi ? Si Canif ne lui avait pas pris sa femme ? Si son amie Betty avait voulu être plus que son amie ? Il a l'air un peu paumé affectivement le capitaine...

— Je vous écoute Castelet, dit Pierre-Antoine en touillant son café avec son stylo, le front dans la main gauche, c'est quoi ce lien ?

— Le tableau.

— Quoi le tableau, le manquant de chez Delpierre ? Vous l'avez retrouvé ?

— Pas exactement, mais on sait d'où il vient. Et il est de la main de... Bruno Canif !

Le capitaine arrête de touiller et relève les yeux. Il a des sacrées cernes, il fait dix ans de plus que son âge, pense Marie-Claude.

— Canif ? Vous êtes sûre ?

— Oui absolument. On a fait le tour de toutes les galeries et autres collectionneurs de la région nantaise en montrant la photo que Delpierre tenait en main le soir de sa mort et on a trouvé. Ce tableau a été mis en vente à la galerie Tryptik rue Félibien en avril 2014. Le directeur l'a reconnu même s'il n'a pas été exposé longtemps. Il a dit avoir été impressionné par l'œuvre. Et vous savez quoi ? Delpierre est venu dans sa galerie et il était accompagné de Canif !

— Donc ils se connaissaient personnellement ?

— Pour l'instant on n'en sait pas plus, mais d'après le directeur de la galerie, Canif a dit que le tableau n'était plus à vendre et ils sont repartis en l'emportant sous le bras en lui laissant une petite compensation financière « pour le dérangement ».

— Beau travail Castelet, dit Pierre-Antoine revigoré sous le coup de l'information.

On avance, finalement Castelet ne semble pas si mal, pas un canon, ça non, mais Pierre-Antoine doit avouer qu'elle a bien bossé. Il boirait bien une rasade de la fiole au chaud dans la poche intérieure de son cuir pour finir de le remettre sur les rails après cette bonne nouvelle, mais il se retient, saloperie d'open-space, belle invention tiens. Il regrette Paris et son petit bureau sordide avec juste une petite fenêtre grillagée sur cour qui ne dispensait pas vraiment de lumière. Mais au moins, il était dans « son » bureau, il pouvait faire ce que bon lui semblait, fumer, boire une gorgée, s'enfiler des litres de café maison, mettre ses pieds sur le bureau, écouter de la musique... Ici c'est l'inverse, c'est froid, tout le monde voit et surveille tout le monde. Et les box sont impersonnels si on omet le mini séparateur de bureau qui permettant d'afficher le portrait de ses enfants... ou de sa femme pour les plus jeunes qui en ont encore une.

– Avez-vous la photo du tableau sur vous, celle que vous aviez pour prospecter ? J'aimerais y jeter un coup d'œil.

– J'ai mieux que ça capitaine, sourit Marie-Claude en lui tendant une pochette de papier kraft, des photos : le directeur de Tryptik prend des clichés de toutes les œuvres passant entre ses mains. Il m'a donné les fichiers et je vous ai fait tirer des épreuves.

– Merci, dit Pierre-Antoine en ouvrant l'enveloppe.

Le tirage est impeccable et le tableau resplendit sous ses yeux. Il lui avait déjà fait forte impression lorsqu'il l'avait regardé sur ses propres agrandissements, mais avec le piqué et le contraste parfaitement maitrisé de la reproduction, l'image révèle toute sa puissance. C'est Bruno qui a peint ça ? Incroyable... Ça l'embête de se l'avouer mais il a vraiment un coup de pinceau surprenant. La transparence colorée des trois méduses est certainement une prouesse, du moins le suppose-t-il. Il avait dû peindre ce truc pendant ses études à Barcelone, aux Beaux-Arts, sous l'influence de Picasso et de son Guernica...

– Autre chose ? demande Pierre-Antoine.

– Le directeur de la galerie m'a dit qu'à leur sortie de la

galerie, Delpierre a tenu la main de Canif et l'a embrassé sur la joue.

Le capitaine lève les yeux des photos et laisse ses mains retomber sur le bureau :

— Quoi ? Canif et Delpierre ? Bruno est de la partie ?

Il essaye de digérer l'absurdité de la nouvelle. Bruno serait gay ? Il lui a piqué sa femme et à côté de ça il se ferait enfiler ? Malgré toute la rancœur qu'il éprouve envers Bruno, il a du mal à l'imaginer avec un homme. Qu'a-t-il bien pu se passer pour qu'il en arrive là ?

— Si c'est pas pitié bordel, il est vraiment devenu fou, heureusement qu'il est en cabane !

— Vous savez capitaine, ce n'est pas vraiment une maladie que de coucher avec des personnes de même sexe, dit Marie-Claude, blessée une fois encore par les propos rétrogrades de De Kerimel.

— Cette déviance n'est peut-être pas une maladie mais en tout cas, c'est sans doute ce gars qui lui a refilé le Sida, je pensais que c'était dû à sa période seringues.

— Déviance ? Marie-Claude fait son maximum pour ne pas exploser.

— Oui enfin bon, vous ne me ferez pas dire que c'est normal en tout cas, s'agace-t-il.

Pierre-Antoine ajouterait bien que si le Sida a été créé par quelque Grâce Divine, c'est bien possible que ce soit pour limiter l'expansion incontrôlée de ces mœurs dégueulasses, mais aujourd'hui il tient à la ménager, elle a bien travaillé et elle arrive à se contenir malgré les petites attaques qu'il lui inflige. Donc respect, bravo Castelet, professionnelle, ça rentre.

***

— Eh bien alors, ça n'a pas l'air d'aller aujourd'hui ? demande Bruno à Pince-à-Sucre en faction devant l'entrée du réfectoire, vous faites une tête de déterré.

— Oh tu sais, quand on bosse avec des mecs pareils les sales journées ne sont pas rares, répond Pince-à-Sucre tristement.

— Je mettrais presque ma main au feu que Milou n'est pas étranger à celle-ci, je me trompe ?

— Non tu ne te trompes pas, dès qu'il peut faire chier les gens, il est en première ligne ce bâtard.

— Et c'est quoi cette fois ?

— Les congés, soupire Pince-à-Sucre. Je ne sais pas comment il s'y est pris mais les miens ont été annulés et comme par hasard il peut aller roucouler avec sa pute de maitresse qu'il enfume autant qu'il enfume sa femme. Ça fait chier merde, ma mère descendait me voir pour quelques jours. Elle est super malade, elle va pas tarder à y passer et moi je ne peux même pas l'épauler ou la réconforter. Non mais quel enculé !

— Ouais, je crois bien que c'est le bon mot. Mais ne vous inquiétez pas, il finira par tomber, j'en suis persuadé.

— Oui j'aimerais bien voir ça un jour, soupire Pince-à-Sucre. Mais tant qu'il sera pote avec le directeur, ces deux-là font une bonne paire d'intouchables.

— Vous savez les intouchables... il suffit de mettre des gants.

Bruno fait un clin d'œil à Pince-à-Sucre avant de prendre un plateau devant la file. Il espère que c'est du hachis, il adore ça. Et comme ça fait trois jours qu'ils servent de la viande, bœuf, poulet, saucisses, ce sont les bonnes prémices pour mixer tous les restes en un magnifique hachis parmentier. Avec un peu de pot ils vont agrémenter le tout avec un peu de salade, et alors là il va passer un sacré bon moment. Il essaiera de se trouver loin de Quanah le morfale pour ne pas avoir à sans cesse surveiller son assiette des convoitises du peau-rouge. Le hachis, c'est sacré, à chacun ses limites au dévouement à son prochain.

Bruno s'assied à la table des tatoués, juste à côté d'un Rann qui semble encore bien loin de péter la forme. Finalement il n'a pas le visage trop enflé, il a l'air de récupérer, mais il est sacrément maussade.

— Alors comment ça se passe ? Tu as dit à Sandro pour l'argent ?

Rann se ferme encore un peu plus, il n'a pas l'air d'avoir envie de blaguer.

— Parle moins fort putain, dit-il en regardant vers le bout de table.

— Non, j'ai encore rien dit, j'ai jusqu'à samedi pour lui filer alors pour l'instant je gagne du temps avant de lui annoncer que je me suis fait dépouillé de son oseille comme un bleu. Ce sont peut-être mes derniers jours sur terre alors pas la peine de me précipiter dans la tombe plus tôt que nécessaire.

— Toujours aucune idée de celui ou ceux qui t'ont tabassé ?

— Non, rien du tout, je comprends pas, c'est étrange qu'il n'y ait aucun bruit à ce sujet. Ça sent pas vraiment bon, c'est pas dans les habitudes des pensionnaires. D'ordinaire les gars se vantent entre eux d'avoir buté ou même dérouillé un gars. Ils se débrouillent pour que ça se sache, ça assoit le respect. Mais là, rien de rien.

— Oui en effet c'est bizarre ça... répond Bruno. Tiens au fait, tu pourrais m'avoir un portable ?

Bruno s'est penché vers l'oreille de Rann pour parler plus bas malgré le niveau sonore dans le réfectoire.

Au milieu de la chaine de self un vieux gueule pour avoir davantage de hachis. Bruno avait vu juste à propos des restes de viande. Mais le gars de service lui dit d'aller

« voir ailleurs pépé avant que j'm'énerve ». L'autre se rebiffe en criant qu'il n'y a pas de raison, qu'on a encore le droit de bouffer dans ce trou et que c'est pas un jeune blanc-bec, noir qui plus est qui va l'empêcher de manger sa ration de hachis bordel ! Le jeune black ne fait même pas semblant de se contenir et balance la lourde louche encore pleine de hachis dans la face du pauvre vieux ; et avec élan s'il vous plait. Malgré le tumulte montant, Bruno et Rann font la grimace en entendant très distinctement comme un bruit de bois sec qui se rompt. Le pauvre vieux s'écroule les bras en croix, du hachis et du sang plein la face. Le sifflet de Milou crève le brouhaha et tout le monde s'écarte. Ça donne le champ libre au jeune black qui est passé par-dessus la ligne de self. Il se rue sur l'ex-vieux pour lui donner l'inutile coup de grâce en lui assénant un coup de pied d'une rare violence en pleine tête. Ladite tête craque sous l'impact mais pas un son ne sort de la bouche. Il n'y a déjà plus personne dans la carcasse.

– Mort en héros pour un hachis : c'est ce qu'on devrait graver en guise d'épitaphe sur sa tombe, dit Bruno à Rann, pas plus touché que ça malgré la démence de ce qui vient de se passer.

Il ne s'étonne même plus de ce détachement. Il ne se sent plus humain de toute façon. Qu'ils crèvent tous, qu'ils se détruisent, rien à carrer. Les sentiments, ça c'était avant...

– Un portable ? demande Rann qui n'a pas perdu le fil pendant le divertissement. T'as pas de sous pour les cabines ?

– Ecoute, je te demanderais pas ça si c'était pas important, j'en ai vraiment besoin, il s'agit de mon fils.

– Tu sais, les portables ça circule pas mal ici, mais c'est un piège tu sais ? C'est pas vraiment le bon plan pour parler petits secrets. Ils sont pas cons là-haut, ils ont installé un paquet de systèmes d'écoute et de brouillage. Le portable c'est le truc idéal pour se faire crever, tu peux me croire !

– Je sais ça, dit Bruno. J'en ai besoin, je sais ce que je fais ne t'inquiète pas. Et il me faut un smartphone, un truc qui va sur le web.

– Pfiouuuu on se refuse rien, rigole Rann soudain insouciant comme à l'accoutumée. Monseigneur veut pas non plus un iPhone ? Et précise-moi la couleur, continue de s'esclaffer Rann. Je sais pas si tu sais où tu es mais faut pas exagérer quand même, et tout ça ça coûte des ronds, je sais pas si t'en as d'ailleurs. Si c'est pas le cas, oublie et mets une pièce dans la cabine pour appeler ton gamin.

– Tu crois que ça suffit ça ? demande Bruno en sortant à demi un sachet de coke d'un pli à la ceinture de son pantalon.

– Nom de Dieu, qu'est-ce que t'as gaulé ?!

Rann ouvre son œil valide comme il l'a rarement fait, on dirait qu'il n'a même plus de paupière et que l'énorme bille va se faire la malle. Rann aurait pu être beau, se dit Bruno, si seulement cette bagarre stupide l'année de ses dix-sept ans n'avait pas eu lieu. Un gars lui avait éclaté une bouteille de vodka sur la gueule et un morceau de verre avait fait le tour de la pupille pour venir cisailler les nerfs qui se trouvaient derrière. Depuis l'œil à demi fermé de Rann semble regarder approximativement à quatre-vingt-dix degrés de l'œil valide.

– Oh Chleuh je te cause, t'es barré où encore là ? Où t'as eu ça Bon Dieu ?

– Pourquoi, ça suffit pas pour avoir un portable ? demande faussement naïvement Bruno en souriant.

– Un peu que si, tu peux en avoir des trucs avec ça !

– Alors garde la monnaie, et amène-moi un téléphone demain, sourit Bruno en mettant le sachet dans la main de Rann en faisant bien attention à ce qu'aucun regard ne croise la manœuvre.

Il sait que ça ne suffira pas à Rann pour récupérer le blé qu'il doit à Sandro, mais au moins il va faire son max pour le téléphone. Utiliser ses amis, comme c'est moche se dit Bruno... Mais comme il s'en tape...

***

Milou est furax. Il n'y a rien dans cette putain de bougie. Enfin il n'y a plus rien à vrai dire. Il a gratté le fond et a découvert la cavité, vide. Alors peut-être ce binoclard lui a-t-il encore menti, ce qui est peu probable puisque la cache existe bien. Et puis avec la frousse qu'il lui a flanquée ça l'étonnerait bien qu'il ait essayé de le rouler une fois encore. Ah la gueule qu'il a tirée quand il lui a passé deux doigts sous ses bandages en lui fourrant dans le nez quasiment jusqu'à la deuxième phalange. Ses yeux ont hurlé alors qu'il lui tenait fermement la bouche pour qu'on ne l'entende pas chialer comme une gonzesse. Non, il n'a pas menti, Milou l'a lu dans ses yeux de fiotte. Quoi alors ? Ça ne peut être que Chleuh, il a été plus malin que lui, et ça, ça lui arrache les tripes au-delà du raisonnable. Il regarde encore autour de lui, la cellule saccagée, mais il n'a rien trouvé, il a vidé le frigo, tout viré, tout retourné, vidé le tube de moutarde, cassé la loupiotte à l'intérieur, rien. Le matelas est en lambeaux, encore que dalle. Les crayons sont tous cassés, on ne sait jamais, un pervers comme ce Chleuh est capable d'imaginer l'inimaginable. Il n'y a qu'une seule explication, Chleuh a trouvé la dope et l'a sortie pour la planquer ailleurs... ou il l'a fait passer à quelqu'un de confiance. Et s'il l'avait refilée à Sandro, après tout ça sort de son business ? Et Chleuh a peut-être envie d'avoir Sandro à la bonne. Un petit coup de suçage de boules et on peut se sentir protégé dans cet endroit... Oui c'est possible, rien qu'à voir le dessin destiné au gourou des tatoués, il a envie de se le mettre dans la poche, c'est clair et net. Le roi Sandro qui baise Mylène Farmer, on croit rêver devant la perversité de ces mecs. Malgré tout, ça lui avait quand même fait un putain de bien de se branler sur le dessin de la rouquine incendiaire avant de tirer la chasse par-dessus...

Les carnets de Bruno

Je vous relis mes chers carnets et je m'aperçois que c'est pas très marrant tout ça. J'écris sans doute ce qui m'a fait souffrir, après tout c'est bien dans le but de tout faire sortir, pour me faire du bien comme m'a dit Émilie. Émilie, c'était ma prof lorsque j'étais au collège avant d'aller en CAP. Alors que les autres étaient en 5eme, moi on m'avait mis dans une classe où on apprenait à se débrouiller manuellement, cours de cuisine, de menuiserie, un peu d'électricité, de la couture, je ne sais plus quoi encore et... du dessin. Ça s'appelait CPPN, j'avais 14 ans. Émilie a toujours été bonne avec moi et on est toujours resté en contact depuis. Elle continue encore de m'aider puisqu'elle a réussi à me faire entrer à Barcelone, aux Beaux-Arts, elle y connait des gens. Je me rappelle qu'elle aimait mes dessins et m'encourageait à les terminer. Et grâce à elle, l'année prochaine c'est direction l'Espagne, loin de tout... libre, enfin. Je ne parle pas du tout espagnol. Je m'en fiche on verra bien. En tout cas merci infiniment Émilie !

***

Oh le bordel... Au retour du déjeuner Bruno constate les effets dévastateurs de l'ouragan Milou. Il doit vraiment l'avoir mauvaise, il n'y est pas allé de main morte. Bruno regarde immédiatement vers le coin toilettes, il est toujours en place, nickel, ce con n'a pas trouvé. Un pitbull sans odorat, voilà ce que c'est. Il sourit, c'est marrant ce jeu finalement. Il n'a plus qu'à nettoyer sa piaule, ça va lui prendre un moment, ah zut lui qui avait « tellement » de choses à faire. Les dessins sont déchirés ? Ce n'étaient que des représentations de ce qu'il a dans la tête, ça se refait. Comme les têtes de l'Hydre, elles repoussent, pense-t-il amusé. Les crayons sont cassés ? Et alors ? Maintenant il en a deux de chaque couleur, plus courts certes, mais deux quand même. Milou, Dieu multiplicateur ! Nettoyer ce bordel, faire ça ou autre chose... Il va réfléchir en passant le plumeau et puis c'est tout. Réfléchir à ce qu'il va lui dire à Victor une fois que Rann lui aura trouvé un téléphone. Il a des questions à lui poser ça c'est sûr. Et si Victor a bien tué pour le protéger, il va falloir le raisonner pour arrêter ça. Il a toujours écouté son père, même si ses dires sont souvent allés à l'opposé de sa propre logique. Ça ne devrait donc pas être trop difficile de le faire cesser, si toutefois bien sûr il avait dans l'idée de continuer. Victor a lu les carnets – c'est quasiment une certitude –, il a trouvé le Lüger, il a découvert les aventures respectives de Judith et de lui-même avec Roxane. Mais ce qui est plus inquiétant, c'est qu'il a eu Delpierre, ça veut sans aucun doute dire qu'il a piraté sa messagerie... C'est vraiment con, c'est le crime de trop, Bruno avouerait n'importe quoi pour protéger son fils mais pour celui-là il ne peut rien faire. Espérons que Pierre-Antoine va patauger et ne pas remonter jusqu'à Victor. Il n'arrive pas à ralentir les pensées qui ricochent en totale anarchie dans sa tête. Pauvre Roxane, c'est vrai, elle l'avait menacé de tout dire à Judith s'il ne venait pas s'installer chez elle. Ils s'étaient disputés sévèrement à ce sujet, et plus d'une fois. Mais elle avait juste dit ça par désespoir. Avait-elle mérité d'en mourir ? Bien sûr que non... mais si on analyse froidement la situation, avec le temps elle aurait fini par ressembler à un légume, un cerveau enfermé dans une gangue qui n'aurait plus rien laissé filtrer, la maladie l'aurait bouffée, isolée, torturée. Elle méritait mieux. Et si Victor finalement lui avait donné ce « mieux » tout comme il l'a lui-même fait jadis pour

Rita... et aussi pour son père ? Roxane a été tuée, comme ça peut arriver à toute personne malchanceuse. Elle est morte normalement, si tant est qu'assassinée soit une mort normale, mais en tout cas sa maladie ne l'a pas eue, elle n'a pas gagné si on regarde bien ! Donc pragmatiquement, merci Victor... Bruno se dit que les choses ont changé. Il ne sait pas vraiment quoi, mais il y a encore quelque temps il aurait été horrifié de penser de la sorte. Aujourd'hui, ses axes de valeurs sont différents, ils vacillent, éclairés par une raison débarrassée des convenances établies. Bruno s'assied sur le bord de son lit. Il est en sueur et sa tête lui tourne. Il se dit qu'il commence à penser « à la Victor » et il a du mal à savoir si c'est de bon augure.

Oh le mongol de Milou, il a même occis le beurre de multiples coups de couteau... il s'en fout, il en mange pas.

2

07 janvier 2015

— Boutonne ton manteau chérie, on va arriver, dit Sasha en conduisant.

Salima bougonne ce matin, sans doute parce qu'elle a pu observer que maman n'est pas de très bonne humeur. Sasha n'a pas beaucoup dormi, elle n'a pas pu dire le fond de sa pensée à la maitresse de Salima hier soir. Elle est arrivée trop tard. Mais il lui est impossible de digérer le fait qu'on puisse laisser des petits voyous en devenir voler la compote et les biscuits de sa ille. Mais que font les parents ? Que fait l'école ? Mais c'est mal la connaître, elle ne laissera pas tomber, ça non. Et ce matin ça va chauffer, ils vont voir de quel bois ! D'abord la maitresse va entendre ses quatre vérités et elle va lui rappeler son devoir de surveillance, puis ce sera direct chez le directeur ! Elle paye pour mettre sa fille ici, c'est une école privée, alors elle est en droit non seulement d'avoir des résultats, mais que sa fille soit protégée non ? Non ? Sasha tapote son volant et remue ses fesses sur le siège. Elle a du mal à rester calme et à contenir la cocotte-minute de sa colère. Elle se gare à la va-vite devant l'école, la voiture empiétant largement sur la place d'à côté. Une maman la regarde avec une ostensible désapprobation dans le regard. Sasha soutient l'attaque sans la moindre intention de bouger.

— Maman tu me fais un bisou ?

Salima sent parfaitement le stress de sa mère et aimerait lui faire un câlin pour l'aider.

— Tu peux peut-être attendre deux minutes non ? répond Sasha en déverrouillant sa ceinture.

Elle sort pour ouvrir la portière arrière à sa fille et ne

prête absolument pas attention au Land Rover stationnée à l'angle de la rue.

– Donne ta main pour traverser.

Salima boude, elle n'a pas eu son bisou, et maman serre sa main trop fort, elle a presque envie de pleurer. Le monsieur en gilet jaune lui fait un sourire en tendant son panneau. Elle lui rend car elle l'aime bien, tous les matins il lui fait une petite grimace et ça la fait rire.

Soudain elle prend conscience du bruit du moteur, et le monsieur au gilet jaune s'est tendu. Il regarde derrière lui et commence à agiter les bras. Sasha crie :

– Hey mais qu'est-ce qu'il fait celui… mais elle n'a pas le temps de terminer.

Par instinct de survie ou pur réflexe elle tire Salima de toutes ses forces pour dégager la route. Elle en est aux deux-tiers lorsque le bolide passe à côté d'elle dans un vrombissement d'enfer. Emportée par son l'élan elle se cogne violemment dans la voiture garée là.

– Non mais quel… commence-t-elle.

Elle se tourne vers sa fille à qui elle tient toujours la main. Une onde d'incompréhension la percute lorsque son cerveau s'aperçoit qu'au bout du bras de sa fille il n'y a… rien.

***

– Tiens, ta commande est arrivée, dit Rann en tendant un morceau de pain par-dessus la table.

Bruno cesse de touiller son café matinal, entrouvre le sandwich et découvre le portable dans un sachet plastique : impeccable.

– Ça n'a pas traine dis-donc, affaire rondement menée, merci.

— De rien, merci à toi pour la poudre. Faut bien s'entraider dans ce merdier non? T'as vu il y a même le chargeur, et je t'ai mis un protège-écran pour ne pas le rayer.

— Ah carrément? Punaise ça c'est du service.

C'est un bon gars ce Rann, il l'aime bien. Il est simple et pas méchant. Il a l'air d'être resté lui-même en tout cas, fidèle à ce qu'il était jadis. Ça fait plaisir de voir que l'internement ne change pas fondamentalement les gens.

— Je voudrais pas avoir l'air de te chiner, dit Rann un peu gêné, mais est-ce que par hasard tu en aurais encore?

— D'autre quoi, feint de ne pas comprendre Bruno.

— Ben de la dope quoi. Disons que si tu avais un ou deux sachets, je pourrais rembourser Sandro avant la fin de la semaine...

Bruno ne répond pas.

— En fait, je flippe ma race là. Je sais pas où tu as eu ça mais je te promets que si tu m'en donnes, je te rendrai tout en fric, je me démerderai. Je crois qu'il est capable de me tuer et j'ai vraiment les foies.

— Tu veux dire que tu les devras à moi plutôt qu'à Sandro, c'est ça? s'amuse Bruno.

— Ben oui c'est ça, la différence c'est que tu ne me feras peut-être pas la peau tout de suite? Si?

L'œil valide de Rann exprime l'inquiétude et l'espoir d'un avenir proche moins sombre si Bruno accepte. Encore faut-il qu'il ait d'autres sachets, premier point. Bruno hésite, il espère ne pas faire de connerie. Mais il ne peut pas laisser Rann se faire mutiler par l'autre brute, il a encore une once d'humanité, enfin le croit-il.

— Passe devant ma cellule dans dix minutes. Et ne sois pas en retard.

***

Il a le téléphone et Victor lui a donné la carte SIM trafiquée ce matin. Le gardien n'a pas tiqué quand son fils lui a serré la main comme la dernière fois. Normalement on n'a le droit qu'à une visite par personne et par semaine, mais pour Victor c'est différent. Son avocat s'est arrangé pour obtenir un peu de mou du fait de son « souci d'autisme » comme a dit ce gros tas de lard. Victor semblait bien, plutôt calme. Ils n'ont rien évoqué sur l'affaire, attendant prudemment le téléphone et la discrétion de Télégram pour en parler plus librement. C'est maintenant chose faite, il l'appellera cet après-midi si tout est OK.

On s'approche de la fin de la promenade. Sandro est revenu à la charge pour avoir son dessin de Mylène Farmer. Avec tout ça, il n'a pas encore eu le temps de s'y remettre.

– Ecoute Sandro, Milou m'emmerde. Il est encore venu saccager ma cellule. Il a pété tous mes crayons, ça c'est pas grave, mais j'ai plus de feuilles. Il me faudrait du Canson, du vrai, un truc qui tienne la route si tu veux que ça dure dans le temps. Tu pourras même l'encadrer.

– J'vais lui faire la peau à c't'enculé moi tu vas voir, grogne Sandro d'une voix gutturale à travers ses dents serrées. T'inquiète pour ton papier, je vais t'en faire apporter. Tu comptes faire ça quand ?

– Je ferai au mieux mais je t'ai dit aussi qu'une œuvre demande du temps.

– Et ici on en a du temps pas vrai les gars ? s'esclaffe Sandro devant sa petite armée d'approbateurs. Pas trop quand même Chleuh, continue-t-il en le regardant dans les yeux de ses pupilles d'assassin.

Bruno n'est pas tranquille de se promener avec un smartphone dans la poche. Il doit parler à Pince-à-Sucre avant la cloche. Sandro s'en est allé et le gardien ne semble plus occupé. Il tente une approche. Pince-à-Sucre est sur le terrain de basket à regarder le gars à la ligne continuer à faire ses bornes le nez dans son bouquin. Bruno fait attention à ne pas être un obstacle et se tient à distance de la ligne blanche.

— Bonjour.

— Bonjour Bruno. Alors, belle journée non ?

Si se les cailler à arpenter le bitume ressemble à une belle journée, alors c'en est surement une.

— Oui carrément, dit Bruno en se faisant la réflexion qu'on raconte bien souvent n'importe quoi...

— Ecoutez, j'ai un gros service à vous demander.

Pince-à-Sucre se tourne et regarde autour de lui.

— Oh là, c'est pas bon, ça sent les emmerdes, dit Pince-à-Sucre en souriant.

— C'est un service pour tous les deux... Je sais bien que tout est donnant-donnant ici. Alors voilà, vous avez un gros souci avec Milou, moi aussi.

— Euh oui, et alors ? Tout le monde ici a des soucis avec Milou.

— J'ai besoin que vous me fassiez confiance. Je dois m'entretenir avec un gars de la Maison. Vous n'avez pas besoin d'avoir les détails, mais il est capable de faire tomber Milou. C'est pas très légal je sais, mais si on le laisse faire, je vais finir par y laisser ma peau... et lui il pourrait bien un de ce jours gouverner cette prison.

Bruno se lance :

— J'ai un portable et j'ai besoin d'une connexion sécurisée.

— Sécurisée ? Tu fais quoi là ?

Pince-à-Sucre réfléchit. Si Milou prend les commandes de la taule, ça va chauffer pour lui c'est clair. Et dire que le dirlo lui avait fait miroiter la direction lors d'un entretien dans son bureau. Mais ça c'était avant l'arrivée de Milou... Mais faire confiance à un détenu ?

— C'est quoi ce service ?

— Je vous passe le portable, vous l'approchez au maximum de la borne Wifi du directeur et vous l'allumez. Ça prend deux minutes au maximum.

— C'est tout ? Et après quoi, tu es genre « l'homme invisible » ?

— C'est exactement ça, personne ne pourra capter mes conversations.

— Tu as conscience de ce que tu me demandes ? Je risque ma place, et je peux me retrouver à la tienne !

— Je sais parfaitement ce que je vous demande. Et dans ma requête, je vous demande aussi de me sauver la vie. Je suis sûr qu'il va finir par me descendre tellement il me hait.

— Donc tu veux que j'aide un présumé criminel à pirater le réseau informatique de la prison c'est bien ça ?

— Je pense qu'on dit plutôt présumé innocent, non ? sourit Bruno en le regardant bien dans les yeux.

Pince-à-Sucre prend le large sans répondre, lentement, l'air de réfléchir puissance mille.

— Tu vas t'évader ? demande le petit gars arrêté sur sa ligne juste à sa hauteur.

— Hein ?

— Tu vas t'évader ?

Il a levé les yeux de son bouquin mais ses mains n'ont pas bougé, elles tiennent toujours le livre de la même façon, qu'il marche ou non. Bruno entend le son de sa voix pour la première fois. Et pour une première, le gars lui demande s'il va s'évader ?

— Non, je ne vais pas m'évader, s'amuse Bruno. Pourquoi tu me demandes ça, tu veux t'évader toi ?

— Oh moi, j'ai ma ligne, je suis déjà parti.

— C'est ça oui, c'est bien, dit Bruno en pensant que le gars n'a plus toute sa tête...

— Et toi t'as pas encore ta ligne, constate le gars.

Mais bien sûr... allez salut hein.

Fin de la récré, l'immuable son de cloche retentit. Bruno se dirige vers la porte, c'est l'heure de la bouffe. Pince-à-Sucre l'interpelle :

— File-moi ton téléphone, le dirlo n'est pas là ce midi…

Bruno sourit. Eh bien voilà, facile, il suffit de mentir un peu.

***

— Papa ? Tu m'entends ?

— Oui, je t'entends très bien. C'est con de te poser la question, mais tu es sûr qu'on ne risque pas d'être écouté ?

— Sois tranquille, on passe par notre Télégram. Nous l'avons modifié à la Chuck.

— Télégram c'est bien l'appli utilisée par les djihadistes non ?

— Oui mais pas seulement. Les personnalités politiques l'utilisent aussi par exemple.

— Dans ce cas, c'est du béton, plaisante Bruno.

— Du béton ?

— Laisse tomber…

Bruno écoute la respiration de Victor, comme c'est bon. Il ferme les yeux et se repait de cette connexion avec son fils. Mais il faut lui parler, il a quelques « bricoles » à démêler…

— Victor…

— Oui papa

— Victor… ces gens… tu les as tués ?

— Oui papa.

Victor n'a pas hésité une seconde. Quand on lui pose une question directe, il ne ment généralement pas, en tout cas pas à son père. Bruno ressent un frisson lui remonter l'échine. Le deviner est une chose, se l'entendre confirmer en est une autre. C'est énorme. Son fils tue pour lui, pour le protéger.

— J'en ai aussi déduit que tu as lu mes carnets...

— Oui.

— Tout ?

— Oui.

Bruno se sent con et ne sait pas quoi dire à Victor. Il lui a tellement menti sur son enfance, tout a dû s'écrouler dans ses croyances.

— Tu m'en veux sans doute beaucoup de t'avoir menti...

— Non, je sais maintenant, c'est tout.

— Et le Lüger ... Comment as-tu fait ?

— Ça fait longtemps que je l'ai trouvé, papa.

— Ah oui ?

— Oui tu te rappelles quand grand-mère est partie à l'hospice ?

— Oui, c'était quoi... en 2009 ?

— Oui j'étais repassé chez elle chercher des affaires, elle voulait sa danseuse espagnole, tu sais la rouge qu'elle avait posée sur sa télé ?

— Oui je vois bien.

— Je suis descendu à la cave et j'ai fouillé, je ne trouvais pas la poupée. Et j'ai trouvé l'uniforme et le pistolet.

— Et tu as emporté le Lüger ? Il est chez toi depuis tout ce temps ?

— Non, je ne l'ai pas pris tout de suite. J'y suis retourné le 7 janvier 2012 quand vous étiez si mal tous les deux après l'histoire de maman avec son professeur de guitare.

On pense connaître ses proches, se dit Bruno, mais tellement de choses nous échappent...

— Et où était-il durant tout ce temps ? Pourquoi le capitaine ne l'a-t-il pas trouvé ?

— J'avais la meilleure cachette qui soit, tu l'as déjà utilisée d'ailleurs, je l'ai lu dans tes carnets, sourit Victor.

Bruno ressent un bien fou malgré la gravité de la conversation. Son fils est détendu, comme s'il était soulagé de pouvoir parler sans fard à son père. Plus de non-dit, que c'est libérateur pour tous les deux.

– De quelle planque parles-tu, demande Bruno en réfléchissant à ce qu'il a bien pu écrire jadis dans ses carnets.

– Bon sang ! Le piano ? reprend-il dans un flash.

– Oui.

– Ça alors, c'est une sacrée bonne idée ! rit Bruno. La cachette ultime, j'y ai caché un manteau brûlé et ma mère ne l'a jamais trouvé.

– Je sais, il y est toujours, dit Victor. Et il y a aussi une grosse clé et un paquet de bonbons collés.

– Ah ah ah, je ne me souvenais plus pour les bonbons.

Sacré vieux piano, le coffre secret de père en fils. Il est toujours là, et ça sera surement ainsi tant que sa mère vivra. Il en avait parlé avec sa sœur Cécile mais il n'était pas du tout à l'ordre du jour de vendre la maison. Ils repoussaient l'échéance au maximum, aucun d'eux ne voulant y remettre les pieds, ne serait-ce que pour s'en débarrasser. Et leur mère n'est pas morte… pas encore.

En tout cas, De Kerimel et son équipe sont passés et repassés devant le piano sans soupçonner un instant que le panneau inférieur puisse s'ouvrir, se délecte Bruno. Il est aussi con que sa saoularde de mère.

– Bon mon Victor il faut qu'on parle, je comprends que tu aies voulu m'aider mais…

– Je te protège papa.

– Oui je le sais, j'en suis conscient, mais tu as été trop loin, je ne peux pas te couvrir pour Delpierre, tu n'aurais pas dû. Ils vont chercher, tu es en danger.

– J'ai récupéré ton tableau papa, je ne pouvais pas le lui laisser. C'était injuste. Tu lui a quasiment donné et lui qu'a-t-il fait ? Il t'a contaminé avec son Sida.

Bruno se remémore cette sale période pendant laquelle

il a vraiment fait n'importe quoi. C'était après le coup de massue et l'écroulement de son monde pour la deuxième fois : à cause de Sasha... à cause de Nathan, à cause de ses croyances en l'amour, en l'amitié. Il avait essayé d'oublier, de décrocher son esprit, dans le sexe et dans la drogue, dans la dépravation et le désespoir, puis dans la déchéance. Il avait cherché en Delpierre la sensation d'être de nouveau aimé, de ressentir à nouveau ce qu'il l'avait éprouvé avec Sasha. Être aimé... peu importe par qui et comment. Être aimé malgré son visage balafré... Il avait cherché le choc, il avait voulu électrocuter son esprit par des sensations fortes, quitte à s'en faire gerber. Puis Delpierre lui avait donné de la drogue en échange du tableau, c'était parfait pour l'aider à oublier, et parfait pour en mourir doucement.

— Il n'empêche qu'il ne fallait pas, reprend Bruno. Tout ceci va beaucoup trop loin, et ce d'ailleurs, depuis le premier mort. J'aimerais que tu en aies conscience. Il faut arrêter ça tout de suite. Ce qui est fait est fait, on ne peut pas remonter le temps, mais j'espère que c'est terminé et que tu n'avais pas en tête d'en finir avec d'autres personnes.

Victor reste silencieux. Doit-il dire à papa pour Sasha ? Pour Nathan ? Pour Salima ?

— Victor je te parle !

— Papa, je... je suis au courant pour ton histoire avec cette Sasha et ton ami Nathan.

Ainsi Victor sait. C'est bien ce qu'il redoutait : il avait donc réussi à pénétrer la messagerie de la police.

— Tu ne dois rien faire Victor, rien du tout tu m'entends ?

— Mais ils t'ont fait du mal !

— Les hommes se font du mal, c'est comme ça, ça arrive tout le temps, tu le sais ça.

— Je ne veux pas que quiconque te fasse souffrir, je ne veux pas que tu meures.

— Ça n'ira jamais jusque-là, rassure-toi, et tout est fini

depuis longtemps avec Sasha et Nathan.

– Mais non papa, tu ne comprends pas, ils se voient toujours et ils parlent de toi.

Bruno sent une montée d'adrénaline accélérer ses battements cardiaques comme à chaque fois où Sasha s'introduit dans ses pensées.

– Comment ça ils se voient ?

– Sasha veut savoir pour son père, tu sais, tu nous avais demandé de le chercher avec Chuck.

– Oui c'est pas nouveau, ça, qu'elle crève dans l'ignorance !

Bruno a conscience de son emballement irrationnel dès qu'il s'agit de Sasha. Le simple fait d'évoquer son prénom va certainement le plonger dans des affres noirâtres au moins pour la nuit à venir.

– Oui mais Nathan veut l'aider, il veut te persuader de lui révéler enfin qui est son père.

Nathan... faux-frère. Ainsi fraye-t-il toujours avec la femme « tellement inintéressante » de ses discours de l'époque. Il lui a pourtant bien dit qu'il ne la voyait plus. Putain, il a démissionné à cause d'elle bon sang, et elle a réussi à lui garder la main dessus. Incroyable, cette fille est une sorcière. Il sent des contractions au niveau de ses bras, c'est pas vrai, du calme... Nathan est donc toujours dans ses filets ? Que lui a-t-elle promis ? Peut-être même recouchent-ils ensemble ? Il ne prête même pas attention à ses bras commençant à cogner le long de son torse. L'air se bloque dans sa gorge, le faisant pousser de petits cris secs.

– Papa, ça va ?

Non tout ça c'est du passé, il ne veut plus en entendre parler. C'est impossible de toute façon, Nathan ne ferait pas ça. Pas en l'ayant revu, pas en ayant tout réglé, pas sans l'avoir mis au courant. Et pourquoi ne ferait-il pas ça ? Il l'a déjà trahi non ? On peut changer ?

– Papa ? s'inquiète Victor.

– Oui je suis là, ça va, ne t'inquiète pas, dit Bruno dans un effort surhumain pour contenir ses tics.

– C'est à cause de ce que je viens de te dire ?

Bruno veut absolument modérer Victor.

– Non pas du tout, j'ai mal à l'estomac, invente-t-il.

– Parce-que sinon je peux t'aider pour Sasha et Nathan tu sais.

– Tu ne les touches pas ! crie Bruno. Ça suffit, terminé, plus de morts !

Victor ne répond pas. Pourquoi son père ne veut-il pas mettre fin à l'existence de ces gens ?

– Tu m'as entendu ? C'est clair ?

– Oui papa, je ne leur ferai rien.

Bruno fait confiance à Victor. Il a toujours été franc et direct. Et il a toujours écouté son père.

– OK très bien. Et surtout reste très discret. Le capitaine De Kerimel n'est pas encore venu t'ennuyer pour Delpierre ?

– Non.

– Alors fais très attention.

– En revanche, maman est venue et elle m'a posé un tas de questions.

– Ah oui ?

– Oui elle m'a demandé si je connaissais ces personnes, si je les avais déjà vues. Elle était sévère.

Judith est très loin d'être bête, elle a surement des doutes, en particulier depuis la mort de Delpierre. De Kerimel l'a évidemment mise au courant que les meurtres continuent. Elle a donc pu cheminer de la même façon. Il faut espérer qu'elle ne mettra pas la puce à l'oreille de son ex-mari de capitaine au sujet de Victor. Il va devoir l'appeler pour savoir un peu ce qu'elle a en tête.

Pourquoi faut-il donc sans arrêt replonger dans le passé ?

Même en taule, même loin de tout, on n'échappe pas à ses fantômes... ils traversent les murs et viennent vous hanter où que vous soyez. Et ils finissent par avoir raison de vous.

***

— Je t'avais dit sept heures, sept heures et quart. Tu crois pas que t'abuses ?

— Excuse-moi, dit Pierre-Antoine d'une voix légèrement pâteuse.

— Oh c'est pas vrai, tu as encore picolé, dit Betty. Je t'ai dit d'arrêter ça ! Tu ne m'écoutes plus hein ?

— Si je t'écoute.

— Non, dans le temps oui, tu faisais tout ce que je voulais, sourit-elle, je pouvais te tirer par les cheveux ou te donner des coups de pieds, tu revenais tout le temps, tu disais amen à tout.

Il sourit aussi à ces souvenirs de l'ère du bonheur.

— Mais là, monsieur n'a plus besoin de personne, monsieur sait tout et n'en fait qu'à sa tête !

— Non je t'assure, je t'écoute toujours. Mais pour l'alcool, je crois que j'ai besoin d'un peu de temps.

— On a toujours besoin de temps pour arrêter ces trucs, c'est jamais le moment.

Betty tape deux fois dans ses mains et le chat monté sur la table pour boire dans le vase de fleurs descend immédiatement en toute hâte, les oreilles baissées.

— Tu vois, lui je lis dit d'arrêter, il arrête, il fait pas sa tête de mule, sourit-elle encore avec bienveillance envers son vieil ami.

— Je te promets d'essayer, vraiment, dès que j'en aurai fini avec cette affaire Delpierre / Canif. Ça me tue, vraiment.

— Et qu'est-ce qui te tue ?

– Je ne suis qu'une merde Betty, un pauvre looser. J'en ai assez, mon père avait raison, je ne suis qu'un bon à rien.

Les yeux humides, retenant ses larmes, Pierre-Antoine regarde les motifs fleuris de la nappe en toile cirée. Le même dessin réapparait toutes les huit fleurs, c'est pair, ça le tranquillise un peu. Il aurait aimé être un illustre policier, un Sherlock, un commissaire Moulin, même un Derrick tiens, pourvu qu'il ne se trompe jamais.

– Allons bon, ça ne va pas bien fort encore ce soir. Tu as l'alcool triste. Tu vois, il faut que tu passes à l'eau de mon puits, dit Betty en essayant de le dérider de son petit rire chantant.

– J'ai foiré, encore une fois.

– De quoi tu parles ?

– De Bruno… Je l'ai foutu en taule et c'est pas lui. Je suis aussi nul qu'à Paris bordel.

– Oh, doucement, tu ne vas pas un peu vite ? Et reste poli, tu sais bien que j'ai horreur des noms d'oiseaux dans cette maison.

– Tu trouves normal qu'on ait affaire à un nouveau meurtre avec la même arme toi ? J'ai arrêté Bruno car je l'ai cru coupable de quatre meurtres perpétrés avec ce pistolet, lequel soit dit en passant je n'ai pas trouvé ! Et là, il sert de nouveau ! Et qui est la victime ? Quelqu'un du cercle de Bruno !

– On ne sait pas, quelqu'un a peut-être mis la main dessus tout simplement, il faut attendre les résultats de l'enquête, tente d'apaiser Betty.

– C'est moi qui mène l'enquête au cas où tu ne l'aurais pas remarqué.

Betty se tait, elle n'insiste pas, c'est sûr que ce n'est pas la posture idéale pour son ami. Vu son passif, ça ne va pas pardonner s'il s'avère être à côté de la plaque une nouvelle fois. À Paris il avait mélangé l'affect et la raison. Il avait protégé une amie de sa compagne, une aide-soignante soupçonnée d'avoir euthanasié deux patientes. Il avait cru en sa bonne foi et avait aiguillé l'enquête vers des morts naturelles. Le hic : elle s'était fait pincer deux mois plus tard en flagrant délit de débranchement d'une vieille dame par le médecin de garde. Bon sang, qui sait combien elle en avait fait partir pendant ce laps de temps ? Et à cause de lui…

— En tout cas il y a peut-être une logique, ça va se décanter, ne sois pas trop négatif, ça t'empêche de penser, dit Betty.

— Tu te rends compte ? Si ça se trouve c'est Judith ! Je suis maudit !

— Allons bon !

— Elle a très bien pu faire tout ça.

— Arrête de boire je te dis, c'est le délirium tremens là, s'énerve Betty.

— Comment tu peux en être sûre ? Si ça se trouve elle est devenue folle de vivre avec lui.

— Arrête ! Ça ne sert à rien de te mettre dans un état pareil, il faut que tu réfléchisses posément. Et tu as quelqu'un pour t'aider. Je suis là moi et tu as Marie-Claude. Tu aurais dû l'emmener ce soir d'ailleurs, je l'aime bien, et elle paraît plutôt sensée et intelligente.

— Elle a été pas mal occupée aujourd'hui. Elle était sur un accident avec délit de fuite. Bon sang il faut tout faire en ce moment, il n'y a plus personne dans la boutique, ça va mal finir.

— Un délit de fuite ?

— Oui un drôle de truc, une petite s'est fait renverser devant l'école par un cinglé en voiture. La petite a été coupée en deux au niveau de l'épaule.

— Oh c'est pas vrai… Quel âge ?

— Quatre ou cinq ans je crois. Et tu sais quoi ? C'est la

fille de Sasha Menerva. Elle travaille au labo.

– Tu la connais ?

– Oui bien sûr, elle travaillait avec Bruno avant l'affaire.

– Oh c'est terrible, la pauvre doit être dans un état ! Perdre son enfant, il n'y a rien de pire.

– Je ne me suis pas penché sur les détails mais il paraît qu'elle lui donnait la main quand c'est arrivé.

– Je n'ose même pas imaginer.

– C'est clair... t'as pas de l'aspirine ou un truc comme ça ?

Betty se dirige vers la cuisine. La télé diffuse les infos sur BFM. Les élections... ils n'ont pas fini d'en bouffer, la campagne commence tout juste et ils sont déjà tous à s'étriper et ressortir les affaires les plus perfides. Si ça se trouve, sa chouchoute va passer cette fois, il se pourrait bien que le vent tourne enfin et que la France redevienne la France...

– Tu veux quoi ? Paracétamol ou aspirine ? J'ai aussi de l'homéopathie mais bon, je sais que c'est pas la peine de t'en proposer, rit Betty du fond de la cuisine.

Et la Bourse, quoi ? Deuxième cyber-attaque en quelques jours ? Apparemment l'incursion dans le système est allée plus loin cette fois, mais aucune conséquence n'est à déplorer pour le moment. Les ICC seraient sur une piste. On va vers l'apocalypse avec cette informatique partout. Putain si au moins ça pouvait foutre tous ces Kerviel et compagnie sur la paille !

– Aspirine s'il te plait, mets m'en deux je te rembourserai.

– Eh bien on dirait que l'humour revient, c'est bien ça. Je t'ai fait un pot-au-feu ça te va ?

C'est toujours du pot-au-feu chez Betty en hiver.

– Evidemment que ça me va, dit-il avec affection.

Betty revient avec un verre pétillant d'aspirine.

– Tu as des nouvelles de mon ex-New-Monsieur ? demande Betty.

– Tu te préoccupes de ce connard ? Bon sang tu es vraiment trop sympa toi. Aux dernières nouvelles il va sortir de l'hôpital d'ici peu pour le centre de rééducation du Pâtis Vincent. Pour la procédure, j'en sais rien encore.

– Ah oui ? C'est vraiment pas loin d'ici ça. En tout cas qu'il ne compte pas sur moi pour lui apporter des chocolats !

– Manquerait plus que ça ! T'en serais malheureusement bien capable.

3

08 janvier 2015

Mais qui vient encore le faire chier? C'est pas possible ça. Encore son avocat, ou Pierre-Antoine? Il n'a vraiment envie de voir ni l'un ni l'autre. Nathan? Peut-être, ce serait le meilleur qui puisse arriver. Bruno entre dans la salle des visites et s'installe. C'est Milou qui s'y colle ce matin. Il lui jette un sale œil. Il a l'air aux aguets, ses yeux ne se fixent nulle part et il regarde sa montre, ça fait bien trois fois en l'espace d'une minute. Il trame surement un truc. Déjà hier au réfectoire il parlait en douce avec Jeff le tatoué et Bruno n'a pas aimé ça du tout. Il est peut-être parano mais ils semblaient regarder dans sa direction tandis qu'il mangeait à côté de Rann.

Pas le temps de penser plus avant car un coup de poignard se fiche dans son cœur, ou sa cervelle, ou les deux : Sasha vient de franchir la porte du parloir et parcourt la salle des yeux. Enfin il pense que c'est le cas car elle porte des lunettes noires. Elle arrive à sa table :

— Je peux? demande-t-elle en prenant le dossier de la chaise violette et en la tirant pour s'installer.

Bruno l'invite à prendre place de la main sans répondre, dans un geste mou calculé. Il voudrait lui faire croire qu'il s'en fout, qu'elle n'est plus rien, qu'il l'a oubliée, qu'il est passé à autre chose (ou à rien), qu'il ne souffre plus, qu'il... qu'il... mais son cœur bat à cent à l'heure.

Sasha s'assoit et fond immédiatement en larmes. Son visage est rouge, bouffi, trempé. Elle doit pleurer depuis un bon moment. Qu'est-ce qu'elle veut bordel, elle le fait exprès? Encore une démonstration théâtrale pour le manipuler? Elle ne changera jamais. Mais elle ne l'aura plus, il se l'est juré.

— Si tu viens pour ton père... commence-t-il.

— Elle est morte, crie-t-elle !

Le seul autre détenu dans la salle attend son visiteur et ne semble même pas avoir entendu le cri de Sasha. Bruno se tourne vers Milou, sûr qu'il va bondir. Mais il n'est plus là. Irréel, c'est exactement ça, un sentiment d'ailleurs, de rêve. Le voici dans la même pièce que Sasha, sans surveillant. Et Sasha pleure, pleure, elle ne peut même pas parler. Bruno réprime son envie d'être gentil, à grand-peine.

— Qui est morte ? demande-t-il avec le plus de distance possible.

Bruno sent la moiteur envahir la paume de ses mains serrées au point de s'en faire blanchir les phalanges.

— Salimaaaaaa, hurle-t-elle en s'effondrant sur la table et en tendant ses mains vers lui.

Non il a mal entendu là, il rêve encore. L'enfer ne cessera-t-il donc jamais ? Non c'est une blague, elle essaye de jouer avec lui une fois de plus.

— Oh oh doucement, qu'est-ce que tu racontes ? demande Bruno avec une pointe d'agacement mêlée d'une certaine inquiétude.

— Elle est moooorte !

Sasha se met à parler, à raconter dans le désordre comment Salima s'est fait faucher par cette voiture, comment elle était toute sa vie. Elle avait ressenti ce besoin compulsif et impérieux de venir partager son immense peine avec le père biologique de sa petite fille, c'est bien normal non ? Elle avait fait le forcing pour avoir l'autorisation de venir lui rendre visite. Le commissaire avait immédiatement fait le nécessaire. Bruno se demande avec une pointe d'agacement si ledit commissaire ne serait pas l'actuel bénéficiaire de ses faveurs.

— Pourquoi tu ne dis rien ? demande Sasha entre deux

sanglots déchirants.

Un rêve, oui c'est ça, il va surement se réveiller dans un instant. Salima... sa fille... sa fille? Sûr? Celle de Nathan peut-être? Ou d'un autre? Morte? Quelle heure est-il... Ça fait longtemps qu'ils sont là? C'est vraiment Sasha en face de lui? Pourquoi lui dit-elle ça? Pour le faire souffrir? Encore? Oh oui il la hait, tellement.

— Elle est morte! Et elle voulait un bisou! dit Sasha en refondant en larmes.

Bruno ne réagit pas à la hauteur de la révélation de Sasha. Sa fille est morte? Non c'est pas vraiment sa fille de toute façon, c'est sa fille à elle. Que sait-il d'elle? Qui est-elle? Elle ne connait même pas son existence. Sa fille? Non, non, NON, sa fille, c'était Victoire. C'est trop, rien à foutre, Sasha ne lui plantera plus ses griffes acérées nulle part, elle ne l'y prendra plus, et ceci même si elle utilise le pire! Elle n'a aucune pudeur, aucune limite. C'en est trop! Bruno se lève sans un mot.

— Non ne pars pas!

— Je ne sais pas quoi te dire... Je ne sais pas quoi faire... je suis désolé. Il faut que j'y aille.

— Nathan lui au moins il s'en fout pas! dit Sasha d'une voix cinglante.

Bruno s'arrête net. Nathan? Qu'est-ce qu'il vient faire là-dedans?

— Ah oui, et il dit quoi Nathan?

— Il dit que tu as surement engagé quelqu'un pour nous tuer! hurle Sasha, que tu as fait assassiner Salima! Je pensais qu'il avait tort, mais vu ta réaction, je me trompais. Salaud, misérable vermine! Je te tuerai! Je te hais! Je vais aller aux flics, je vais leur raconter ce que tu manigances. Nathan aussi va y aller! Tu ne t'en tireras pas comme ça.

— Tu crois qu'au point où j'en suis j'en ai quelque chose à foutre? demande Bruno en lui tournant le dos, arrêté dans son désir salvateur de retourner dans la chaleur de sa cellule.

– Et Nathan a toujours dit que tu étais un sale type pour mon père ! À quoi ça te sert de ne pas me dire ? Tu m'as toujours fait souffrir Bruno, tu n'es bon qu'à ça !

Elle ramène son père dans un moment pareil. C'est à ne pas en croire ses oreilles. Plutôt que d'être près de son mari, de tenir la main de leur autre fils Guillaume, de gérer toute cette inhumaine et macabre machinerie pour organiser les obsèques de Salima, eh bien non, Sasha est ici, devant lui ! Avec cette obsession pour son père, utilisant ce deuil pour lui extorquer des infos... Nathan... Sasha... Bordel de merde. Un clic presque audible détonne dans le cerveau de Bruno, comme un interrupteur qui bascule. Quand tout cela va-t-il finir ? Jamais sans doute, c'est le propre de l'enfer. Les ténèbres l'engloutiront-ils un jour dans les bienfaits de l'oubli ? Bruno se retourne soudain comme un robot, le visage figé dans un rictus de douleur.

– Tu veux savoir pour ton père ?

Sasha enlève ses lunettes noires et le regarde sans répondre en le dardant de ses grands yeux bleus rougis. Elle est magnifique, ses yeux lui rappellent tellement de délices, de complicité, d'amour... Mais tout ceci n'a existé que dans son imagination. Il en a pleinement conscience, mais quelque chose en lui est encore ancré dans ces croyances. Au bout d'un moment, Sasha ne peut s'empêcher d'acquiescer.

Elle ose. Tout ça est vraiment au-dessus de ses forces.

– OK d'accord, c'est bon, tu as gagné... Tu as suffisamment payé. Je t'envoie mon fils, il va tout te dire.

***

Bruno s'assoit sur les toilettes, de violentes crampes irradiant tout son bas-ventre. Toujours cette foutue histoire, il aurait dû tout faire pour rester à Fleury. Et Salima… pauvre petite. Il ne s'est jamais attardé sur ses sentiments pour elle, c'est trop compliqué. Morte… Il en est désolé, mais il n'arrive pas à se sentir concerné. Il sait à peine à quoi elle ressemblait. Sasha lui avait bien montré quelques photos de temps à autre mais bon, elle avait quoi sur ces images, un an ? Deux ? Il ne sait même plus. Et il n'a même jamais entendu le son de sa voix. Alors sa fille ? Non. Il regarde ses mains trembler et regarde le rouleau de PQ. Un petit rail, voilà ce qu'il lui faut pour calmer l'intense angoisse qui le dévore. En détachant le rouleau de son support, il déroule délicatement quelques tours. La cache apparaît, parfaitement découpée, une cavité creusée dans l'épaisseur du papier. Il sort doucement un sachet, le tourne entre ses doigts. Non ! Cette salope ne le fera pas replonger dans quelque dépendance que ce soit. De toute façon elle ne pourra plus jamais lui nuire. C'est terminé. Victor va y veiller, pense-t-il en saisissant son téléphone caché dans le tube d'un autre rouleau. Il avait été heureux de cette fausse planque évidente pour le téléphone. Si Milou le trouve en cas de fouille, ça fera diversion et il n'ira pas chercher la drogue dans le rouleau actif…

Il repense à Sasha revenue polluer son existence. Va-t-il déclencher la foudre et en finir une fois pour toutes ? Bruno regarde le clavier du smartphone… Et s'il avait vraiment le pouvoir de mettre fin à ses agissements ? Et à la fourberie de Nathan ? Et pourquoi pas à l'existence de sa putain de mère, tant qu'on y est ?

***

Direction le réfectoire, bien qu'il n'ait absolument pas faim. Aussi incroyable que cela puisse paraître, il s'est endormi d'un sommeil profond après la visite de Sasha. Quanah l'interpelle au détour d'un couloir. Purée il ne se fera jamais à sa gueule rouge…

– Chleuh ! l'appelle-t-il.

Bruno s'arrête, pas envie de parler.

– T'es au courant ? demande Quanah

– De quoi ?

– Pour Rann… paraît qu'il s'est fait buter !

La deuxième lame acérée de la journée vient lui labourer les tripes.

– Quoi ? Tu déconnes, je l'ai vu ce matin !

– Ça s'est passé tout à l'heure.

– Mais… Comment ?

Les mots sortent difficilement. Il rêve encore, c'est certain.

– Dans le sas qui donne accès à la salle de sport. Il paraît que c'est Sandro mais moi j'y crois pas du tout, dit Quanah en secouant sa grosse tête.

– Sandro ? Ça n'a pas de sens…

Rann doit filer l'argent à Sandro à la fin de la semaine. On n'y est pas encore, on est jeudi… Pourquoi le tuerait-il ?

– Ouais c'est bizarre, il l'a planté. Et c'est pas trop le truc de Sandro ça, de jouer avec les surins.

– C'est pas vrai. Merde, t'es sûr ? Il va peut-être s'en sortir ?

– Non il est raide mort, je les ai vu l'emmener, il avait un truc sur la tête comme dans les films.

Quel est ce monde où rien ne s'arrête ? Où tout est mauvais ? Où la lumière ne passe plus.

– Et Sandro ?

– Trou direct. Il est pas près d'en sortir.

– À quelle heure ça s'est passé ?

– Je ne sais pas, je les ai vus l'emmener vers dix heures, dix heures dix.

– Comment on sait que c'est Sandro ?

– Pris en flag il paraît.

– Et par qui ?

– Tout ce que je sais c'est que j'ai vu Milou le trainer en laisse comme un chien.

– À dix heures tu dis ?

Milou devait être de garde au parloir mais il a disparu en le laissant quasi seul avec Sasha... Qu'est-ce que c'est encore que ce merdier ? Qu'est-ce que ça veut dire ?

– On va bouffer ? demande Quanah que rien n'arrête quand il s'agit de se remplir la panse.

– Non vas-y, j'ai à faire.

En tournant les talons, l'image du sachet de coke qu'il tenait entre ses doigts tout à l'heure s'agite au premier plan de ses pensées.

Les carnets de Bruno

J'ai vu la mer la première fois à quatorze ans. J'y étais déjà allé une fois, je devais avoir six ou sept ans, mais ça ne compte pas, je ne m'en souviens pratiquement pas. Pourtant on n'habite pas très loin, mais les parents avaient autre chose à faire que d'aller marcher sur la plage ou ramasser des bigorneaux. Pourtant cette fois on est allé chez la mère de maman, ma grand-mère. On la voyait tellement peu souvent qu'on ne la connaissait pas vraiment. Mais cette année-là, nous sommes allés passer quelques jours chez elle, à la Pointe Saint-Gildas. Maman était malade, elle est allée à l'hôpital pour un problème d'intestins il me semble. Elle a dit à papa qu'il était incapable de rester seul avec nous. Elle a dit qu'on serait mieux chez sa mère. Elle a bien fait pour une fois. La Pointe... qu'est-ce que c'était bien. Je regardais longuement la mer, j'étais fasciné par le naufrage du Lancastria en juin 40, un paquebot, le dernier espoir de quitter la France quand la marée allemande avait fini par atteindre Saint-Nazaire. Il avait coulé ici, à cet endroit exact. Six mille personnes étaient à bord, peut-être même plus. Les bombardiers allemands avaient fondu dessus et il avait alors coulé en seulement vingt minutes. Ici. Juste là. Ça fait drôle d'être dans un endroit pareil, les gens se baignent, jouent au ballon, au cerf-volant, et ils ne se doutent de rien.

J'avais fait la connaissance du fils du voisin de ma grand-mère, on avait le même âge et il avait une carabine à plombs. Quel bonheur, j'étais fou de ce truc. On jouait dans les blockhaus et on se prenait pour des tommies essayant de repousser les fritz même si c'était l'inverse qui s'était vraiment passé. Ça puait là-dedans, c'était devenu bien souvent des chiottes publiques, et plus personne ne prêtait attention à ces bâtiments de béton tout penchés, sauf pour aller pisser. Nous on ramassait plein de goémon et on en faisait un gros tas bien puant pas loin devant notre abri pour attirer les mouettes. Quand elles arrivaient, on les descendait à la carabine, « saletés de boches » on gueulait. J'adorais ça. Quand elles n'étaient que blessées, on les attachait à un bout de bois qu'on plantait dans le sable et on les fusillait. « En joue... Feuuu ! ». Ça me provoquait de vraies érections. J'avais la sensation d'être dans une autre vie, une vie héroïque, remplie d'action. Je pensais à mon père et j'aurais voulu faire comme lui, tuer un vrai boche.

***

Étonnant ça, je n'aurais pas cru : une méduse morte reste entre deux eaux. À moins que ce ne soit dû à la différence de densité entre l'eau douce et l'eau salée ? Red stagne-t-elle au point de jonction ? C'est étrange ça, les eaux ne se seraient pas vraiment mélangées ? Comme lorsque l'on touille un verre d'eau auquel on a rajouté de l'huile ? Il va falloir faire des prélèvements et regarder ça de près quand le tour de Green viendra, pour comparer. Théoriquement à sa mort elle devrait être plus bas que Red dans l'aquarium si c'est bien au point de jonction vu qu'elle aura davantage d'eau douce dans son aquarium. Ça ne devrait pas durer bien longtemps avant la fin de l'expérience car Green a l'air de pulser un peu plus sporadiquement que d'ordinaire.

Ah téléphone... j'espère que c'est papa...

– Victor ?

– Papa ! Oh merci d'appeler !

– Victor écoute-moi attentivement.

– Oui papa

– Je voulais te dire... pour Sasha...

– Oui

— Tu… tu avais raison. Elle m'a fait un… un mal de chien.

— Oui j'ai lu tout ça, je sais.

— Et elle te met en danger… Elle va aller trouver De Kerimel pour lui dire que tu cherches à lui faire du mal. Il va faire le lien, il va t'arrêter Victor, et ça il n'en est pas question tu m'entends ?

Faire du mal à Sasha ? Mais non, il a dit qu'il ne fallait pas. Et pourquoi parle-t-il comme ça ?

— Mais papa, tu m'as dit de ne rien faire…

— Victor ?

— Oui ?

— …

— Oui ?

Qu'est-ce qu'il a ? Il parle trop vite, et puis il ne parle plus… il n'est pas dans son état normal.

— J'ai changé d'avis.

***

— Tout le monde est là ? demande le directeur à Milou debout à sa droite.

— Oui c'est bon, le compte y est, dit Milou un peu palot.

— Bien. Silence !

Mais la salle est déjà silencieuse. La rumeur a été plus vite que le dirlo, « l'enculé d'Plantu » comme avait dit Milou. Tout le monde sait de quoi il va s'agir.

— Si la promenade d'aujourd'hui est annulée c'est parce qu'il s'est passé quelque chose de grave ce matin. « Encore », ai-je envie de dire ! Au jour d'aujourd'hui ça ne fait que deux jours qu'un détenu est mort des mains d'un autre. Je parle de Gilles Masson sauvagement assassiné à l'aide d'une louche au réfectoire. Nonobstant le fait qu'il s'agisse purement et simplement d'un meurtre, je veux dire par là que ceci est inadmissible.

Bruno s'est finalement autorisé un petit rail de poudre pour décompresser de cette rude journée avant de venir à la petite sauterie du dirlo. Il reconnaît l'œil et l'élocution de celui qui vient de s'en faire un aussi. C'est rigolo comme ça se voit, et surtout comme ce qui sort de la bouche du dirlo manque quelque peu de cohérence… Et ce « Au jour d'aujourd'hui » tellement débile…

— Qui plus est ce matin, continue Plantu, monsieur Alain Rannier que vous appelez tous Rann s'est fait comme qui dirait sauvagement trucider dans le sas qui mène à la salle de sport, n'est-ce pas ?

Milou, l'air grave, opine du chef en regardant le sol, l'air faussement contrit. Bruno regarde autour de lui, l'œil affuté par la cocaïne. Il a l'impression de tout capter, comme s'il pouvait décortiquer chaque seconde, analyser chaque mouvement. Il entend le moindre son et a la sensation d'entendre toutes les respirations, de sentir toutes les haleines dégueulasses.

— Vous savez avec quoi ? Une brosse à dents affutée ! Eh oui, on a affaire à un barbare, messieurs.

Le directeur regarde l'assistance pour jauger de son effet d'annonce.

— Je n'ai pas compté les trous, mais il n'y est pas allé avec le dos de la cuiller entre nous soit dit. Rassurez-vous, grâce au sang-froid de monsieur Sonnier, continue Plantu en tendant le bras vers Milou, l'auteur a été interpellé et mis directement en état d'isolement. Au jour d'aujourd'hui, et pour les jours suivants voire les années qui lui restent, monsieur Sandro Calvez est hors d'état de nuire.

Un grondement monte de la bande des tatoués.

— Silence ! hurle Plantu d'une voix de fausset, les mains derrière le dos, droit comme un piquet.

Bruno l'imagine en Himmler. Son esprit lui a posé une casquette de SS sur la tête et a troqué ses lunettes pour un monocle. Il imagine une cravache entre ses doigts derrière son dos.

— C'est pas Sandro ! crie une voix.

— Ah oui, il a un frère jumeau ici peut-être ? dit Plantu en souriant comme un dément.

— C'est pas juste ! entend-on encore.

— Sandro peut pas avoir tué Rann !

— C'est un coup monté !

Les tatoués sont bien énervés. Bruno les passe en revue. Tout le monde s'émule, se prend à témoin, s'agite... sauf Jeff. Ce dernier reste calme et regarde ses pompes, genre je suis pas concerné. Étrange, note Bruno.

La tension montant, Plantu fait un signe à Milou en claquant des doigts. Aussitôt le molosse sort sa matraque et marche au milieu de l'assistance en direction des tatoués. Deux autres matons lui emboitent le pas, avec toutefois un peu moins d'assurance...

— Un problème les fiottes ? dit Milou en les regardant d'un air méprisant. Il tape sa matraque dans son autre main et il tourne doucement sur lui-même en regardant chaque tatoué dans les yeux, cherchant l'occasion d'en découdre. Il en impose avec son corps immense et ses larges épaules. Mais personne n'a envie de se prendre des coups gratos. Pas un ne moufte. Il les passe lentement un par un, guettant un signe de rébellion. Il s'arrête aussi devant Bruno qu'il fixe de ses yeux froids de prédateur. Mais il en oublie un... Jeff n'a pas relevé le nez de ses pieds et Milou passe devant lui sans s'arrêter.

Toi mon con, t'as quelque chose à voir là-dedans, pense Bruno...

— Ça y'est, on est calmé ? demande le directeur sans attendre de réponse. Bon, ceci étant dit, j'ai une autre nouvelle d'importance n'est-ce pas ?

Il se tourne vers Milou qui n'opine rien du tout. Il ne sait même pas ce que va dire ce bon à rien. Pince-à-Sucre ne bronche pas, amorphe depuis le début.

Bon sang, pense Bruno, qu'est-ce qui peut être plus important que la mort d'un homme dans un moment pareil ?

— Monsieur le préfet vient nous visiter dans trois jours...

J'hallucine, pense Bruno.

— ... et il tient à rencontrer une délégation de détenus.

Comment peut-il balayer la mort de Rann aussi vite ? Et de cette façon ? Bruno sert les poings et les dents.

— Je veux une délégation éclectique. Je veux dire par là pour ceux qui ne parlent pas le français que je veux une personne par groupe identitaire.

L'assistance fait des « Pffff » en veux-tu en voilà. Incroyable, c'est comme si Rann n'existait déjà plus, les gars de sa cellule vont sauter sur ses affaires comme des crocodiles affamés et hop, terminé, Rann n'aura jamais existé.

— Alors vous vous démerdez, je veux une personne par bande, dit Plantu en ponctuant le mot « bande » avec un simulacre de guillemets de doigts. Et je veux des gars qui sauront se tenir, débrouillez-vous pour bien choisir, on a autre chose à foutre aujourd'hui. On aura un briefing pour préparer ça. Si le moindre incident vient gâcher la visite, le détenu responsable ira croupir deux mois à écouter Sandro Calvez chialer comme une gonzesse. Bref, si tout se passe bien, je verrai peut-être pour un petit bonus pour vous, on verra... Comme vous le voyez, c'est dans l'intérêt de tous que tout se déroule correctement. Maintenant, tout le monde en cellule ! Et en silence ! Suspension des activités pour aujourd'hui. Et je veux le nom des détenus désignés pour après-demain au petit déjeuner. Évidemment si le casting ne me convient pas ou si je sens l'entourloupe, je dirai à Sonnier de me trouver des bons petits volontaires, enfin je veux dire par là dans la mesure du possible.

***

Dire qu'à son arrivée, tout allait bien. Il devait attendre tranquillement la mort qui viendrait le cueillir entre deux dessins. Enfin il était loin de tout, des affres du passé, de ses parents, de Sasha, de Nathan, de ces glauques tentatives d'oubli dans les excès improbables tels que Delpierre ou la drogue, loin de Roxane et autres turpitudes. Il espérait avoir trouvé la paix. Il pensait même pouvoir penser à Victoire autrement que dans la douleur lancinante de sa coupable responsabilité. Et voilà, en l'espace de deux mois c'était foutu. Il devait être fait pour souffrir, telle était surement la volonté de... qui ? Bordel il faut dormir, il faut oublier, faire une pause, son cerveau va exploser. De toute façon le sachet est ouvert, ça va se perdre, pense Bruno dans une tentative d'humour amer destinée à lui-même. Juste avant d'inspirer le nouveau rail, il fait le point en se remémorant cette journée de dingue : il a vu Sasha, Salima est morte, et Rann s'est fait assassiner. Si ça se trouve, c'est à cause des deux sachets de dope qu'il lui a donnés ce matin, auquel cas il est peut-être responsable de sa mort... Et Sasha, cette pute n'en finira jamais de le faire saigner s'il ne fait rien pour empêcher ça... Et Nathan vaut-il mieux ? Traitre... Trop de pensées...

Il aspire le rail en fermant les yeux. On n'échappe pas à son destin, on ne peut l'ignorer même si on s'attèle de toutes ses forces à penser qu'on possède tous un libre arbitre. Ce n'est qu'illusion. Être heureux, souffrir, tuer : à chacun sa route, tout est écrit. Son cerveau envahi de poudre blanche efface ses dernières ruminations et il s'étale les bras en croix sur son lit, la bouche béante, les yeux ouverts ne fixant plus rien, dans une déconnexion parfaite, avalé par le néant.

***

22h13

Voyons voir… Trois voitures : la Clio de Sasha, l'Audi de son mari, et l'autre ? De la famille sans doute, ou des amis… On verra. Ils vont partir, c'est papa qui l'a dit alors il suffit d'attendre…

22h28

– Oui ça va aller, dit Sasha.

– Vous êtes sûrs ? Ça ne nous pose aucun problème de rester tu sais ?

– Non merci, ça ne sert à rien. C'est gentil d'avoir fait le déplacement.

– Non c'est normal, les amis sont là pour ça. Tu es sûre que tu ne veux pas qu'on…

– Je te dis que ça va, répète Sasha d'un ton plus sec. Je suis fatiguée et on a besoin d'être un peu seuls maintenant.

– Oui bien sûr je comprends, c'est tellement injuste ce qui vous arrive. Je ne sais pas comment vous faites pour…

– Tu crois qu'on a le choix peut-être ? demande Sasha que la fatigue rend encore plus cinglante qu'à l'accoutumée.

– Vous êtes tellement courageux…

– Courageux de quoi ? crie Sasha, il me semble que le courage c'est volontaire non ? Non ? Tu crois qu'on a choisi ça peut-être ? Regarder sa fille allongée dans un funérarium morbide mérite la médaille du courage ? C'est ça que tu penses ?

– Excuse-moi Sasha, je ne voulais pas dire ça, je suis idiote, je…

– Oui c'est ça, bonne nuit, rentrez bien !

Sasha tourne le dos à leur couple d'amis et retourne s'asseoir près de Salima en prenant le soin d'arranger ses cheveux et de mieux disposer les pétales de roses autour de son petit corps sans vie. Imbéciles, pense-t-elle en arrangeant les plis de la petite robe en des gestes imprécis et anarchiques. Elle regarde sa montre. Elle finira bien par être seule, si elle ne tombe pas d'épuisement avant.

— Excusez-la, dit Jérémy en raccompagnant le couple à la porte de la chambre mortuaire, elle est terriblement éprouvée, ne lui en veuillez pas.

L'homme lui sert chaleureusement la main en lui lançant un long regard de compassion. Sa compagne, quant à elle, a l'air quelque peu pincé du comportement de Sasha à leur égard. Ils sont quand même venus de Toulouse, quoi ! Ils ont raté le concert de leur fils pour venir leur apporter leur soutien quand même ! Tout le monde connaît le caractère ombrageux de Sasha, mais il y a des limites, elle pourrait se montrer un peu reconnaissante... Oh quelle mauvaise pensée, je suis une mauvaise chrétienne, c'est vrai, sa fille est morte... Mais bon, est-ce que ça excuse tout ?

22h33

Ah, ça bouge, Jérémy sort et deux personnes le précèdent. La femme a l'air de pleurer et marche d'un pas décidé vers la Volvo. Les phares de la voiture m'éclairent trop, j'aurais dû me garer plus loin... Ça va, je ne pense pas qu'ils m'aient vu.

22h35

— Ça va ? demande doucement Jérémy en posant sa main sur l'épaule de sa femme.

— Non mais quel niais, pense Sasha en se dégageant.

— Maman, je suis fatigué, geint Guillaume, son fils, celui de Jérémy aussi accessoirement, enfin c'est ce qu'il croit en tout cas.

— Oui Guillaume, on est tous fatigué, dit Sasha avec un peu plus de douceur. Papa ne va pas tarder à te ramener à la maison, vous allez rentrer, il faut que tu sois en forme pour demain, ça va encore être difficile.

— On va encore rester un peu, dit Jérémy en s'asseyant près de sa femme et en croisant les mains sur ses genoux. Instantanément ses yeux se perdent au loin.

Sasha se pince les lèvres presque à s'en faire saigner en rongeant son frein comme elle le peut. Mais qu'il se barre, qu'est-ce qu'il attend à regarder la moquette murale, c'est pas possible d'être aussi débile ! Sasha se demande bien s'il va venir tout à l'heure. Bruno lui a dit par SMS que ce soir elle saurait pour son père. C'est inconvenant, oui pour les autres sans doute, mais c'est sa vie : Bruno, accessoirement père de sa défunte fille va enfin lui révéler la vérité sur son père à elle, ce papa qu'elle a passé toute sa vie à chercher. Peut-être va-t-elle cesser d'être la petite bâtarde de Béjaïa et trouver un sens à son existence... Tout est bouleversant, emmêlé, mais les convenances ne vont certainement pas venir barrer la route à la vérité, ah ça non !

— Comme tu veux, répond Sasha entre ses dents serrées.

23h12

Ça y'est le mari de Sasha sort avec leur fils. Il a l'air mignon Guillaume.

Jérémy ouvre la portière arrière de l'Audi et le petit garçon s'engouffre à l'intérieur pendant que son père fait le tour, le visage fermé. La voiture s'éloigne et ne reste sur le parking de la chambre funéraire que la Clio.

Vous voilà seule Sasha.

23h35

— Qui est là ?

— Bonsoir, je viens pour vous parler de votre père, dit Victor à l'interphone.

— Attendez une seconde...

Tout s'allume comme en plein jour ? Pourquoi ? Des détecteurs de présence ? Des caméras ? Où... Ah ici, juste au-dessus de la porte, je n'avais pas prévu ça.

— Victor ? dit Sasha en regardant son visiteur sur l'écran juste à côté de la porte dans le hall d'entrée. Je t'ouvre. Sasha le tutoie ? Peu importe.

La serrure de la porte d'entrée du funérarium émet son petit bruit électrique. Tandis qu'il s'applique à essuyer ses pieds sur le paillasson extérieur le bruit de la porte retentit de nouveau, mais cette fois le son est plus bref. Qu'est-ce que... la porte s'est refermée... pourquoi ?

23h36

Le bouton ne fonctionne plus ?

— Vous m'entendez ? Sasha ? Sasha Menerva ?

Sasha recule, abasourdie, là... au fond du parking... derrière l'image de Victor sur l'écran : un Land Rover. Le Land Rover ! Non c'est impossible ! Une montée d'adrénaline irrigue son cerveau et tous ses mécanismes de défense se mettent en marche. Victor, le Land Rover garé là, Bruno, Salima... un piège. Oh Nathan tu avais raison, mon dieu ! Bruno ! T'as fait ça ? Elle recule encore et trébuche sur le cordon rouge reliant les poteaux de guidage disposés devant le livre des condoléances.

23h37

Elle a compris, vite, il faut entrer maintenant ! Quatre cinq huit trois : pas compliqué de récupérer le code, un petit coup de fil aux pompes funèbres en se faisant passer pour la maintenance et hop. C'est fou ça, il est beau ce code. Orange foncé, voilà la couleur de ce chiffre, j'aime beaucoup, et il a presque une odeur de menthe.

« Bzzzzzz »

Voilà, où est-elle... le hall est grand... Le Lüger ? C'est bon je le tiens bien, il est chargé. Là, un poteau tombé. La porte juste derrière, sans doute celle où se trouve Salima. Et donc Sasha. Encore un digicode : six huit trois neuf.

« Bzzzzzz »

23h38

Sasha a saisi le poteau tombé à terre avant de se retrancher dans la chambre mortuaire. Elle le lance de toute ses forces en direction de Victor qui vient de franchir le seuil. Par réflexe, il se protège de son bras gauche. Elle se jette aussitôt sur lui telle une panthère, pour tuer, les deux mains en avant, toutes griffes dehors, sans crier, concentrée sur sa survie, sur le duel qui s'engage. Elle les plante littéralement dans les deux joues de Victor. Elle rétracte ses pattes félines comme pour arracher le visage de son agresseur. Victor crie et la repousse violemment. Elle s'étale contre les chaises jusqu'ici ordonnées du dernier rang. En appuyant sur la détente en direction de Sasha qui tente déjà de se relever, rien ne se passe.

Pourtant il est chargé, d'habitude il fonctionne... Enrayé ?

Sasha s'est relevée mais trébuche à nouveau. Victor remet l'arme dans la poche de sa veste et parcourt la salle des yeux. Il ramasse le poteau chromé surmonté d'une boule lancé par Sasha quelques secondes auparavant. Celle-ci tente de se précipiter vers la porte au fond de la pièce mais Victor est déjà quasiment sur elle. Elle tourne la poignée : fermée. Elle tente un regard vers le fou qui ne dégage aucune expression malgré ses joues en sang : Victor la frappe alors de toutes ses forces au visage avant même qu'elle ne puisse esquisser un geste de protection.

23h43

L'œil encore valide de Sasha s'ouvre brutalement sous la douleur insoutenable qui lui transperce le cerveau. Elle hurle mais seul un gargouillis rauque franchit le seuil de ses lèvres. Elle tente de se lever, de mettre la main à ses yeux, à sa bouche, à la douleur insensée semblant irradier de quelque part sur sa gauche, mais Victor la plaque sans ménagement sur le lit réfrigéré où reposait Salima quelques instants plus tôt.

Je la croyais morte, avec le coup que je lui ai asséné, ce bruit que j'ai entendu et tout ce sang qui coule sur le côté de son oreille, j'étais certain…

Victor interrompt sa découpe.

Le Lüger ne fonctionne pas, il faut pourtant en finir. Le cutter, la gorge… vite, ne pas réfléchir…

La pupille de Sasha s'écarquille démesurément tandis qu'elle sent la vie s'écouler de sa gorge tranchée. Son œil bleu hurle de terreur et de douleur tandis que Victor reprend la découpe du tatouage sur son bras gauche sans même attendre que la vie ait quitté le corps de sa victime. À l'instant de perdre conscience, le cerveau de Sasha enregistre une dernière image : le corps de la petite Salima tombé sur la première rangée de chaises dans une position improbable, raide… son bras s'est détaché et a glissé dans la manche, lui faisant un membre presque deux fois trop long. Sa tête en bas est tournée vers sa mère et une paupière s'est décollée sous le choc. Elle semble regarder sans comprendre sa mère exhaler son dernier râle. Maman, viens !

4

09 janvier 2015

Mais c'est pas vrai, Castelet est déjà là ? Elle dort dans sa bagnole ou quoi ? Ça caille ce matin merde, et le chauffage de la R16 n'est pas bien vaillant. Et même pas eu le temps de prendre un jus. Quel métier...

La scientifique est arrivée, le légiste et les agents de l'ordre aussi. Ils n'attendent plus que lui pour entrer. Il les a prévenus au téléphone : personne ne pénètre avant lui dans le funérarium. Il veut tout percevoir, ne rien rater. Il veut la scène dans son jus, vierge, c'est là où il est le meilleur.

— Personne à l'intérieur ? demande-t-il à Marie Claude qui sautille d'un pied sur l'autre dans le froid matinal.

— Bonjour Capitaine, dit Marie-Claude en appuyant sur le « Bonjour », il ne pourrait pas être un minimum poli ce mufle ?

— Qui a donné l'alerte ?

— Le gardien. Il est là.

Marie-Claude désigne d'un hochement de tête un homme assis sur un banc face à l'entrée du bâtiment. Il s'affaire sur son portable. Pierre-Antoine lui saute dessus :

— Le portable, dit-il en tendant la main.

— Quoi ? dit l'homme.

— C'est une scène de crime, je ne veux rien voir filtrer.

— Mais je ne fais rien là.

Pierre-Antoine lui arrache le téléphone ouvert à la page SMS. Il parcourt sans gêne l'écran puis jette violemment le téléphone pas terre.

— Oh vous êtes malade ou quoi ? crie l'homme en se levant.

– Alors comme ça on balance des infos sur une scène de crime ? Avec des photos en plus ? C'est destiné à qui ces SMS ? On va reparler de tout ça monsieur... monsieur ?...

Mais il n'attend pas la réponse.

– Vous êtes qui ? reprend-il.

– Le gardien, je suis chargé d'ouvrir le funérarium et de tout préparer pour la journée monsieur... monsieur ? répond l'homme sans se laisser démonter en mimant l'attitude du capitaine. Vous êtes dingue ? demande-t-il en montrant le portable ouvert en deux, un truc comme ça ça vaut des ronds ! Va falloir me rembourser ! Ça ne va pas se passer comme ça c'est moi qui vous le dit !

– Capitaine De Kerimel. C'est moi qui commande ici ! On se tient à carreau et on fait ce que je dis. Capito ?

– Capitaine de Caramel mon cul ouais, dit le gars dans sa moustache.

– Pardon ?

– Oui monsieur j'ai dit, ironise le gardien en mimant le salut militaire.

– C'était déjà ouvert ce matin à votre arrivée ?

– Non la porte se referme toute seule, elle était verrouillée comme d'habitude.

– Et après ?

– Et après je suis entré et j'ai vu du bordel, le livre des condoléances était par terre et les poteaux délimiteurs aussi. D'ailleurs il y en a un dans la chambre funéraire de la petite, d'habitude ça reste dans le hall.

– Et après ? s'impatiente De Kerimel.

Marie-Claude se dit qu'un peu de tact et de gentillesse ne seraient pas de trop envers un homme arrivé le premier sur une scène traumatisante. Elle ne se gêne pas pour le lui faire gentiment, pense-t-elle, la remarque.

– Vous rigolez ou quoi ? Ce voyeur a pris des photos et les balance à je ne sais qui !

Pierre-Antoine s'avance.

– Allez on y va, le code monsieur... monsieur ? Bon après tout rien à secouer de son nom.

Le gars compose le code pendant que Pierre-Antoine repère la caméra au-dessus de l'entrée.

– Ça enregistre ça ? Il y a des bandes ?

– Non Monsieur le commandant, ça permet juste de voir qui veut entrer quand on est à l'intérieur.

– Ben mon vieux vous n'avez pas fait l'école de la sécurité, on dirait, raille le capitaine.

– Vous croyez quoi ? Qu'on est dans une banque ? s'agace le gardien, ou à Hollywood et qu'il y a Marylin Monrœ à l'intérieur ? Ici on est complètement paumé, y'a rien autour, qui viendrait s'amuser à piquer des macchabées la nuit ? Frankenstein peut-être ?

Le gardien rit tout seul, heureux de sa vanne.

– Et il y a un code c'est déjà pas mal non ? reprend-il.

Ouais super, y'a un code on est sauvé, pense Pierre-Antoine en entrant dans le hall, suivi de Marie-Claude et la clique habituelle. Il commence à mitrailler avec son portable.

– Début de chantier Castelet, on se réveille. Qu'est-ce qui s'est passé ici ?

Marie-Claude est concentrée, regarde autour d'elle, enregistre le livre tombé, les poteaux dont un git à terre, le cordon de velours.

– Pour l'instant, je dirais qu'on s'est battu, Capitaine.

– Rien d'autre ?

– Quelqu'un a heurté le présentoir du livre et il est tombé.

Marie-Claude se sent comme à la maternelle mais elle prend sur elle.

– Rien d'autre ?

– Pour le moment non, dit-elle en continuant de scruter

le hall. Elle fait un tour sur elle-même et prend le légiste en flag de se curer la narine gauche. Ce dernier ne fait même pas mine d'arrêter la manœuvre. La prise est de taille et il ne faudrait pas que ça lâche.

– Et le cordon Castelet ? Vous croyez qu'il tenait tout seul ? À votre avis il ne manque pas un poteau là ?

Non mais c'est pas possible, pense-t-elle, le gardien vient de lui dire que le poteau est dans la chambre mortuaire et il la ramène genre « j'ai remarqué le détail du siècle ». Elle commence à se demander ce qu'un guignol comme lui fait dans la police. Elle ne se laisse pas déconcentrer.

– Donc s'il manque un poteau, on va le trouver où ? À moins que Gérard Majax nous ait fait un bon vieux tour et que le putain de cordon tenait tout seul en l'air ? continue-t-il.

Il va falloir qu'il arrête ça, je ne vais pas tenir une éternité, pense Marie-Claude. Pierre-Antoine regarde les poteaux, il en dénombre trois. Il a horreur de ce chiffre. Il cherche le gardien des yeux.

– Le code ! demande-t-il...

L'homme s'approche et s'arrête devant le digicode. À ce moment-là le gardien sent sa toute puissance. Et s'il n'ouvrait pas ? Le Commandant de Mon Fion aurait bonne mine tiens.

– Euh capitaine ? tente Marie-Claude.

– Quoi ? demande Pierre-Antoine irrité d'être brisé dans son élan.

– Vous ne voudriez pas procéder aux prélèvements sur le digicode avant d'entrer ? demande Marie-Claude, on ne sait jamais on peut trouver d'autres empreintes que celles du gardien.

Il la regarde d'un air mauvais mais elle a raison... encore. Merde.

– Faites-moi ça dans les règles, dit-il aux gars en blanc,

et mettez pas trois heures.

Il se sort une clope et fait le tour du hall en cherchant des caméras des fois que l'autre idiot ne connaitrait pas leur présence. Mais rien.

— Quelqu'un a du feu ?

Il n'a toujours pas retrouvé son Zippo, vraiment ça l'emmerde. Personne ne fume ? Le gardien avait pourtant une clope au bec en arrivant... Plus personne ne s'entraide sur cette terre. Mais plutôt crever que de demander son Bic à ce cave. Il range la cigarette directement dans la poche de son cuir.

— On a ce qu'il faut pour le digicode capitaine, dit l'un des gars déguisé en spermatozoïde.

— Alors on y va, dit Pierre-Antoine.

Le gardien prend tout son temps pour l'agacer encore un peu : six... huit... trois...neuf. La porte s'ouvre juste avant que Pierre-Antoine ne s'énerve. Il entre et la lumière s'allume automatiquement. Quatre rangées de huit chaises à vue de nez... quatre rangées donc de toute façon le nombre total est pair, c'est bon. Un corps est allongé sur la table au fond de la pièce : une chambre mortuaire ordinaire, si ce n'est que deux petits pieds dépassent du haut des chaises de la première rangée. Il manque une chaussure. Le portable prend les photos habituelles de sa progression dans la pièce. Il passe par le côté gauche, il n'y a pas d'allée centrale. Il aurait préféré voir deux blocs de chaises mais bon. Il faudra qu'il arrive à se débarrasser de ce toc débile un jour. Un jour... En arrivant au niveau du lit de mort, Pierre-Antoine découvre la scène. C'est plein de sang tout autour, et Salima gît la tête en bas contre une chaise, sa jolie robe retroussée si bien qu'on aperçoit sa culotte. Pierre-Antoine s'approche encore du lit, suivi par Marie-Claude qui écarquille les yeux, une main sur la bouche.

– Oh Castelet, pas de blague hein, j'ai autre chose à foutre que de vous faire du bouche à bouche pour vous réanimer hein ! raille-t-il. Il reporte son regard sur le cadavre allongé et le sang reflue soudain de son visage. Il se cramponne au bord de la table réfrigérée, pas bien loin du malaise :

– Sasha ! crie-il de surprise, putain c'est pas vrai !

Marie-Claude la reconnaît aussi immédiatement, s'étant entretenue avec elle lors de l'accident de sa fille. Le côté gauche du visage de Sasha ne ressemble plus à rien. Il a été défoncé, vraisemblablement avec une force inouïe. Avec quoi ? Pierre-Antoine aperçoit le poteau ensanglanté près de la porte du fond.

– Vous voyez Castelet, l'arme du crime, il suffit d'observer.

Marie-Claude s'efforce de rester lucide malgré ses jambes molles. Elle se concentre pour ne pas flancher.

– Tu peux nous faire un topo ? demande Pierre-Antoine au légiste entré à leur suite.

Ce dernier s'approche, nullement impressionné, en soufflant par les narines histoire de parachuter un éventuel rescapé de sa recherche manuelle. En professionnel averti il saisit ses lunettes attachées au bout de leur fil vert fluo, et les ajuste sur son nez.

– Carotide sectionnée en profondeur, vraisemblablement la cause du décès vu le sang. Je confirmerai à l'atelier mais on a dû lui faire ça alors qu'elle était encore en vie.

Il se met à faire le tour du cadavre, concentré.

– Boite crânienne enfoncée de la pommette jusqu'à la tempe, l'œil a presque jailli de son orbite. C'est sans doute préalable au décès du sujet… Il manque un bout de chair d'environ douze sur sept centimètres dans la partie intérieure du bras gauche. Ça a bien saigné, je dirais qu'on l'a découpée encore vivante.

– Un bout de chair ? Ça veut dire quoi ?

– Je ne sais pas, en tout cas on dirait un endroit choisi, la découpe est assez régulière, c'est pas par hasard.

– Heure approximative du décès ?

– Dur à dire, sur une table réfrigérée, ça aide pas, dit le légiste d'un air détaché.

– Tu pourras savoir ?

– À l'atelier.

Marie-Claude est dégoûtée par le légiste. En plus d'être un immonde dégueulasse il parle d'atelier comme s'il y faisait de la mécanique. Soudain elle n'est plus certaine d'avoir envie de faire ce métier si la Maison regorge de zonards comme ces deux-là. Et Salima ? demande-t-elle le cœur serré au légiste, quitte à se faire remettre dans ses vingt-deux par De Kerimel.

– Elle a été balayée sans ménagement, le gars a débarrassé la table quoi, ricane le légiste. Si vous voulez l'heure exacte où le gars a modifié le plan de table ça va être plus compliqué, blague-t-il.

Marie-Claude a vraiment envie de lui foutre sa main sur la gueule.

Partie 3
Lancinant poison

1

— Chuck? Tu es bien matinal, et pourquoi ne m'appelles-tu pas sur Télégram?

— Salut le taré, je ne peux pas il y a urgence!

— Y'aurait-il un bug?

— Non c'est pire que ça, on a surement fait une erreur quelque part, ça craint. Les cyberflics sont sur ma piste...

— Comment ça?

— Je ne sais pas, les alarmes sonnent de tous côtés. Impossible de savoir comment ils ont trouvé une faille, ils doivent être sur les dents. Pour tout te dire, ils m'épatent, ils ont dû embaucher un cador pour réussir ce coup-là.

— Je pensais qu'on était au top sur le sujet...

— Moi aussi mais ils ont dû recruter un gars dans la confrérie des meilleurs en le piégeant ou en lui offrant je ne sais quoi. Il y a toujours des brebis galeuses pour oublier l'Idéal et se ranger dans le confort de la société en échange d'un petit paquet de blé. Les hackers restent des hommes et de ce fait sont faibles et susceptibles un jour d'être corrompus, il suffit de mettre le bon prix au bon moment. Un instant de faiblesse et hop, changement de camp...

— On a tout blindé, ça me semble impossible.

— Tu sais bien que c'est la course éternelle entre nous et eux. Souvent on a le dessus, et parfois ils marquent un point grâce à un traitre. C'est comme ça.

— Et le projet? C'est fichu?

— Non frère...

Nous ne sommes pas frères pourquoi dit-il ça?

— ... c'est trop tard. J'ai tout préparé, je n'ai plus qu'à allumer la mèche, ils ne pourront rien faire. Sébastien ne sera pas mort pour rien, la recherche va enfin avoir les moyens de trouver des solutions pour les autres enfants concernés.

– Que va-t-il arriver ? Ils vont venir te chercher ?

– Peut-être pas, mais ils ont infiltré mon réseau. Je ne pense pas qu'ils m'aient encore identifié mais c'est une éventualité. En tout cas c'est une question de temps. Mais n'aie crainte, j'ai mené à bien ma mission. Le reste, je m'en fous.

– Je ne veux pas qu'ils t'arrêtent.

– Oh le taré, pas de panique, il n'y a rien d'écrit va savoir. Et puis ce qu'on veut, ce qu'on ne veut pas tu sais... ça n'a jamais rien empêché. Et de toute façon qu'est-ce qui peut m'arriver de pire que d'avoir perdu Sébastien ? Si des gars dans la même situation avaient songé à se mouiller un peu avant moi, les médecins auraient eu les moyens de trouver le bon traitement. Au lieu de ça ils ont attendu des budgets fantômes et ils ont fait l'aumône avec leur Téléthon et autres conneries.

– Je n'ai que toi et papa.

– Et ta mère.

– Oui mais je ne sais pas si elle comprend bien ce que je suis.

– Qui tu es tu veux dire.

– Je ne sais pas si je suis quelqu'un depuis Victoire.

– Dis pas de connerie ! En tout cas écoute-moi bien : pour lancer la bombe il me faut encore la journée. Alors plus un mot, on se recontacte après l'orage.

– Et Télégram ?

– Tu arrêtes immédiatement. De toute façon je suis en train de couper. D'ici une heure il n'y aura plus de trace. Désolé pour ton père mais tu iras le voir, il faut arrêter tout de suite vos communications... Oh putain, encore une alerte qui tombe, ils sont vraiment à fond. Je te laisse, j'essaye de me barricader, il me faut encore un peu de temps. Tchô.

Green... tu n'as pas l'air en forme, on dirait que ça se termine. À combien en étais-tu ? Cinquante-huit pour cent d'eau douce... Tu pulses encore mais c'est faible, sans tonus. Attends je compte tes pulsations et j'envoie les données sur le cloud. Je suis désolé Green, il te faut mourir, tu serviras la connaissance. Et puis Victoire en a besoin pour s'en aller, pour cesser de bruler. Elle doit se reposer maintenant, et moi aussi, il le faut.

« Bibibip... Bibibip... »

La ligne Télégram de papa... Chuck a dit d'arrêter. Ne pas répondre. Mais c'est papa ! Pourquoi appelle-t-il ? Et si c'est grave ? S'il est en danger ? Ne pas répondre... pour Chuck.

« Bibibip... Bibibip... »

Papa insiste... c'est forcément important. Qu'a dit Chuck ? Dans une heure il aura tout coupé. S'il ne l'a pas déjà fait c'est qu'il a encore le temps de répondre à papa sans mettre en danger Chuck.

— Papa

— Oui Victor c'est moi.

— Papa il ne faut plus communiquer, Chuck est en danger.

— Ecoute mon fils, écoute-moi attentivement.

— Oui papa.

— Je vais sortir Victor, on va se revoir.

— Tu es libéré ?

— Oh non, ça ne risque pas. Mais je dois en finir avec tout ça. Tu as raison Victor, des gens m'ont fait un mal de chien.

— Je sais papa, je sais tout.

— Il reste encore des personnes qui ont fait de ma vie un enfer. Tu les connais. Il faut que tu m'aides à finir ce que tu as commencé. Mais Nathan... Nathan... lui je le garde pour moi.

— Si tu veux papa je peux m'en occuper tu sais.

— Non ! Il m'a trahi de la manière la plus douloureuse qui soit. Je dois régler ça face à face, sans maton pour le protéger. Ça sera juste entre lui et moi.

— D'accord papa, je veux bien mais comment puis-je t'aider ?

— Ecoute-moi bien Victor : il y a encore une autre personne qui a foutu ma vie en l'air... et elle va être la clé.

— Explique moi tout papa, on ne pourra plus communiquer après ça.

— Ça ne sera pas très long mon fils.

Tiens, Green ne pulse plus...

***

— Capitaine De Kerimel, et voici le lieutenant Castelet, dit Pierre-Antoine en arborant sa carte de police.

— Bonjour, dit Jeremy.

— On peut entrer ?

Jeremy s'écarte de la porte pour l'ouvrir en grand. Marie-Claude emboite le pas de son supérieur.

— Toutes nos condoléances monsieur Thébaud, dit-elle en passant devant lui.

— Merci, dit Jeremy la mine contrite.

Pierre-Antoine est déjà à l'intérieur, les deux mains dans les poches de son long cuir élimé. Il entend les condoléances de Marie-Claude et ne peut réprimer un rictus d'agacement. Elle sent une bouffée de colère monter en elle, quel mufle insensible.

— On peut s'asseoir quelque part ? Nous avons quelques questions à vous poser.

Jeremy referme lentement la porte. Pierre-Antoine se demande si le gars est toujours aussi mou en regardant autour de lui. Il n'est lui-même pas le roi de la déco mais c'est quand même un peu n'importe quoi : une maison neuve ou quasiment, mais l'intérieur bon sang ! Sasha Menerva n'avait manifestement aucun goût : un vieux buffet en bois dans l'entrée trône près d'un coffre en plastique vert renfermant manifestement des jouets. Une ampoule nue pend du plafond et un fil électrique passe au-dessus de la porte, tenu par des crochets vissés à la va-vite dans la cloison. Jeremy indique une porte d'un geste vague dans un signe d'invitation... Les deux policiers entrent dans ce qui semble être la salle à manger et le capitaine s'installe sans plus demander l'autorisation à la grande table en bois dont la moitié est cachée par un monceau de paperasse en désordre.

— Je vous en prie, dit Jeremy cyniquement.

— Pierre-Antoine ne relève pas.

— Je peux ? demande Marie-Claude.

— Oui bien sûr, dit Jérémy en répétant son geste d'invitation.

— Asseyez-vous monsieur Thébaud. Nous sommes ici comme vous vous en doutez au sujet de votre femme. Elle avait des ennemis ?

Marie-Claude jette un regard glacial à son supérieur. Comment peut-il être si brutal devant un homme qui vient de perdre sa femme et sa fille ? Pierre-Antoine semble comprendre le message :

— Désolés de faire intrusion chez vous, dit-il en accompagnant ses mots d'un geste théâtral pour faire comprendre à Marie-Claude combien les ronds de jambe l'emmerdent profondément. Nous sommes navrés de ce qui vous arrive et nous comprenons que ce soit difficile d'en parler dès à présent, mais chaque minute est importante si on veut coincer le malade qui a fait ça. Et croyez-moi, on va l'attraper !

— Non ça va, répond Jérémy, je vous écoute.

– Vous auriez du café ? demande Pierre-Antoine sous l'œil désapprobateur de sa coéquipière.

– Monsieur Thébaud, votre femme avait-elle des ennemis ? Quelqu'un qui lui en veuille ?

– Vous savez inspecteur, on ne voit pas beaucoup de monde, un peu la famille mais c'est tout. À part le boulot je ne vois pas.

Inspecteur... Il ne sait pas que ce grade n'existe plus dans la police française ?

– Comment ça à part le boulot ? Elle avait des soucis au labo ?

– Elle revenait souvent agacée, dit Jérémy du fond de la cuisine. Mais je dois dire qu'elle s'énervait plutôt facilement. Et certaines personnes l'avaient certainement en grippe.

Jérémy enquille la capsule dans la machine à café et presse le bouton. En entendant le ronflement de la machine Pierre-Antoine se dit qu'il va encore boire un de ces cafés dégueulasses, lui qui ne jure que par les cafés à l'ancienne, dans des cafetières à l'ancienne avec des filtres papier à l'ancienne. Il pense à Betty et à son excellent breuvage bien fort. Il donnerait cher pour y être en ce moment plutôt que d'avoir encore hérité de cette enquête, comme s'il n'avait pas assez à faire. Quand donc Beluga allait-il revenir de s'enfiler des rhums chez les bamboulas ? Ah si Castelet avait un peu de plomb dans la tête il aurait pu lui déléguer cette nouvelle affaire, mais elle est trop jeune dans le métier, juste bonne à se faire trainer comme un boulet en attendant de peut-être comprendre un jour les ficelles du métier. Jusqu'ici, à part une ou deux bonnes intuitions, elle n'a pas fait preuve d'une incroyable pertinence. Il se demande même si elle serait capable de résoudre quelques énigmes à Fort Boyard.

– Excusez ma question, mais comment ça se passait au

niveau de votre couple ? demande Marie-Claude.

Pierre-Antoine la regarde mais décide de laisser faire. Il n'a pas bu de café aujourd'hui et il ne pense qu'à ça, hormis le fait qu'il prendrait bien aussi une bonne rasade de la fiole qui pèse dans sa poche. Depuis ce matin il n'a rien pris et ça l'obsède un tant soit peu. Jérémy ne semble pas gêné par la question et s'assoit face à Marie-Claude en posant le café devant le capitaine.

– Vous auriez deux sucres ?

Marie-Claude lève les yeux au ciel. Pierre-Antoine la regarde en souriant outrancièrement et Jérémy se relève sans rien laisser paraître. Elle parcourt la pièce des yeux : le canapé est en désordre et une manette de jeu déroule son fil jusqu'à une console sous la télé allumée. Elle est en pause sur une image de zombie ensanglanté. Sa femme et sa fille sont mortes ces deux derniers jours et il joue aux jeux vidéo ? Étrange bonhomme... Jérémy revient en tenant une boite à sucre datant surement de sa grand-mère et la pose lentement devant De Kerimel qui ne daigne même pas esquisser un merci. Marie-Claude reprend la parole avant que le capitaine ne se réapproprie le pouvoir.

– Nous sommes véritablement navrés de vous importuner, la douleur doit être terrible, je n'ose même pas l'imaginer.

Pierre-Antoine se sert dans le sucrier suranné puis le referme d'un air absent

– Nos questions sont nécessaires mais si jamais c'est insupportable nous pouvons différer l'entretien. Sachez que plus vite nous en apprendrons et plus vite nous arrêterons l'assassin comme vous l'a signifié le capitaine.

Pierre-Antoine ouvre de nouveau le sucrier pour y piocher un deuxième sucre. Deux... ok.

– Comment allait votre couple monsieur Thébaud, répète doucement Marie-Claude.

Jérémy semble réfléchir, comme s'il pesait sa réponse.

– Mon couple… il sourit d'un air neutre. Nous n'avons de couple que le nom, et ceci depuis bien longtemps. Pour tout vous dire, nous n'avons pas eu de rapports depuis la naissance de Guillaume alors vous voyez…

– Guillaume ? Il a dans les dix ans non ? Salima est bien plus jeune pourtant… je voulais dire était, se reprend-elle en rougissant.

Jérémy se tait et semble réfléchir en regardant la nappe à carreaux en toile cirée.

– Salima… elle n'est pas de moi. Ce n'est pas ma fille.

– Et elle est de qui ? demande le capitaine soudain réveillé.

– Je ne sais pas… mais je connais des candidats ça c'est sûr.

– Que voulez-vous dire ? Votre femme vous trompait ?

Marie-Claude s'étonne une fois de plus du manque de tact de son supérieur, mais Jérémy ne parait pas gêné. Il semble même avoir envie d'en parler.

– Sasha était un drôle de zèbre. Indomptable. Elle couchait avec d'autres hommes depuis toujours.

– Et ça ne vous gênait pas ? demande Pierre-Antoine.

– Vous savez, on jouait ce jeu depuis toujours inspecteur.

– Capitaine !

– Capitaine si vous voulez… Je sais qu'elle me trompe depuis avant même qu'on ne soit mariés.

– Qu'est-ce que c'est que ça ? Qui peut supporter un truc pareil ? demande Pierre-Antoine. Dites donc, ça fait une sacrée raison de lui en vouloir ça…

Marie-Claude tente de reprendre la direction de l'entretien avant que son chef ne parte dans des jugements taillés à l'emporte-pièce.

– Vous pouvez nous raconter ? demande-t-elle.

– Oh il n'y a rien de glorieux, elle a besoin d'hommes,

c'est tout, de vrais.

— Comment ça ?

— Eh bien nous nous sommes mariés à sa demande. Je ne suis pas dupe, j'ai une bonne situation et elle aime le confort, les maisons, les voitures. Et moi, eh bien...

— Oui ?

— Eh bien je suis homosexuel, dit-il en baissant les yeux.

Pierre-Antoine s'adosse à sa chaise en laissant tomber ses bras de chaque côté. C'est pas vrai bordel, ils le poursuivent ou quoi ? Delpierre, Canif, et maintenant ce cocu ? Tous des fiottes ? Mais qu'est-ce qu'il a fait au Bon Dieu ? Marie-Claude reprend :

— Il n'y a aucune honte à ça... Pourquoi vous être marié alors ?

— Oh je voulais juste une vie normale, une femme, des enfants, une maison, comme mes parents, comme tout le monde quoi. Être avec Sasha m'allait très bien. Elle faisait ses propres rencontres, je faisais les miennes. On a même réussi à avoir Guillaume ensemble, enfin je crois. Ça nous allait, comme un écran de fumée sur nos vies réelles.

— Votre femme savait pour votre homosexualité ?

— Je ne sais pas, non je ne crois pas, j'ai toujours fait très attention et je ne voulais pas qu'elle en souffre. En tout cas on n'en a jamais parlé.

— Et vous, vous saviez donc pour ses adultères ?

— Oui. J'aimais ça quelque part. Je l'espionnais non pas par jalousie mais par curiosité. Je ne pense pas qu'elle ait su que j'étais au courant. Je la laissais vivre ses aventures en mari naïf. Pendant ce temps-là elle ne me posait pas de questions et elle arrivait à trouver un peu de plaisir à la vie.

Non mais quel gros fêlé, pense Pierre-Antoine. Il n'a vraiment plus envie d'être assis là.

— Elle n'était pas heureuse ?

— Eh bien elle était obsédée par son père. Elle ne pensait

qu'à ça, ça lui bouffait la vie. D'ailleurs elle a gardé le nom de son père, tout ce qu'elle a de lui. Elle n'a pas voulu prendre le mien lors de notre mariage. L'arrivée de Salima a fait illusion pendant un temps mais ça a fini par revenir. Son père est parti alors qu'elle était toute petite et encore en Algérie. Elle n'a jamais digéré l'abandon et aurait fait n'importe quoi pour le retrouver.

– Vous parlez de la naissance de Salima… Vous ne savez donc pas qui est le père ? Pourtant vous connaissiez ses relations d'après ce que vous venez de nous dire.

– Eh bien… en temps normal dirais-je, j'aurais pu le savoir, mais à cette époque-là c'était un peu plus compliqué…

– Dites-nous.

– Eh bien elle avait deux relations simultanées. Donc je ne sais pas qui est le père.

Je le savais bien qu'elle avait un truc pas sain cette Sasha, pense Pierre-Antoine. Avec sa voix aguicheuse quand il passait au labo ou quand il l'avait au téléphone, il ne pouvait pas la sentir.

– Elle avait des activités en dehors du travail ? C'est là qu'elle trouvait des amants ? demande Marie-Claude.

– Non, rien. Elle faisait son jardin ici, c'est tout. Et nous n'avons que très peu d'amis.

Tu m'étonnes, pense Pierre-Antoine.

– À votre place je serais furax, dit-il. Je comprendrais parfaitement que vous puissiez lui en vouloir à mort : votre femme infidèle, votre fille qui n'est pas de vous, ça fait deux sacrés bons mobiles pour faire le ménage.

– Vous m'accusez inspecteur ? demande Jérémy. Remarquez, je me doutais bien que ça allait se passer comme ça. Évidemment il semble bien que j'aie toutes les raisons d'être suspecté.

– Et ce n'est pas vous ?

— Bien sûr que non. Je suis rentré directement avec Guillaume hier soir.

Marie-Claude tente de reprendre le fil de l'entretien : Vous dites qu'elle ne sortait pas et n'avait pas beaucoup de connaissances. Où trouvait-elle ses relations alors ? demande Marie-Claude.

— Eh bien… au boulot, dit Jérémy.

— Quoi ? Au boulot ? Au labo ? demande Pierre-Antoine qui semble trouver la réponse intéressante.

— Oui exactement.

Pierre-Antoine n'en croit pas ses oreilles. Dans la police ? Il y a des gars qui tombent dans les filets de filles comme Sasha ? C'est pas vrai ! Dans la maison il pensait que la plupart avaient quand même des vraies valeurs familiales, du respect pour les conventions sociales et le mariage en particulier. Mais bon, la plupart ce n'est visiblement pas tout le monde…

— Alors allons-y tant qu'on y est, dit-il en prenant un air ahuri et désabusé, qui sont les heureux élus qu'on se marre ?

— Vous nous dites que Sasha a eu deux relations en même temps et que l'une de ces relations est vraisemblablement le père de Salima, c'est bien ça ? résume Marie-Claude.

— Oui c'est ça.

— Vous êtes d'accord pour nous donner les noms ?

— Je n'ai plus grand-chose à perdre et je ne peux plus lui faire de mal désormais, dit Jérémy visiblement peiné à cette idée… Et dans ma posture de potentiel suspect je préfère jouer carte sur table pour tout vous dire.

Sans paraître complètement démoli non plus. Il reprend :

— Sasha couchait à l'époque avec ses collègues Nathan Sergent et Bruno Canif… et oui, en même temps.

Pierre-Antoine crache sa dernière gorgée de café sur la nappe.

2

Marie-Claude ouvre la vitre de la R16. Pierre-Antoine fume. Elle a bien essayé de lui dire à quel point ça l'incommode mais il n'a même pas fait semblant d'entendre. À peine entré dans la voiture il a bu une longue rasade de Whisky sans faire cas de sa présence avant de s'allumer une cigarette, chargeant encore davantage l'atmosphère. Tiens, il a trouvé des allumettes...

— Putain d'histoire merde, dit-il, pourquoi c'est toujours sur ma pomme que ça tombe ?

Marie-Claude tient la photo de Sasha que Jeremy lui a donnée entre ses doigts. C'est une jolie femme, c'est sûr, en maillot de bain sur le cliché et le bras gauche bien dégagé. Ils n'avaient pas fouillé longtemps dans les photos. D'après Jérémy, la famille n'est pas vraiment du genre à entasser les albums mais ils avaient quand même trouvé celle-là.

— Pourquoi avoir fait sa vie avec ce gars ? Elle avait tout pour elle, physiquement en tout cas.

— Cette garce couchait avec Bruno ! C'est pas possible ! Je ne vais donc jamais en finir avec lui ? Il est en taule et un pédé et une garce sont quand même morts depuis.

— Et une petite fille capitaine.

— Il les connaissait plus que bien tous les deux... Il en ramonait une et se faisait ramoner par l'autre.

Marie-Claude contemple toujours la photo, hermétique à l'homophobie incurable de son poivrot de chef.

— Et ce tatouage découpé, incroyable.

— Oui, un gros taré de psychopathe mon petit. Et vous savez la meilleure ? Je n'ai rien dit tout à l'heure mais ce tatouage...

— Oui ?

– Bruno a le même. Au même endroit. Sasha avait une méduse rouge et Bruno en a une bleue.

– Excusez-moi capitaine, vous pouvez vous arrêter deux minutes ?

– Pour quoi faire ?

– Les femmes ont leurs règles et je suis un peu en panne de tampons. Alors sauf si vous en avez dans vos poches, j'aimerais en acheter juste là avant que je ne tâche les sièges de votre Rolls.

Pierre-Antoine vide le reste de sa fiole en regardant Marie-Claude se diriger vers le magasin. Il gamberge à toute vitesse. Sasha… Bruno… Salima était peut-être même leur fille. Qui donc a le plus de légitimité de haïr mère et fille hormis ce Jérémy qui manifestement n'en a rien à foutre ? Bruno est en taule et de toute façon pourquoi tuer sa fille ? Sauf évidemment si c'était celle de Nathan… Dans ce cas-là ça pouvait être la guerre des coqs. Bon de toute façon Bruno est enfermé. Putain si Judith savait ça… Mais qu'est-ce qu'elle fout, y'a pas de tampons assez gros ou quoi ? Judith… la pauvre. Il est possible qu'elle ait su pour Bruno et Sasha. Comme elle a dû souffrir alors. Ça aurait pu être facile pour elle vu son métier de trouver le moyen de fouiller dans les affaires de Bruno. Remarque, il suffit de tout simplement tomber sur un message et hop, pas besoin d'avoir fait Saint-Cyr pour découvrir le pot aux roses. Il secoue sa bouteille en se demandant s'il a quelque chose pour la remettre à niveau chez lui… Judith… Oui c'est Judith, forcément ! Ça crève les yeux, elle les a tués ! Elle a dû en crever de rage quand elle l'a appris. Elle a tout fait pour prendre soin de son mari en se sacrifiant jusqu'à supporter son imbécile de fils et comment l'a-t-il remerciée ? En la trompant ! Et non seulement ça mais en faisant des gosses ailleurs… Sous son nez, au boulot. Elle devait le regarder partir le matin en pensant à son mari chéri en train de tringler la pouf du labo. Comme elle a dû pleurer. Si seulement elle l'avait gardé, lui qui l'aimait tant, au lieu de dépérir avec ce Bruno. Il l'a rendue si malheureuse. Bon Dieu comme il le hait. Et découvrir que son propre mari avait par-dessus le marché une relation avec un mec ! Pas de doute, elle a perdu la raison, elle les a tués pour soulager cette douleur sourde et lancinante, le sentiment d'avoir été humiliée, bafouée... Judith... Je suis désolé, je suis flic et je dois mettre fin à cette folie, c'est mon devoir. Ce n'est pas de ta faute Judith, je te comprends, je vis ta douleur, mais je dois le faire... Ça doit finir, et je te protègerai, je serai à tes côtés. Et tu auras des circonstances atténuantes, peut-être même seras-tu relaxée. Il regarde son portable qui vient de vibrer : l'auteur des attaques contre la bourse ces jours derniers serait un certain Chuck et il pourrait avoir un lien avec le centre pénitentiaire de Nantes, il faut tous être vigilants. Ouais... il a tellement d'autres chats à fouetter.

Il sélectionne Judith dans ses contacts et se met à rédiger un SMS. L'envoie-t-il ? Non il ne vaut mieux pas... Et pourquoi pas ? Non...

— Alors capitaine, accro au portable ? dit Marie-Claude en ouvrant la portière.

— Pas du tout, dit-il en appuyant sur « Envoi ».

***

« Ding »

NathanQueToi : Yep ma douce.
Taïga : Olà mon colibri.
NathanQueToi : Que me vaut l'honneur ? J'ai cru que tu ne voulais plus me parler ou que ça ne fonctionnait plus.
Taïga : Bien sûr que si, j'étais très occupée avec les chevaux.

NathanQueToi : Je suis tellement heureux de voir ces petits mots courir sur mon écran.

Taïga : Moi aussi.

NathanQueToi : Tu vas bien? Tu n'en as pas encore marre des aztèques? Si tu voulais de l'exotisme tu pouvais venir en France, et on a aussi des bonnes frites en cas de mal du pays.

Taïga : Non ils sont très gentils et accueillants, j'ai trouvé une vraie famille ici. Mais je voulais te dire...

NathanQueToi : Quoi donc belle amazone?

Taïga : Non, sérieusement... je vais rentrer.

NathanQueToi : Tu vas rentrer... en Belgique?

Taïga : Oui, mon père va mal, il a subi des examens. C'est un cancer pulmonaire.

NathanQueToi : Tu ne m'avais pas dit qu'il était malade.

Taïga : Il est condamné d'après ma mère.

NathanQueToi : Je suis désolé... vraiment. Tu rentres quand?

Taïga : Je pars demain matin... Il fête ses soixante-dix ans cette semaine et ma mère souhaiterait que je sois là.

NathanQueToi : Septante tu veux dire...

L'écran reste muet quelques secondes...

Taïga : Oui septante bien sûr. Je n'ai pas envie de le voir si mal, je ne vais pas supporter mon colibri.

NathanQueToi : Oh mon pauvre cœur, si seulement je pouvais te donner la force!

Taïga : Oui j'aurais tellement besoin que tu me tiennes dans tes bras pour me remplir de courage.

NathanQueToi : Ah si tu le voulais, ce serait mon plus grand bonheur, tu le sais!

Taïga : Nathan...

NathanQueToi : Oui?

Taïga : Si je passe chez toi le onze, tu m'accueillerais avant de rentrer à Bruxelles?

NathanQueToi : Bien sûr! Mais c'est pas tellement la route

Taïga : Je passe par Paris donc un petit aller-retour de TGV pour être un peu dans tes bras ne peut que me donner la force pour papa.

NathanQueToi : Tu dois rejoindre ta famille quand?

Taïga : Le treize quand mon frère sera arrivé.

NathanQueToi : Les circonstances sont difficiles, mais si tu savais comme je suis heureux de savoir que je vais enfin te voir. Tu me diras à quelle heure arrive le train, j'irai te chercher à la gare.

Taïga : Non mon colibri, je suis une grande fille, j'irai directement chez toi.

NathanQueToi : Bien. Je te donne mon adresse alors.

Taïga : Pas la peine colibri, je l'ai déjà.

Nathan regarde son écran... Taïga... Il va la voir, enfin. C'est incroyable comme le malheur des uns peut faire le bonheur des autres. Il attend ce moment depuis longtemps maintenant. Elle n'a jamais voulu sortir des bulles de chat du jeu malgré son insistance grandissante. Et aujourd'hui, elle rentre et elle demande à le voir... Il faut que le choc soit rude pour qu'elle se décide enfin. Il aura fallu un drame ou un début de drame en tout cas. Merci le cancer... Nathan relit les échanges, comme il le fait chaque fois, mais cette fois avec un indéfinissable malaise. Pensif, il regarde sa Breitling... 11h45. Quelle heure est-il là-bas ?

***

— Vous m'avez appelé ? Milou ne rajoute pas « monsieur le directeur » ça lui fait trop mal.

Le directeur relève la tête de ce qui semble être... rien. Le bureau est vide hormis les tampons bien alignés, la photo et la grosse merde enroulée faisant office de pot à crayons. Il le fixe sans rien dire et semble à peine le voir. Sa paupière n'arrête pas de se fermer pour se rouvrir aussi sec. Milou se demande s'il n'est pas en train de le prendre en photo sous toutes les coutures.

— Vous m'avez appelé ? répète Milou.

Le dirlo semble revenir dans la même dimension que lui.

— Oui Sonnier, et on ne peut pas dire que vous accourez ! Vous étiez en train de chier ou quoi ?

Il est défoncé, se dit Milou. Patience, un de ces quatre il tiendra la barre du navire.

— C'est la merde n'est-ce pas, apparemment il y a une fuite informatique dans la maison. Oh pas un petit truc d'un pauvre merdeux tentant d'envoyer des mails à sa femme non : tenez-vous bien Sonnier, c'est un truc en lien possible avec les putains d'attaques de la bourse qui font souvent la une en ce moment !

— La bourse ?

— Vous ne regardez pas les infos ou quoi ? Je veux dire par là que depuis quelque temps on a affaire à des cyber-attaques sur le palais Brongniart. À priori ça fait peur aux plus hautes sphères de l'état. Je viens d'avoir carrément la visite des ICC de Paris, rien que ça.

La paupière se remet à cligner dès lors qu'il s'arrête de parler. Milou a envie de lui rire au nez.

— Les ICC ?

— Bon apparemment vous n'êtes pas très instruit vous. Les ICC, les Inspecteurs en Cyber Criminalité. Des gars de l'Essonne ont débarqué ce matin sans prévenir avec leurs gueules de je sais tout. Je t'en foutrais moi.

— Et ils voulaient quoi ?

— Ils ont repéré un trafic sortant. D'après eux quelqu'un utilise une version de Télégram pour communiquer à l'extérieur. C'est un truc puissant et très difficile à décrypter. D'après eux c'est un outil utilisé par les terroristes pour monter leurs coups. Ils sont sur les dents pour essayer de craquer les communications mais ça leur donne du fil à retordre. À priori les bandits ont un coup d'avance.

— C'est quelqu'un qui fait ça avec un ordinateur ?

— Ordinateur ou téléphone.

— Et qu'est-ce que ça a à voir avec la bourse ?

— Eh bien au jour d'aujourd'hui un seul gars fiché chez eux utilise cette version bricolée de Télégram. Ils sont sur sa piste. L'homme serait un certain Chuck, un pirate qu'ils s'apprêtent à coincer. Ce serait lui qui s'amuse à rentrer sur les serveurs de la bourse. Ils ont repéré sa signature informatique dans les en-têtes de messages qu'ils disent avoir interceptés en sortie du pénitencier. Ils ne savent pas lire les contenus mais ils sont sûrs qu'il est au bout de l'une des branches.

— Qu'est-ce qu'on a à voir avec ce Chuck ? Il est client chez nous ?

— Je n'en sais rien. Mais ça tombe mal Sonnier, très mal. Les yeux du directeur n'arrêtent pas de se balader dans toute la pièce. Milou se demande s'il n'a pas encore un peu de blanc sous les narines. Il regarde le bureau et remarque une carte de crédit posée juste à côté d'un stylo à bille sans mine... Oui, il est bien défoncé. Plantu continue :

— Le préfet vient le onze. Oui vous avez bien entendu, après-demain. Je croyais qu'on avait le temps mais son cabinet a appelé, c'est comme ça. Il faut nous démerder pour être prêts. Avec cette histoire en plus, il ne va pas nous avoir à la bonne.

Bien fait pour ta gueule, pense Milou. Il espère que ça va foirer et que le préfet sera tellement navré de voir cet incapable diriger l'établissement qu'il lui dira « Hey monsieur Sonnier, je vous nomme directeur pénitentiaire, faites mieux que ce cave ! »

— Donc on fait quoi pour la fuite ? On rafle tous les téléphones ?

— Évidemment qu'on les prend tous. Fouille en règle. Ou pas en règle d'ailleurs je m'en fous entre nous soit dit. Et on donne tout aux ICC. Si on met la main sur le gars qui fricote avec ce Chuck on pourrait bien avoir un bon point ainsi qu'un rapport favorable après la visite.

– Bien, j'y vais tout de suite, dit Milou en tournant les talons.

– Je ne crois pas vous avoir donné congé ce me semble. J'ai encore quelque chose à régler.

Milou fait volte-face en tentant de ravaler toute expression.

– Faites entrer Lequin, il attend derrière la porte.

Pince à Sucre ? Qu'est-ce qu'il fout ici ? Milou n'aime pas ça. Qu'est-ce qu'il a en commun avec ce baltringue ? Qu'il aille chialer dans les jupes de sa mère ! De mauvaise grâce il s'exécute pour laisser entrer son collègue dans la pièce. Pince à Sucre entre, l'air morose, sans regarder Milou et s'arrête devant le bureau.

– Eh bien voilà mon équipe de choc au complet n'est-ce pas ? Les caïds de la baraque, sans vous que ferais-je ? raille Plantu.

– Je n'ai pas besoin de lui pour récupérer les téléphones, dit Milou. J'irai plus vite tout seul.

Pince-à-Sucre ne bronche pas devant l'attaque.

– Sonnier ?

– Oui

– Fermez votre gueule.

Milou ravale sa fierté et essaye de toutes ses forces de garder contenance pour ne pas apporter d'eau au moulin à son collègue.

– On est entre nous, pas de protocole qui vaille n'est-ce pas ?

Milou et Pince-à-Sucre ne répondent pas.

– Il me semble Sonnier que nous avons conclu un marché.

– Un marché ?

– Et vous ne le tenez pas.

– ...

— Vous deviez me ramener le reste de drogue détenue par Canif, enfin d'après vous. Et je ne vois rien arriver. Je pensais pouvoir compter sur vous.

Milou rougit presque. Il parle de ça devant Lequin ? Il est au courant ?

— Et comme je ne peux pas compter sur vous, je suis navré mais je dois faire appel à quelqu'un d'autre, dit-il en regardant Pince-à-Sucre.

Milou n'en croit pas ses oreilles. Putain il avait un deal avec l'enculé d'Plantu, lui trouver la dope en échange de quoi il le pistonnerait pour le remplacer. L'accord ne date que de quelques jours. Bon c'est vrai, il n'a pas encore trouvé mais ça ne saurait tarder, il va aller faire cracher ses dents à Bruno Canif, il en a maté des plus durs. Et il n'a plus Sandro pour le protéger. Ce chien croupit sans sa cage, et Rann n'est plus donc Canif n'a plus de lien avec les tatoués. Ils vont surement le laisser tomber et le balancer en échange d'un morceau de chocolat.

— Lequin vous connaissez bien Canif ce me semble.

Pince-à-Sucre regarde le directeur.

— Eh bien, comme ça, sans plus monsieur le directeur.

— Allons allons, vous êtes plutôt dans la copinade je dirais n'est-ce pas ? On vous a même vu en train de partager la même cigarette dans la cour. C'est dire.

Pince-à-Sucre préfère ne rien dire en attendant la suite.

— N'est-ce pas Sonnier ? Vous n'auriez pas fait un faux témoignage n'est-ce pas ?

— Putain Plantu me balance, pense Milou.

— Putain Milou m'a balancé, pense Pince-à-Sucre.

Les deux gardiens se regardent avec une haine féroce sous les yeux fous de Plantu.

— Donc si vous êtes copain avec Canif vous avez peut-être le moyen de savoir ce qu'il a foutu de sa chnouf, dit le directeur en montant dans les aigus, alors on va être très clairs : celui qui me ramène la dope aura toutes les chances de prendre ma putain de place. Pour l'autre, c'est la porte. Je vous donne jusqu'à demain.

Milou se dit que l'Enculé d'Plantu est un professionnel de l'enculage. C'est sûr il ne doit plus avoir de poudre ou quasiment et il en a besoin pour la visite du préfet...

— Restez pas plantés là, vous avez du boulot! Ramassez-moi ces téléphones, trouvez le pote de ce Chuck et annoncez ce midi au réfectoire que la visite préfectorale est pour dans deux jours. Rassemblez la délégation de prisonniers, je les brieferai ce soir. Déconnez pas avec le casting, cela va sans dire. Maintenant laissez-moi, j'ai une présentation à préparer sur la maison. Il veut une grande messe avec une projection. Et ce con veut l'avis de la délégation sur ce que je vais lui présenter. Comme si j'avais que ça à foutre tiens.

***

Ça y'est, il est prêt. Nathan se regarde encore une fois dans la glace pour s'assurer que rien ne dépasse. Son col est bien mis, aucun poil ne sort de son nez, il sent bon. Il sourit au miroir et admire ses dents blanches. Il referme le tiroir sur les ciseaux et la lime à ongles avec lesquels il vient de se manucurer. C'est décidé, rien à faire des réticences de Sasha. Il va tout dire à De Kerimel. C'est bon, il en a soupé de cette folle. Le cul c'est bien, enfin c'était bien, mais le danger de mort c'est tout autre chose. Il tient à sa peau. Un petit tour devant l'ordinateur pour voir si Taïga lui a laissé un nouveau message et direction la police. Elle a dit qu'elle allait venir chez lui, ça c'est top. Il en a vraiment envie même si ça risque de briser l'idéal qu'il s'en fait depuis des mois. Il s'assoit dans son fauteuil préféré et ouvre l'ordinateur quand la sonnerie de la porte d'entrée le fait sursauter. L'œilleton lui dévoile la tête de De Kerimel et vraisemblablement celle qui doit appartenir à son équipière.

— Nathan Sergent ? Pas besoin que je me présente on se connaît de vue je crois, dit Pierre-Antoine.

— Bonjour Capitaine. Par contre je ne connais pas votre charmante équipière.

— Ça c'est Castelet.

Pierre-Antoine se demande bien pourquoi Nathan qualifie de charmante un garçon manqué pareil.

— Je suis assez grande pour me présenter, dit Marie-Claude blasée en regardant Nathan, et « ça » a un grade, je suis le lieutenant Castelet.

— Enchanté, entrez. Vous me croirez si vous voulez, mais justement j'allais vous voir.

— Eh bien si on avait su, on ne se serait pas déplacé, dit Pierre-Antoine.

— Asseyez-vous je vous en prie.

— Merci. Vous avez du café ?

Nathan referme l'ordinateur.

— Court ? Long ? Déca ? Brésil ou Costa-Rica ?

Nom de Dieu ils font pitié tous ces bobos avec leurs machines à dosettes. C'est à celui qui proposera le plus large choix. Un café c'est un café, c'est pas compliqué !

— Cafetière ça m'ira.

— Désolé mais je n'ai pas de cafetière. Il me semble en avoir vu une chez ma grand-mère mais je n'en ai pas ici, répond Nathan déçu que son étalage de richesse en matière d'arabica ne produise pas l'effet escompté.

— Mettez celui que vous voulez alors, bougonne Pierre-Antoine. Bon, vous avez travaillé chez nous au labo c'est bien ça ?

— Exact, j'y ai travaillé de 2011 à 2014.

— Et maintenant ?

— Oh maintenant... je mène ma vie comme un radeau perdu...

— ... Les gens de la nuit sont toujours là quand il faut, enchaine Marie-Claude qui a compris l'allusion à la chanson de Véronique Sanson.

Nathan lui sourit avant de mettre une dosette de Costa-Rica dans la machine, celui qu'il aime le moins...

— Je voyage, on va dire, reprend Nathan.

— Eh bien il y en a qui sont heureux, répond pierre-Antoine.

— On va dire ça...

— Pourquoi avoir quitté la police ? C'est pas mal payé et pour peu qu'on ait une planque comme au labo c'est un peu bizarre non ?

— Eh bien, c'est un peu compliqué à expliquer.

— Vous connaissiez Sasha Menerva ?

De Kerimel vient pour lui parler de Sasha ? Des loupiotes s'allument dans son cerveau. Elle ne voulait rien dire à la police alors quel est le rapport ? Pourquoi lui parle-t-il d'elle ? Elle a surement flanché et compris toute seule la nécessité de tout révéler pour leur protection contre le psychopathe qui sévit dans l'entourage de Bruno.

— Oui bien sûr, on travaillait dans le même bureau.

— Dans l'équipe de Canif c'est ça ?

— Affirmatif.

— Et ça se passait comment ?

— Nathan réfléchit et prend le café dans la machine.

— Eh bien, si vous êtes ici c'est qu'elle vous a mis au courant, vous savez certainement.

— Non elle ne nous a rien dit.

— Rien dit ? Nathan réfléchit, pourquoi êtes-vous ici alors ? Qui vous a mis au courant ?

— Monsieur Sergent, avez-vous eu une relation avec Sasha Menerva ?

Nathan regarde le capitaine. Qui a parlé de ça ? Ce n'est pas Sasha. Alors Bruno ? Il est le seul à savoir.

— Vous avez géré l'affaire Bruno Canif. Je suppose qu'il vous a dit ce qui s'est passé alors. Que voulez-vous savoir de plus ? Je voulais venir vous le dire. En fait je crois qu'on a besoin de protection.

— Pourquoi donc ?

— Je connais Bruno. Très bien même. Et il faudrait être aveugle pour ne pas voir que les personnes de son entourage ont tendance à mourir.

— Perspicace dites-moi. Vous auriez deux sucres ?

— Et les personnes qui meurent lui ont à priori fait du mal.

— C'est pour ça qu'il est au chaud derrière les barreaux, dit Pierre-Antoine.

— Ce n'est pas lui, je le connais, c'est impossible. Et ce Delpierre est mort malgré son incarcération. Vous feriez mieux de le libérer et de chercher le vrai coupable.

— Vous avez donc peur de mourir monsieur Sergent. Pourquoi ?

— Parce que je lui ai fait un mal de chien capitaine, dit Nathan en baissant la tête de douleur à ce souvenir qui le hante. Je suis donc une cible potentielle.

— Nous sommes tout ouïs, racontez-nous donc un peu ça, dit Pierre-Antoine en prenant deux sucres, contrarié de chercher en vain deux morceaux en forme de cœur. Il se résout à prendre un trèfle vu qu'il lui est impossible de trouver deux morceaux pareils.

— Eh bien... par où commencer...

Nathan se frotte les tempes de ses mains soignées. Si seulement il pouvait remonter le temps, tout défaire, tout recommencer.

— Quand je suis arrivé dans l'équipe en 2011. Bruno m'a très bien accueilli. Il m'a mis à l'aise tout de suite, sans pression. Il travaillait avec Sasha depuis sa reconversion, elle venait du terrain. Elle dressait des contredanses et ça ne se passait pas très bien avec les usagers alors elle a atterri là. Il m'a présenté et le courant est passé aussi. Nous sommes devenus très vite amis tous les trois. On sortait parfois prendre un verre en dehors du boulot, on parlait beaucoup et on rigolait vraiment bien. C'était un bonheur d'aller au travail. J'aimais bien Sasha et on est devenus d'excellents amis avec Bruno.

– Je ne savais pas qu'on allait au boulot pour copiner, dit Pierre-Antoine.

– Je n'ai jamais eu d'amis véritables hormis ces deux-là lieutenant…

– Capitaine.

– … Mais cette fois c'était autre chose que les simples copains que j'ai pu côtoyer par le passé. Bruno est intelligent et cultivé, nous avons longuement débattu d'un tas d'idées même si nous n'étions pas d'accord sur tout, en particulier à propos de la politique. Mais on s'écoutait, on comprenait nos divergences et on savait se mettre à la place de l'autre, sans juger.

– Vous aviez les mêmes discussions avec Sasha ? demande Marie-Claude.

– Sasha… je regrette tellement ce qui s'est passé.

– À ce point ?

– Oui. Un an après mon arrivée Sasha n'a eu de cesse de me faire des yeux doux. Chaque fois que nous étions seuls elle me regardait comme un gâteau au chocolat.

– Je vois, dit Marie-Claude, vous avez eu une aventure avec elle c'est ça ?

Nathan ne répond pas, les yeux perdus dans la contemplation de ses mains.

– De toute façon on est au courant, dit Pierre-Antoine, lâchez-vous mon vieux.

— Eh bien puisque vous êtes au courant je ne sais pas trop ce que je vais vous apprendre...

— Laissez-nous en juger et dites-nous, reprend Marie-Claude.

— Bon. Eh bien oui. J'ai cédé à la tentation. À l'époque j'étais plutôt dans le chaos affectif, ou plutôt dans le vide intersidéral. Evidemment elle est mariée et ça n'est pas disons... convenable. Mais j'ai fini par accepter ses avances.

— Cette relation a duré ?

— Oui, environ deux ans et demi.

— Une paille, dit Pierre-Antoine.

— Son mari l'a su ? demande Marie-Claude.

— Non. Enfin je ne crois pas. On se voyait bien sûr beaucoup au boulot mais pas souvent en dehors.

— Putain vous faisiez ça au labo ? demande Pierre-Antoine en crachant presque.

— Bien sûr que non, elle m'invitait chez elle pendant les absences de son mari.

— Souvent ?

— Non, je dirais une fois tous les quinze jours environ, quand il était en déplacement.

— Et au boulot ? Ça s'est su ?

— Disons que... commence Nathan en semblant réfléchir à ce qu'il va dire, Bruno l'a su.

— Qu'en a-t-il pensé ? demande Marie-Claude.

— C'est ici que ça se corse lieutenant.

— Il était jaloux ?

— Ce n'est pas tout à fait ça. En fait...

— Il couchait déjà avec elle, dit Pierre-Antoine pour abréger.

— Je vois que vous le savez. Oui il couchait avec elle, et ça depuis 2009. En gros ça faisait deux ans qu'il avait une histoire avec Sasha quand on a commencé elle et moi.

— Et vous le saviez quand vous avez... cédé à ses charmes ?

— Bien sûr que non !

— Comment l'a-t-il appris pour vous deux ?

— À une période il n'était vraiment pas bien et il m'a avoué être l'amant de Sasha. Il était en pleurs, désespéré. Je l'ai écouté et je me suis senti vraiment mal. Il se confiait à moi, il me faisait confiance, me demandait conseil. Et moi... je couchais avec elle depuis déjà 6 mois.

— Il a sans doute très mal digéré cette annonce c'est ça ?

— Je ne lui ai pas dit.

— Vous n'avez rien dit ?

— Non. Je suis allé voir Sasha et je lui ai dit qu'on arrêtait là. C'était trop dur de faire ça à cet ami tellement unique.

— Alors je suppose que c'est elle qui l'a mal pris...

— Oui. Elle est montée sur ses grands chevaux et ne m'adressait plus la parole. C'était compliqué dès lors au labo, glacial.

— Toute vérité n'est peut-être pas bonne à dire, dit Marie-Claude pour le mettre en confiance.

— J'ai hésité, mais il était tellement amoureux d'elle, il en crevait.

— Comment on peut être amoureux de... ça ? demande Pierre-Antoine

— Facile. Moi je ne l'aimais pas, elle était là, j'en profitais c'est tout, même si ça me faisait du bien affectivement. Pour Bruno c'était différent. Elle avait fait comme pour moi, l'avait attiré dans ses filets, un parmi d'autres, ce dont moi j'avais conscience. Mais pour lui c'était du sérieux. Une femme était venue le chercher, et ça malgré son visage.

— Vous parlez de sa cicatrice ?

— Oui, il était terriblement complexé par sa brulure. Il pensait, et pense surement toujours, que les gens ne voient que ça, qu'il est défiguré, qu'il est une sorte de monstre dont personne ne veut. Alors quand Sasha est venue le chercher il s'est senti pousser des ailes. Il était normal pour quelqu'un. On pouvait l'aimer. Il en est donc tombé amoureux fou. Peut-être pas de la personne, mais de l'amour qu'il avait l'illusion de susciter malgré sa douleur.

— Ça n'est qu'une cicatrice, c'est difficile à comprendre.

— Cette cicatrice c'est le drame de sa vie. Il porte sur son visage la mort de sa fille Victoire. Ça le dévore. Il culpabilise tellement. C'est sa croix.

— Donc si vous n'avez rien dit comment l'a-t-il su pour Sasha et vous ?

— Il l'a su plus tard. J'ai été faible. Elle est revenue me chercher ensuite, elle m'a presque supplié. J'ai replongé.

— Combien de temps ?

— Ça a duré deux ans et demi en tout. Deux ans et demi pendant lesquels il se confiait sur ses difficultés avec Sasha. J'essayais de le sortir de son obsession, je lui disais qu'elle n'en valait pas la peine. Je savais qu'elle le gardait sous le coude sans lui dire que c'était terminé. Comme ça elle gardait son affection et surtout son aide, et elle m'avait aussi.

— Elle avait aussi son mari, si je puis me permettre, dit Pierre-Antoine en tripotant ses clés nerveusement.

— Oh lui, elle n'en avait rien à faire à l'époque. Elle souhaitait même qu'il meure pour tout vous dire, pour hériter de tout son petit confort. Elle ne l'aurait pas quitté sans ça. Un jour, je ne sais pas ce qui s'est passé entre Bruno et elle, mais en revenant de déjeuner elle m'a dit lui avoir avoué qu'elle couchait avec moi.

— Au moins un soupçon d'honnêteté, dit Pierre-Antoine.

— Elle n'a pas dit que ça faisait si longtemps qu'elle le roulait dans la farine, elle a dit que ça commençait juste et qu'elle devait arrêter avec lui pour se consacrer à moi.

— Je suppose qu'il a dû tomber de haut, dit Marie-Claude.

– C'est le moins qu'on puisse dire. D'autant plus que j'ai alors décidé de tout lui raconter. Je ne pouvais plus me taire.

– Pourquoi avoir attendu ?

– Je ne voulais pas le perdre, c'était mon seul ami.

– Que vous trahissiez...

– Oui, exactement. Je sais que vous me prenez pour un salopard, ce que je suis peut-être, mais c'était très compliqué dans ma vie à l'époque. Avec elle je me sentais vivant.

– Nous ne jugeons pas, nous essayons de comprendre, dit Marie-Claude. Pourquoi Sasha est-elle venue chercher Bruno ? Elle était jolie femme alors pourquoi coucher avec cet homme et sa figure blessée ? Elle pouvait apparemment séduire beaucoup d'hommes non ?

– Sasha... compliqué dans sa tête. Elle a besoin d'assistance, elle ne sait pas se débrouiller seule. En mettant Bruno dans son lit elle avait l'assurance que le supérieur hiérarchique qu'il était pour elle serait à ses pieds. Elle l'utilisait. Et il faisait quasiment tout son boulot. J'essayais de lui ouvrir les yeux mais il était trop accro pour comprendre qu'elle jouait avec lui. Il faisait tout ce qu'il pouvait, d'aller lui chercher des cafés à résoudre ses petits problèmes. Il a même préparé un exposé pour son fils, vous voyez, ce genre de truc. Il aurait fait n'importe quoi pour lui faciliter la vie et sentir qu'elle avait besoin de lui. Et bien sûr... son père.

– Le père de Bruno ?

– Non, le père de Sasha. Elle était obnubilée par son existence. Il a disparu quand elle était enfant et aurait fait n'importe quoi pour le retrouver. J'ai moi-même essayé de retrouver sa trace mais sans succès. Elle nous demandait souvent un tas de trucs, entre essayer de trouver des fichiers et rechercher dans les archives. Elle pensait que Bruno avait davantage de portes ouvertes pour l'aider.

— Sacrée manipulatrice, dit Pierre-Antoine en mettant les doigts dans sa tasse pour récupérer les traces de sucre.

— Oui c'est clair. Ce n'est pas une bonne personne. Oh moi non plus c'est clair, mais jamais je n'ai utilisé Bruno.

— Et qu'a fait Canif suite à cette révélation ?

— Il voulait nous tuer. Il voulait briser la vie de Sasha en révélant tout à son mari. Sa douleur était immense. Je l'ai cru capable de le faire tellement il avait de haine dans les yeux.

— Apparemment, il s'est abstenu, dit Pierre-Antoine.

— Oui il s'est abstenu. Mais ça a été la fin de son mariage. Il a tout dit à Judith.

Pierre-Antoine est atterré. Il pense à son ex-femme et sa colère monte encore contre Bruno. Comment ne pas la comprendre ? Comment ne pas se rendre compte de sa douleur ? En allant l'arrêter tout à l'heure il lui dira combien il compatit, combien il l'aime depuis toujours, combien il regrette de n'avoir su la retenir pour lui donner le bonheur qu'elle mérite. Quel gâchis.

Marie-Claude sort la photo de Sasha et la tend à Nathan.

— Vous avez vu Sasha dénudée, monsieur Sergent, pouvez-vous nous dire ce que vous savez de son tatouage ?

Nathan regarde la photo longuement, puis il relève la manche de sa chemise pour exhiber une méduse verte à l'endroit exact où l'on voit la méduse rouge sur le bras de Sacha.

— Vous avez aussi une méduse ? demande Pierre-Antoine sidéré. C'est une confrérie ou quoi ?

— Je suppose que vous savez que Bruno a la sienne… Un jour nous sommes sortis tous les trois. C'était avant que tout ne soit révélé. Seule Sasha savait alors pour le trio puisqu'elle couchait avec nous deux. Nous avions vu les dessins de Bruno et il avait un jour dessiné une magnifique méduse au bureau. Nous avions longtemps discuté de ces créatures et de la symbolique qu'il y associait. Pour lui elles représentaient les aléas et les coups durs de la vie. Elle était tellement jolie et nous étions tous les trois très proches... Après avoir bu quelques verres Sasha a émis l'idée de se faire tatouer tous les trois quelque chose d'indélébile pour matérialiser notre amitié indéfectible. Nous avions un peu trop bu et on s'est précipité chez le tatoueur, Oz, le meilleur de Nantes à ce que disait Bruno.

– Pourquoi des méduses monsieur Sergent ? On ne peut pas dire que ce soit commun de se faire tatouer ces bestioles gélatineuses.

– Je viens de vous les dire, Bruno accorde beaucoup d'importance aux méduses, il les assimile aux accidents de la vie.

– Aux accidents de la vie ?

– Oui, en fait sa fille lui aurait un jour montré un article de presse où il était stipulé qu'on avait retrouvé des méduses assez haut dans le cours d'une rivière. Je me souviens qu'un soir il nous a fait tout un discours catastrophique sur le devenir des rivières infestées. Il faut dire qu'on avait bu un peu tous les trois, et il s'est mis à pleurer en évoquant le souvenir de sa fille. Sa mort était comme la pire des méduses qui aurait pris place dans le fleuve de sa propre vie, comme une vilaine métastase incurable. Alors on a commencé à énumérer nos propres méduses à chacun notre tour. Oh on ne s'est pas attardés sur chaque douleur qui a pu jalonner notre parcours mais on en a énumérées quelques-unes. Et bizarrement ça nous a fait du bien.

Pierre-Antoine pense à Judith, à son père, à Paris et se dit qu'il en traine surement quelques-unes lui aussi...

– Et vous vous êtes fait tatouer des accidents de la vie ?

– Nous avions bu. Sasha a dit à Bruno qu'on allait conjurer le sort des méduses en les utilisant comme symboles de notre trio qui était loin d'être un accident de la vie mais tout le contraire, une chance incroyable. Suite à l'idée de Sasha on a décidé de nous marquer de Red, Blue et Green.

— C'est quoi ça ? demande Pierre-Antoine.

— Ce sont les noms des méduses qu'il a offertes à son fils Victor. Celui-ci en est devenu dingue, il les garde dans des aquariums depuis un bon moment.

— Encore des méduses ? dit Pierre-Antoine. Bon sang on ne voit que ça en ce moment ! À ce propos vous êtes au courant d'un tableau peint par Canif ? Il était chez un certain Delpierre aujourd'hui décédé de son état. On y voit trois méduses aussi. Le tableau a disparu.

— Non désolé, je ne l'ai jamais vu. Si elles sont aussi belles que celle que j'ai vue dessinée par Bruno au bureau, il doit être magnifique.

Pierre-Antoine réfléchit en essayant de faire abstraction du manque d'alcool qui commence à le rendre nerveux et reprend le fil :

— Cette situation triangulaire a dû être difficile pour vous non ?

— Oui Capitaine.

Capitaine, à la bonne heure, pense Pierre-Antoine.

— Je n'ai pas supporté la situation. Quand j'ai su qu'à cause de moi son couple avait volé en éclat je ne pouvais plus décemment vivre à ses côtés au jour le jour en essayant de faire semblant de travailler. J'ai démissionné.

— Monsieur Sergent, dit Marie-Claude, étiez-vous au courant pour Salima ?

— Au courant de quoi ?

— Qu'elle n'est pas la fille de Jérémy son mari…

— Quoi ? Mais bien sûr que non !

— On se demande même si ce n'était pas votre fille… ou celle de Bruno, dit Pierre-Antoine sans ménagement.

Nathan blêmit sous le choc. Un enfant ? Lui ? Avec Sasha ? Non non, impossible, interdit, impensable, inimaginable.

– C'est impossible ! Je suis arrivé dans l'équipe en 2011... et Sasha avait déjà sa fille...

– Et si on va plus loin monsieur Sergent, le coupe Pierre-Antoine, en s'imaginant que Salima soit de Bruno, peut-être bien que vous étiez jaloux de lui, peut-être bien que vous étiez en colère, peut-être bien que...

– Mais pas du tout !

– ... que vous avez tué Sasha Menerva !

– Sasha ? Mais que dites-vous ? Attendez je l'appelle, on va s'expliquer, dit Nathan occultant la dernière phrase du capitaine.

– Sasha Menerva est morte assassinée, tout comme Salima d'ailleurs, avant-hier pour la petite et cette nuit pour la mère. Où étiez-vous cette nuit monsieur Sergent ?

– Ça suffit capitaine, s'emporte Marie-Claude. On essaiera d'y voir clair plus tard. Pour l'heure, je pense que monsieur Sergent est en danger potentiel, il a raison. Il faut le mettre sous protection. Si un fou se met à découper les tatouages de méduses, il en a un sous le nez. Il faut l'empêcher d'agir ! Et vite.

– Bien mon petit, protégeons les enfoirés pourquoi pas, rétorque Pierre-Antoine, laissons ce monsieur tranquille et allons boire un petit verre, c'est ça ?

– Sans vouloir vous commander capitaine, je pense qu'il serait judicieux voire urgent d'aller rendre visite au fils de Bruno histoire d'en savoir un peu plus sur ces fameuses méduses.

– Victor, cet imbécile heureux ? demande Pierre-Antoine manifestement en manque d'alcool.

– Précisément. Si vous êtes fatigué je peux y aller seule. Monsieur Sergent, nous vous recommandons de ne pas sortir et de fermer votre porte à clé en attendant la mise en place de votre protection.

Nathan n'entend pas. La tête entre les mains il tente d'intégrer l'idée du décès de Sasha. C'est surement une erreur.

***

— Bonjour grand-ma.

— C'est déjà l'heure de manger ?

L'heure de manger... Elle en sort à peine, elle doit vraiment être affamée ou elle a déjà oublié. Ça a été facile finalement. À cette heure-ci personne ne traine dans les couloirs. Juste un bonjour donné au rez-de-chaussée et plus personne jusqu'à la chambre de grand-ma. Parfait.

— Tu es venu avec ta sœur ? Elle est où encore celle-là ? Elle était là ce matin et devait régler pour mon coiffeur ! On ne peut jamais compter sur elle.

Ma sœur ? Victoire... Pourquoi parle-t-elle d'elle ? Elle n'a pas le droit ! À moins qu'elle ne se souvienne même pas qu'elle soit morte ? Concentration... le carnet de papa... ah oui je l'ai... là, mon marque page.

— Grand-ma, laisse-moi te redresser dans ton fauteuil, tu es bien trop voutée pour bien écouter ce que j'ai à te lire. Et je voudrais que tu sois très attentive car je vais te rafraichir un peu la mémoire avec ce qu'a écrit papa à ton sujet, ouvre grand tes oreilles :

« Combien de fois ma mère m'a-t-elle frappé ? Je ne sais pas. J'espère en tout cas qu'elle cognait davantage sur moi que sur Cécile... ma pauvre sœur. Si j'avais pu me sacrifier pour elle, si j'avais pu lui éviter ça. Je ne sais pas si j'ai fait le maximum, sans doute pas. Le matin ça allait, ma mère dormait souvent, cuvant son pinard de la veille. Mon père était déjà parti travailler à cette époque-là. C'était sans doute son paradis, ce temps passé hors de la maison. Il revenait la plupart du temps passablement éméché et il avait du mal à parler. Pas besoin de dire quelque chose pour prendre des coups lui aussi. Alors on jouait avec ma sœur en regardant anxieusement la pendule avancer. Quand maman se lèverait elle ? Serait-elle de mauvaise humeur ? Elle irait prendre son petit déjeuner en hurlant que rien n'est prêt dans cette foutue baraque de merde et Cécile se précipiterait, tête baissée pour préparer le café de maman. Après ses deux tartines de pain grillé, ma mère nous mettait à la tâche, n'importe quoi pourvu qu'on ne fasse pas rien : ramasser les graviers dans la pelouse qui n'en était plus une depuis des années, nettoyer les murs alors qu'il aurait été plus utile de passer la serpillère sans doute. Tout était bon pour régner. Je ne sais pas à quoi elle pensait finalement, à l'époque je croyais qu'elle voulait être la toute puissante, mais aujourd'hui je n'en sais rien du tout. Ce dont je me rappelle ce sont les coups. Ça commençait souvent juste après midi quand elle avait pris sa première grosse dose de vin rouge. Elle s'emportait et ses tics devenaient incontrôlables. Elle reniflait alors, la tête en l'air, et elle poussait ses grands « Gui ! Gui ! ! » en balançant ses bras dans tous les sens. Je sais, moi aussi j'ai des tics. Je tiens ça d'elle. Je ne peux pas m'en empêcher. C'est terrible, j'ai honte. J'aimerais tant en parler à quelqu'un, un quelqu'un qui puisse m'aider à arrêter ces trucs qui me bouffent la vie, qui me fatiguent et font rire les autres, comme Boss par exemple. Bref la journée avançait et on essayait d'éviter de la croiser mais forcément dans la maison c'était compliqué, et on avait l'interdiction de sortir. On faisait le maximum pour essayer de ruser en attendant le retour de papa. Alors il prendrait un peu le relais et absorberait quelques coups à notre place. Il sentirait surement un peu moins la douleur que nous vu l'état dans lequel il rentrerait. Parfois quand elle exagérait, et que Cécile pleurait sans pouvoir s'arrêter après une dérouillée, je voulais la voir morte. »

Elle a écouté, elle n'a pas bronché. Je me demande si elle a encore un peu de raison.

— Que penses-tu de ça grand-ma ?

— Qu'est-ce que tu fais là, va chercher ta sœur ! Reste pas planté !

— Laisse Victoire où elle est !

— Cécile ! Cécile ! T'es où bordel ?

— Cécile ? C'est ma tante, pas ma sœur !

— Nom de Dieu Bruno de bon à rien, va chercher ta sœur, je l'attends pour le coiffeur ! Tu ferais bien d'y aller aussi„ t'as les tifs à la mode de Pont-Rousseau !

— Je ne suis pas Bruno grand-ma. C'est moi, Victor.

— Hein ? Qui ?

— Ton petit fils.

— Ah ça c'est la meilleure, ah ah ah !

Elle ne comprend pas. Ses neurones sont vraisemblablement ravagés par l'alcool qu'elle a absorbé durant toute sa vie, avant d'être ici bien entendu. Ah tiens elle a posé la danseuse espagnole sur la télé comme chez elle.

— Tu veux regarder la télé? T'as pas autre chose à foutre ? Tu ferais mieux d'aller ramasser la merde du chien !

— Non ça va aller merci.

— C'est ma maison. J'habite ici.

— Je sais grand-ma.

Où ai-je mis le sac ? Papa a dit que ce n'était pas très long, le tout était de ne pas flancher. Rita avait beaucoup remué mais papa l'avait tenue jusqu'au bout, jusqu'à ce qu'elle ne bouge plus du tout.

— Tu cherches quoi ? Des chocolats ? J'aime pas ça, rien à foutre tu peux te les carrer dans le cul !

— Non c'est pas ça grand-ma.

– Va chercher ta sœur bougre d'âne !
Ah voilà je l'ai.

***

– Entrez c'est ouvert, dit Bruno.

– Très drôle, répond Pince-à-Sucre en pénétrant dans la cellule. Ça va ? J'ai l'impression que tu ne parles pas beaucoup aujourd'hui : tout seul dans la cour, et t'as rien mangé ce midi…

– Oui ça va, je suis… concentré.

– Concentré pourquoi ? Un nouveau dessin en tête ?

– Je dirais plutôt un nouveau dessein.

– Tu fais pas le con au moins ? Déconne pas j'ai pas envie de me faire virer en cas d'entourloupe. Déjà que ça chauffe avec Plantu, et Milou qui ne rate pas une occasion de me marcher dessus.

– Qu'est-ce qui se passe avec le dirlo ? Excusez-moi de ne pas vous offrir à boire mais mon bar est vide. Mais vous pouvez vous asseoir.

Pince-à-Sucre prend place sur une chaise pendant que Bruno s'installe sur son lit.

– C'est la merde Bruno. Plantu a décidé d'avoir ta peau, je ne comprends pas pourquoi. Il est persuadé que tu caches de la came et il nous a mis en concurrence moi et Milou pour la récupérer.

Bruno sourit.

– Je ne vois pas ce qu'il y a de drôle à ça, je ne sais pas ce qu'il manigance mais j'ai l'impression qu'il veut te faire porter le chapeau d'une affaire.

– C'est pas grave.

– Pas grave ? Tu rigoles ! Ils sont capables de faire semblant d'en trouver et de te foutre au trou. Un truc bizarre, c'est que Milou a l'air de réellement croire que tu en détiens.

— C'est pas bizarre.

— Comment ça c'est pas bizarre ?

— Écoutez-moi bien : vous avez envie de les laisser continuer comme ça? De vous faire marcher dessus continuellement ? De participer à faire de cet endroit un enfer ? De les laisser régner en nazis ? De tuer ?

Pince-à-Sucre se tait en attendant la suite :

— Je suis sûr qu'ils ont orchestré la mort de Rann. Et à mon avis ce n'est pas le premier.

— Ce ne sont pas des assassins quand même !

— Détrompez-vous. Aucune loi n'a cours ici vous devriez le savoir. C'est normal qu'ils se comportent comme ça avec vous ? Le directeur est un con de supérieur, mais Milou… Il ne devrait pas vous traiter d'égal à égal au lieu de vous harceler et vous chercher des poux ?

— Ah ça c'est vrai, je suis arrivé ici avant lui et en théorie ce serait même moi son supérieur s'il ne léchait pas le cul de Plantu.

— Exactement. De quel droit vous traite-t-il comme ça ? Merde c'est pas juste ! Je ne suis pas au courant de toutes ses crasses, mais rien que l'histoire de vos congés ça me fout les boules.

Pince-à-Sucre s'assombrit. Ses congés… pour aller voir sa mère mourante. Il ne demande jamais rien et juste une fois il a besoin, et non. Il a encore Milou dans ses roues. Sa colère monte d'un cran.

— Tu as raison. Je n'ai pas de courage. De toute façon je ne suis pas fait pour ce métier, je le sais depuis toujours. Tu sais quoi ? Je voulais être menuisier. Oui ça te fait sourire, mais c'est vrai. Et comme un con j'ai fait ce qu'on me disait de faire, gagner un peu d'argent pour aider ma mère. Il y a eu une place ici alors…

— Vous voulez que ça cesse ?

Pince-à-Sucre le regarde :

— Évidemment que je veux que ça s'arrête. Si Milou n'était pas là ce serait peut-être un peu plus supportable, même avec Plantu.

— Et si les deux arrêtaient de vous emmerder ?

— Ce serait le bonheur c'est clair. Mais bon, c'est comme ça, faut pas rêver.

— Et si moi je vous aidais à faire de ce rêve ta réalité ?

— Toi ? Dis pas de connerie.

— Non je ne blague pas. Si vous me faites confiance, dans trois jours l'affaire est pliée.

Pince-à-Sucre se lève et se tient plus raide.

— Écoute Bruno, je t'aime bien, mais ne me mêle pas à un truc pas net. Je ne veux pas savoir, dit-il en se dirigeant vers la porte.

— Et si je vous promets que vous pourrez voir votre mère et obtenir ces putains de congés ?

Pince-à-Sucre s'arrête la main sur la poignée. Maman... Elle a tellement besoin de lui aujourd'hui. Il sent bien que Bruno va lui proposer de prendre part à quelque chose de répréhensible, mais pour sa mère il peut peut-être au moins l'écouter...

— Tu ne vas tuer personne hein Bruno ?

— Évidemment que non, vous avez ma parole. Mais si vous marchez avec moi je veux aussi la vôtre.

Pince-à-Sucre s'approche en silence et lui serre solennellement la main. Bruno se lève et se dirige alors vers le chiotte. Il revient s'installer à la table, le rouleau de papier à la main. Pince-à-Sucre le regarde sans comprendre et Bruno commence le dérouler.

— Tu vas bien ? Qu'est-ce que tu fais là ?

Bruno déroule quatre tours pour laisser apparaître la cavité, jouant ainsi son va-tout. Soit Pince-à-Sucre marche, soit il est foutu et tout s'écroule. Il sort du rouleau les quatre sachets de drogue. Le maton blêmit.

— C'est quoi ces conneries ? dit-il d'une voix tremblante. Bon Dieu range ça, si quelqu'un entre !

— Qui voulez-vous qui entre ? On est déjà serré, blague Bruno.

Pince-à-Sucre ne répond pas.

— Alors écoutez-moi attentivement. On va faire tomber ces deux gros cons. Phase un : vous allez voir Plantu, et vous lui dites que vous avez gagné le concours. Vous avez réussi à me faire cracher où je planque la drogue. Rien que ça pourrait bien disgracier Milou. Mais dites-lui que ce n'est qu'un début, et que s'il est coopérant, il aura tout le reste.

— Tout le reste ?

— Du bluff mais on s'en fout.

— Mais il va mettre la pression pour en avoir d'autre !

— Dites-lui que je lui propose un marché.

— Tu es en position de faire un marché ? Je ne comprends pas.

— Je sais qu'il aime la dope, il va donc être comme un dingue et prendra les décisions qui lui permettront de s'en foutre plein le pif. Vous lui direz donc que s'il me donne la permission d'aller à l'enterrement de ma mère il en aura plus qu'il ne pourra jamais en sniffer.

— Ta mère ? Elle est morte ?

— Normalement oui, répond Bruno avec calme.

Pince-à-Sucre ne relève pas l'ambiguïté.

— Il ne te laissera jamais sortir, tu es un assassin présumé !

— Oui je sais mais déjà s'il n'y voit pas d'inconvénient la décision du juge en sera facilitée. Évidemment je serai sous escorte je le sais bien, je ne compte d'ailleurs pas m'évader.

— Il manquerait plus que ça en plus, s'écrie Pince-à-Sucre

tout chamboulé. Et pourquoi tu veux aller à l'enterrement de ta mère ?

– Vous n'iriez pas à l'enterrement de la vôtre ?

Pince-à-Sucre pense qu'évidemment il irait, rien au monde ne pourrait l'en empêcher.

– Et ma sœur a besoin de moi, de mon soutien. Elle n'avait qu'elle. Elle doit être complètement désemparée.

– J'ai besoin de réfléchir, je ne peux pas te dire oui comme ça !

– Faites-le pour votre mère…

– Et le fait d'aller à l'enterrement de ta mère va faire tomber Plantu ? Je ne vois pas le rapport.

– Non seulement ça, mais on va aussi faire la misère à Milou, ça c'est la phase deux.

– La phase deux ?

– Après-demain vous allez glisser deux sachets dans la poche de la veste de Milou, poche intérieure de préférence pour qu'il ne les trouve pas. Vous ferez ça le matin de la visite du préfet.

– Tu es malade !

– C'est pas trop compliqué, si ?

– Je ne sais pas… C'est pas bien…C'est…

– Votre liberté. Vous ne faites rien de vraiment mal, vous demandez une permission pour moi et vous glissez deux sachets dans le veston de votre ennemi juré. Vous n'irez pas en prison pour ça.

Pince-à-Sucre regarde les sachets dans la main de Bruno.

– Et vous passez une semaine avec maman, ajoute Bruno pour le coup de grâce.

***

— Ah merde, c'est pas vrai ! dit Pierre-Antoine en regardant son portable alors que l'ascenseur s'envole vers l'appartement de Victor.

— Qu'est-ce qui se passe, demande Marie-Claude.

— C'est Betty. Elle vient de recevoir un coup de fil de l'abruti qui s'est encastré dans ma calandre l'autre jour.

— Je le croyais à l'hôpital.

— Normalement oui mais il l'a appelée et il veut venir pour s'expliquer. Betty a l'air inquiète, elle n'envoie jamais de SMS à la légère.

— Vous croyez que c'est sérieux ?

— Sérieux ou pas, c'est Betty, c'est mon amie. On passera faire un crochet chez elle après avoir parlé à ce mongolien de Victor.

L'ascenseur s'arrête et Pierre-Antoine range son téléphone. Le couloir est désert.

— C'est ici, dit-il en sonnant à la porte. Il sonne et frappe, la deuxième fois beaucoup plus fort.

— Police, crie-t-il, ouvrez !

— Manifestement il n'est pas là on dirait. On n'a plus qu'à repasser plus tard.

— Pas question de perdre du temps, on va voir ce que trame cet imbécile, dit Pierre-Antoine en sortant une petite clé Allen et un trombone de la poche de son grand imper noir.

— Vous n'avez pas le droit capitaine, sans mandat...

— Ah arrêtez un peu avec vos principes, si on attendait toutes les autorisations il n'y aurait pas beaucoup de criminels sous les verrous ! Faut vous détendre un peu lieutenant.

En moins d'une minute la porte s'ouvre. Marie-Claude ne peut s'empêcher de ressentir une petite pointe d'admiration devant l'expérience de Pierre-Antoine. Elle s'agace elle-même contre ce sentiment.

— Vous attendez quoi ?

En pénétrant dans le petit appartement le son d'une mélodie au piano se fait entendre. Une voix de fillette s'élève et chantonne :

Victor redescend tout au fond
Il dit bonjour aux demoiselles
Voudriez-vous d'autre plancton
Il en a plein son escarcelle

— Il y a quelqu'un? demande Marie-Claude pas très rassurée d'entendre cette chanson dans la pénombre de l'entrée. On est au début de l'après-midi et pourtant tout semble fermé. Les volets sont clos et les rideaux tirés. Seules des variations de lumière semblent émaner de la pièce du fond qui doit être la pièce principale. Pierre-Antoine met le doigt sur ses lèvres pour intimer à Marie-Claude de se taire.

— Je le sens pas, chuchote-t-il en sortant son arme de son holster.

Victor danse au fond de l'eau
Un pas chez Red, un pas chez Blue
Remonte vite sur ton bateau
Avant que Green ne soit jalouse

De Kerimel pénètre avec prudence dans le salon, son arme en joue. Un écran est allumé, posé sur une petite table face à un fauteuil. Une adolescente y joue du piano, manifestement filmée au caméscope. Juste derrière elle se tient Bruno Canif tout sourire. Il a posé les mains sur ses épaules. La fillette continue son ode :

Il rêve au fond de l'aquarium
Les cheveux en apesanteur
Tourne et tourne petit homme
Dans le silence tu n'as plus peur

La lumière blafarde dispensée par l'écran n'est pas pour rassurer Marie-Claude. La mélodie étrange lui glace le sang, d'autant qu'elle a compris qu'il s'agit de Victoire. Apparemment Victor a laissé la vidéo tourner avant de partir. Marie-Claude se demande dans un frisson si la vidéo ne tourne pas 24 heures sur 24 dans l'appartement… Pierre-Antoine ne dit rien, captivé par la vidéo. Il n'a cependant pas lâché son arme et la braque vers le reste de la pièce tout en regardant la fillette. C'est Victoire, la fille de Judith, celle qui aurait pu être la sienne. Mais Judith lui a préféré Bruno… Et maintenant Victoire est morte. Lui il aurait assumé ses responsabilités et il aurait évité ce chien, la voiture n'aurait pas brulé et leur fille serait toujours vivante. Il aurait été un bon père, un bon mari. Déstabilisé, il se reprend cependant et avance doucement vers l'unique chambre dans l'obscurité troublée par ce qui pourrait être d'autres écrans allumés : personne. En baissant son arme il actionne l'interrupteur pour éclairer la pièce.

— Nom de dieu…

Près du lit, sur une table constituée d'un plateau et de deux tréteaux, trônent trois grands aquariums cylindriques. Ils sont éclairés par des petites lampes situées à leurs bases, dispensant ainsi des lueurs inquiétantes et dessinant des ombres monstrueuses au plafond. Une d'elles semble se mouvoir en cadence. Près des aquariums trois écrans d'ordinateurs dorment dans un entrelacs de fils, de prises électriques et de plusieurs petits boitiers clignotants. Quelques papiers et post-it en désordre font écho au bordel ambiant. Pierre-Antoine les parcourt des yeux et au milieu d'un tas d'inscriptions informatiques qui sont du pur chinois il aperçoit le nom de Chuck en lettres capitales. Un numéro est inscrit juste dessous. Chuck... pourquoi cela lui dit-il quelque chose ? Il continue de balayer la pièce : derrière les méduses, adossé au mur, le tableau de Bruno leur fait face.

— Bordel, il est là ! Le tableau manquant de Delpierre, je l'ai trouvé ! Qu'est-ce qu'il fout ici ? demande Pierre-Antoine.

Marie-Claude regarde les méduses. La verte et la rouge ne bougent pas, elles semblent mortes. Elles flottent entre deux eaux au centre des aquariums. La bleue pulse gaillardement, belle et majestueuse dans son habit de couleur.

— Comment a-t-il fait ça ? se demande-t-elle fascinée.

— Quoi le tableau ? Ça me paraît clair, il a descendu Delpierre et il a récupéré le tableau de son père.

— Non je parlais de la couleur des bestioles.

— On a autre chose à foutre que de penser au coloriage non ? On tient l'assassin de Delpierre ! Je me doutais qu'il n'était pas normal, j'aurais dû y penser plus tôt ! Et si... mais bien-sûr, c'est pas seulement Delpierre, il a tué tout le monde !

— Capitaine...

— Oh merde, il faut à tout prix que j'aille voir Judith, dit soudain Pierre-Antoine en blêmissant d'un coup.

— Capitaine...

— Je lui ai envoyé un message tout à l'heure, oh merde ! Oh quel con ! Il faut que je la voie tout de suite !

— Capitaine, il faut que vous voyiez ça.

Sortant à grand-peine de son angoisse Pierre-Antoine s'approche de Marie-Claude. Elle a la tête à quelques centimètres de l'aquarium de la méduse rouge. À la surface flotte quelque chose que Marie-Claude se refuse encore à identifier.

– Qu'est-ce que c'est que ça ? demande Pierre-Antoine en plongeant la main dans l'eau.

Il en retire avec dégoût un lambeau de matière flasque et épais grand comme la paume de sa main. Il le dépose sur la table en le dépliant doucement pour mettre à jour dans un haut-le-cœur une méduse rouge sur un morceau de ce qui semble bien être de la peau humaine .

***

Ça y'est ils ont mon pseudo, se dit Chuck en espionnant les conversations des ICC. Le décompte est en marche avant qu'ils ne viennent le cueillir. Il regarde son reste de pizza sur son carton, lui-même posé sur ses semblables en une pyramide anarchique et instable. « Anarchique », il aime bien ce mot, ça fait soixante-huitard. Mais défiler dans les rues il laisse ça aux autres, c'est trop dur, et marcher avec des banderoles en scandant des slogans assassins, c'est pas son truc, encore moins courir quand les CRS jouent à la cavalerie. Courir... avant il aimait ça avec Sébastien. Il était haut comme trois pommes et il dormait avec son ballon tellement il l'adorait. Alors en rentrant du boulot il passait chercher son petit gars à la maternelle et ils se faisaient des parties de foot dans le jardin. Il s'amusait à le laisser gagner et Sébastien était aux anges. Il levait ses bras en l'air du plus haut que lui permettaient ses trois ans et il renversait même son pull sur sa tête comme s'il était au Parc des Princes quand il marquait un but. C'est tellement loin. Il était mort si tôt. La leucodystrophie était passée par là. En un an et demi son petit était parti, en décembre, un mois avant ses cinq ans. Il avait tout essayé mais c'était peine perdue. « Pas de solution, pas de traitement », lui avait-on dit, « au revoir monsieur, ah oui, et bon courage au fait ! » Chuck fait tourner pour la dix-millième fois la petite voiture de Sébastien entre ses doigts. Il avait tout fait, parcouru le web de long en large, avait obtenu des rendez-vous avec les meilleurs médecins français soi-disant. Il avait ensuite passé une année entière à parcourir la planète pour rencontrer encore et encore d'autres médecins. Ils avaient envisagé des thérapies toutes plus loufoques et expérimentales les unes que les autres. Il en revenait chaque fois plus atterré de se rendre compte que le cas de Sébastien n'intéressait personne sérieusement : « pas rentable » lui avait-on même dit parfois. Alors il rentrait retrouver son fils et chaque retour lui montrait à quel point la maladie avançait vite, impitoyable et injuste. Sébastien cessa de marcher, puis très vite sa tête ne voulut plus se tenir droite. Il était fatigué et triste, ça lui arrachait le cœur. Et pendant ce temps-là on allouait des budgets insensés à des ministères débiles. Puis Sébastien avait cessé de parler, presque du jour au lendemain. Ça n'avait pas empêché Chuck de chercher encore de l'aide dans l'espoir de dénicher un type sur terre qui se saignerait pour vraiment chercher une solution. Et pendant qu'il courait le monde il ne profitait pas de son fils, il se l'est parfois reproché. Il est possible que ces échappatoires fussent des raisons égoïstes de ne pas avoir à regarder son fils devenir un navet. Il avait fui l'assistance qu'il devait à Sébastien en courant à droite et à gauche. Et tout ça pour quoi ? Pour finir par le trouver mort dans son lit, sa petite tête dans une position invraisemblable et la bouche ouverte. Que de précieux jours perdus à courir au lieu de profiter de sa présence… Il s'en veut tellement. Et il s'était juré de lutter contre ce fait de société qui veuille qu'on sacrifie des enfants sur l'hôtel du profit. C'est trop difficile, inhumain pour des parents. Il allait changer les choses et permettre à tous les Sébastien du monde de jouer au foot avec leurs papas. Pendant des années il avait cherché la solution. Doué pour l'informatique il avait tout fait, tout appris, et s'était naturellement tourné vers l'underground, l'interdit, le Dark Web, le monde incontrôlé des hackeurs de haute voltige. Il avait étudié les principes de la finance, de la recherche, de la politique, des circuits monétaires internationaux. Bien évidemment tout ça passait par le Dow Jones, le Nikkei et autres indécences, et en France, par le CAC 40 : la caverne d'Ali Baba, une réserve d'argent aussi inutile que si elle était stockée dans les jarres dans une caverne pour ne finalement jamais servir à quiconque. À l'instar desdites jarres les grands comptes et les chiffres aux multiples zéros sont tout aussi inutiles si on ne s'en sert pas. Eh bien soit, il allait se poster devant l'entrée et simplement murmurer « Sésame ouvre-toi ». Ça avait bien failli capoter car les géants ont recruté un adversaire invisible qui apparemment a retrouvé sa trace. Mais qu'importe, le jour J est arrivé, tout est prêt. Et Victor le taré l'a vraiment aidé. Il est fantastique ce gars, carrément à l'ouest avec ses histoires pour protéger son père, mais un ordinateur puissance mille pour ce qui est de raisonner pragmatiquement. Bien sûr il avait compris à quoi jouait Victor mais ce n'était pas son problème. Il l'avait aidé à ouvrir la faille dans le système et sans lui sa quête du Graal ne serait restée qu'un espoir vain. Aujourd'hui c'est réalité, et c'est grâce à Victor. Il est devant la caverne et il est prêt. La police ne va pas tarder c'est évident. Mais il leur a réservé une petite fiesta à sa façon, une surprise qui leur rappellera le temps des anarchistes du XIXème, un hommage en quelque sorte. Tout est facile lorsqu'on pénètre les arcanes des réseaux terroristes. En s'adossant bien au fond de son fauteuil dont la couleur a disparu sous la crasse, Chuck se fourre une part de pizza entière dans la bouche en pensant que c'est vraisemblablement la dernière.

Tant mieux, c'est une hawaïenne et il adore les morceaux d'ananas. L'écran vert de son ordinateur principal se reflète dans ses lunettes rafistolées et le curseur clignote juste derrière la phrase « Êtes-vous sûr ? O/N ».

***

Pierre-Antoine referme la porte derrière lui.

– Judith ? ... Judith tu es là ?

Il ne se sent pas très à l'aise de rentrer chez elle comme ça. Il a frappé bien sûr mais personne... Il a hésité à tourner la poignée de peur de pénétrer dans la maison sans y être invité. Elle ne l'a pas à la bonne en ce moment avec l'histoire Bruno et il ne veut surtout pas l'irriter davantage. Il l'aime tellement. La voiture de Judith est garée devant le garage alors pourquoi ne répond-elle pas ? 16h... C'est anormal... remarque, vu le SMS de tout à l'heure, cela n'a vraisemblablement pas dû la mettre dans de bonnes dispositions à son égard... il n'aurait pas dû, c'est à cause de Castelet et de ses tampons à la con, elle ne lui a pas laissé le temps de réfléchir, sinon il ne l'aurait pas envoyé. De plus c'était avant de découvrir la vérité sur Victor. Judith n'a rien à voir là-dedans mais de son point de vue, il vient l'arrêter comme une meurtrière. Elle ne va pas l'accueillir à bras ouverts évidemment. Tant pis, son instinct lui a dicté d'essayer d'ouvrir... et c'est ouvert. Il va s'excuser, lui dire qu'il s'est trompé sur son compte. Sur le trajet il a envoyé un second message mais l'a-t-elle lu ? Ça va cependant surement être difficile de lui faire entendre que son fils Victor est un assassin. Il va forcément enfoncer un clou supplémentaire dans sa haine contre lui, mais il lui doit la vérité. Il ne lui a jamais menti même quand ils étaient mari et femme. C'est peut-être une des raisons pour laquelle elle l'a quitté pour Bruno mais il est comme ça, il dit les choses.

Il est malgré tout soulagé de ne pas avoir à mettre Judith sous les verrous. Qui sait, un jour pourra-t-il peut-être la reconquérir ? Alors elle connaitra la paix. Il ne refera pas les mêmes erreurs, et si elle veut travailler, si elle veut avoir des tas d'amis, il la laissera libre, pourvu qu'elle le regarde autrement qu'aujourd'hui. Ils pourront alors tous deux s'asseoir sur le canapé en regardant n'importe quoi à la télé. La grande pièce déserte sent bon Judith. Il y décèle des courants de parfum frais, qui malgré son malaise de se trouver ici en intrus le font se sentir presque bien. Tout est rangé, tout est propre, si on excepte la bouteille de whisky sur la table. Ça ne ressemble pas à Judith ça. Un invité ? Un homme ? Une pointe lui transperce le cœur malgré lui. En connaisseur il ne peut s'empêcher de s'approcher pour regarder la bouteille. Son cerveau lui intime l'ordre de se servir un verre mais il l'ignore, ça n'est surtout pas le lieu. De toute façon, elle est quasiment vide, il ne ferait que s'humecter le palais. La bouteille est ouverte mais il ne voit pas de verre. Machinalement il se tourne vers la partie cuisine pour regarder s'il n'en voit pas un ou deux posés quelque part : rien. Il reporte son regard vers la table sur laquelle sont posés un carnet grand format et un crayon. À côté, un tas de boites de médicaments, Judith était surement en train de faire le ménage dans sa boite à pharmacie...

— Judith ?

Pas de réponse...

Une feuille du carnet est coincée sous la bouteille, manifestement écrite d'au moins quelques mots... une liste de courses ? Une lettre ? Il tend la main mais il n'ose pas saisir la feuille, il n'est déjà que trop entré dans son intimité. Une partie de ses neurones est obsédée par la couleur du reste de whisky, une autre par la curiosité de savoir ce qu'a écrit Judith sur ce morceau de papier. Non, il va s'asseoir et l'attendre, sagement. Il n'est pas le grossier personnage qu'elle s'imagine, il sait se tenir et elle va s'en apercevoir. Où est-elle bon sang ?

Pierre-Antoine s'est assis et regarde la feuille de papier de loin en essayant de déchiffrer l'écriture noire, juste pour voir si c'est une lettre pour les impôts ou si elle écrit à Bruno par exemple... juste ça... juste un coup d'œil. Il est un peu loin alors il penche la tête et force ses yeux à faire le point sur la première ligne... « Pierre-Antoine, » Nom de Dieu ! Son bras se détend à la vitesse de l'éclair et il manque de peu de renverser la bouteille pour s'emparer du feuillet :

Pierre-Antoine,

Je suis un monstre. Tu as compris et je ne nierai pas. J'ai essayé de vivre avec ce que j'ai fait mais je ne le puis plus. Tu as raison, j'ai tué tous ces gens. Je savais que tu le devinerais un jour, je connais ta ténacité, tu es un flic formidable, rien ne te résiste. Je t'ai aimé tu sais, mais ton obstination à te venger de Bruno a gâché tout ce que je pouvais encore éprouver pour toi. Aujourd'hui il ne reste plus rien. Tu as voulu le détruire, j'ai voulu le protéger. À partir de ce moment-là il n'est plus possible d'avoir ne serait-ce qu'une relation cordiale toi et moi. Je l'ai aimé lui aussi, c'est comme ça, je n'ai pas choisi. La vie l'a séparé de moi mais il est toujours dans mon cœur et je me devais de le protéger de ceux qui lui voulaient du mal. Il a tellement souffert, enfant, puis à la mort de Victoire... J'ai décidé de soulager ses maux en en supprimant les causes. Alors oui, j'avoue, j'ai tué Boss ce petit prétentieux dont il rêvait encore parfois la nuit. J'ai tué Leguerson qui l'avait quasiment violé alors qu'il n'avait que dix ans. C'était pour moi la seule solution pour atténuer ses angoisses. J'ai tué Simon mon amant de l'époque, je voulais qu'il soit en paix avec ça, on avait eu si mal... J'ai aussi tué sa maitresse Roxane. Elle l'avait fait chanter pour qu'il me quitte et je crois qu'il y pensait encore souvent alors pour couper court à ses turpitudes, je l'ai supprimée. Et puis j'ai tué Delpierre, ce pis-aller vers lequel il s'est tourné après notre séparation. Il voulait juste de l'affection et il s'est fait berner. Tu vois Pierre-Antoine, je savais tout... Enfin j'ai tué Sasha. Oui. Cette salope a fichu notre couple et notre famille en l'air. Elle l'a mérité entre tous, je ne regrette rien.

Tu peux maintenant boucler ton affaire, cette lettre va y mettre fin et tu vas pouvoir faire libérer Bruno. Il n'est qu'une victime, une victime de la vie et de toutes ses méduses comme il dit. Relâche-le, mets fin à cette haine sans fondement si ce n'est celui de m'aimer encore. Ça n'a pas de sens, il ne peut pas payer pour tes sentiments. Je suis sincèrement désolée de ne pas les partager avec toi, pardonne-moi.

Je te demande donc à genoux s'il le faut de cesser de te servir de ta rancœur pour l'accabler. S'il te plait laisse ce qui me reste de famille vivre dans une paix relative si c'est encore possible. Et Victor aura besoin de son père car je ne serai plus là. Je ne veux pas finir mes jours en prison, je ne veux pas que tu m'y emmènes. Je n'ai que cette solution pour ne pas avoir à affronter cette épreuve, je ne peux qu'agir pour moi et je le fais en conscience. Je sais que tu ne comprendras pas mais essaye juste de me pardonner, de pardonner à Bruno, et de te pardonner à toi-même de cette autodestruction qui te tue à petits feux et qui fait de toi un non vivant.

Adieu Pierre-Antoine, essaye d'être enfin heureux.

Judith

Pierre-Antoine n'arrive pas à détacher ses yeux de la signature de Judith. Il a du mal à réfléchir... Que veut-elle dire ? Que fait-elle ? Ah il aimerait bien que Castelet soit là histoire d'avoir son avis... mais elle est chez Betty. Il repose doucement la lettre sur la table et regarde le whisky, le carnet, la lettre... et les médicaments. Son sang ne fait qu'un tour : médicaments, alcool, lettre. Merde Judith ! Qu'as-tu fait ? Il se lève précipitamment en renversant la chaise et se rue vers l'escalier menant vraisemblablement à la chambre. Il manque de trébucher sur un verre vide tombé au milieu des marches. Oh non ! Il ouvre la première porte en criant son nom : salle de bains. La deuxième s'ouvre sur la chambre de Judith : elle est là, à demi allongée sur son lit jusqu'à la taille. Ses genoux touchent par terre. Elle est face contre son dessus de lit et elle a empoigné un coussin. Elle est inconsciente. Il lui saisit le visage à deux mains :

– Judith ! Ça va aller Ju ! Tu m'entends ? Je suis là on va y arriver, parle-moi ! Ju !

Il la retourne sans ménagement et pose son oreille sur sa poitrine. La honte d'être ici et le respect pour elle n'ont plus de sens. Il doit la sauver. Il n'entend rien, pas de battement, mais il n'est pas sûr, et c'est impossible, pas Judith. Il saisit son vieux téléphone et compose le quinze avant d'entamer la réanimation par bouche à bouche et massages cardiaques.

Tu vois, le jour où tu embrasses de nouveau Judith est arrivé, lui dit son esprit.

***

– Marie-Claude ? demande Betty étonnée de la voir sur le seuil de sa porte.

– Bonjour Betty, j'ai essayé de vous appeler mais ça n'a pas décroché.

– Ah mais poussez-vous, satanés chats, allez plutôt chasser les souris dans la grange ! Entre. J'ai des soucis avec ce fichu téléphone, je ne l'entends pas. Il doit y avoir un problème ou alors je deviens sourde comme un pot.

– Je préfère ça, on se faisait du souci, surtout Pierre-Antoine pour tout dire, après vous avoir eue au téléphone il m'a demandé de passer pour voir si tout allait bien.

— Oui ça va, c'est juste l'autre qui me harcèle.

— Le monsieur de l'autre jour, celui qui a flirté avec la voiture de Pierre-Antoine ?

— Précisément. Et je dois dire que j'ai eu peur. Il a dit qu'il venait pour s'expliquer et que ça n'allait pas se passer comme ça. Il avait l'air très en colère, limite barjot ! J'ai cru qu'il s'était échappé. J'ai paniqué, alors j'ai appelé PA puis l'hôpital pour savoir s'il était sorti. Ils m'ont demandé si j'avais une idée de son état. La fille m'a dit que s'il était possible de sauter du troisième avec des multiples fractures aux jambes et au bassin pour aller se balader alors elle voulait bien être pendue ! Tu prends un café ? Excuse-moi mais vouvoyer des plus jeunes que moi je ne peux pas. D'ailleurs fais pareil, je n'aime pas les salamalecs.

— Pas de souci.

— Pousse-toi toi, dit Betty en délogeant un gros chat roux de la chaise sur laquelle elle invite Marie-Claude à s'asseoir. Mais dis-moi, pourquoi PA ne s'est-il pas déplacé ? Bizarre ça qu'il t'ait envoyée, s'amuse Betty, d'habitude il rapplique à la moindre occasion. Il n'a pas de souci au moins ? demande-t-elle une soudaine lueur d'inquiétude dans les yeux.

— Il a dû filer chez Judith en catastrophe, je ne sais pas bien pourquoi.

— Chez Judith ? Aïe, il va encore se retrouver au sous-sol.

— Oui j'ai cru comprendre qui elle est pour lui, soupire Marie-Claude en tentant de s'assoir, la place étant déjà réoccupée par le gros matou aussitôt revenu s'installer.

— Allez dégage, c'est pas vrai ça, fait Betty en chassant l'animal. Eh oui, il l'aime toujours, continue-t-elle, et ça, je crois bien que c'est pour l'éternité malheureusement pour lui.

– Oui je sais, Bruno Canif.

– Il le hait… ou plutôt il s'en persuade, ça donne une raison à sa colère.

– La colère qu'elle soit partie avec lui ?

– Oh j'en sais rien, il est comme ce matou, dit-elle en poussant à nouveau le félin cette fois grimpé sur les genoux de Marie-Claude. C'est SA chaise et il reviendra toujours. Tu lui enlèves et il est paumé.

– Euh…

– Eh bien Judith c'est pareil pour PA. Même s'il prend des baffes toute sa vie à essayer d'y retourner, il recommencera, c'est comme ça.

– Il n'a jamais eu de nouvelle histoire d'amour après Judith ?

– Si, une fois à Paris quand il était au trente-six. Mais cet imbécile a reproduit le même schéma qu'avec Judith.

– Un schéma ?

– Oui. Il n'a pas compris que personne n'appartient à personne en fait. Elle est donc partie, comme Judith.

– Et de toi ? Il n'est pas amoureux ? On dirait bien pourtant. Tu n'es pas obligée de répondre si je suis indiscrète.

– Oh je pense que si, tout au moins à une époque. Et je pense que s'il voyait une ouverture il s'y engouffrerait. Mais c'est impossible. Je l'aime aussi, mais comme un frère. Je pense que ses sentiments pour moi sont du même ordre mais il est un peu confus de ce côté-là. Il ne va pas bien, et boire ne l'aide pas à y voir plus clair, mais c'est un tendre, il a un gros besoin d'amour.

– Eh bien franchement on ne dirait pas vu comment il me traite, j'ai l'impression qu'il ne peut pas me sentir.

– Oh toi c'est différent. Il sait que tu es une bonne flic en devenir. Mais il ne veut pas te le dire.

– C'est complètement idiot.

— C'est sûr. Il a peur que tu prennes les commandes. Et c'est un macho de première. À mon avis il sent qu'il est sur la pente descendante côté boulot. Il a peur de ne plus être à la hauteur surtout depuis l'affaire de Paris, et il compense par une assurance butée et absurde. Avec un peu trop de whisky par là-dessus...

— Depuis qu'on travaille ensemble je l'admire dans son boulot. Enfin... je l'admirais car je dois avouer qu'en ce moment il m'inquiète sérieusement. Et on ne peut pas dire qu'il soit très sociable... mais je ne sais pas, quelque part je...

— Tu prends du sucre ? Ne me dis pas que tu en prends deux comme PA ? Je sais pas comment il fait, ça ne ressemble plus du tout à du café...

— Non sans, merci.

— Ouf tu me rassures. Lui il préfère ses deux sucres ça lui fait du bien même si c'est pas bon, encore une habitude débile. Bon n'hésite pas à envoyer balader ce chat bon sang de bon sang ! Non mais quelle bourrique alors, s'énerve Betty. Ah tiens, quand on parle du loup, regarde tiens, mon téléphone daigne sonner.

— Allo ? PA ? Ça va ? Je suis avec Mar...

— C'est Judith ! Elle est en train de mourir ! Je l'ai réanimée, là elle respire de nouveau mais j'attends le SAMU, je sais pas ce qu'ils foutent, elle est inconsciente, son cœur battait plus, j'ai fait ce que je pouvais mais je ne sais pas...

— Oh oh, PA, calme, tu es où ?

— Je suis chez Judith, elle est en train de crever je te dis !

— Bouge-pas je suis avec Marie-Claude, je mets le haut-parleur.

— Elle est chez toi ? J'arrive pas à la joindre.

— Je suis là Capitaine, qu'est-ce qui se passe ? demande Marie-Claude en se faisant la réflexion que son téléphone est resté dans la voiture.

– Je suis chez Judith, elle a tenté de se suicider !

– Elle est hors de danger ?

– Pas du tout, je viens de la réanimer, bouche-à-bouche et massages cardiaques, elle respire de nouveau mais elle va mourir s'ils ne se ramènent pas. Elle a pris une tonne de médocs.

– C'est pour ça que vous avez filé là-bas en sortant de chez Victor ? Elle vous a appelé juste après avoir pris les médicaments ?

– Non pas du tout. En fait…, Pierre-Antoine s'arrête, pas certain d'avoir envie de dire la vérité.

– On t'écoute PA, respire et raconte, dit Betty d'une voie calme et douce.

– Eh bien avant d'aller chez Victor j'étais persuadé que c'était elle qui avait tué ces gens. Alors… je lui ai envoyé un message en lui disant que je venais l'arrêter. Putain elle a dû avoir peur, c'est ma faute si elle a voulu se foutre en l'air.

– Pourquoi avant chez Victor ? demande Betty en regardant Marie-Claude.

– Eh bien il n'y a guère de doute sur Victor vu ce qu'on a trouvé chez lui. C'est lui c'est sûr.

– Je ne comprends plus rien, crie Pierre-Antoine en pleine confusion. Elle m'a écrit une lettre. Elle explique qu'elle les a tous tués, elle avoue tout. En fait j'avais raison cette fois, j'avais raison ! Mais qu'est-ce qu'ils foutent putain ?

– Capitaine, ça ne peut pas être Judith, impossible avec ce qu'on a pu voir chez Victor.

– Ça ne tient pas, c'est quoi alors cette foutue lettre ? Et elle a voulu se suicider pour ne pas aller en taule !

– Du calme, réfléchis, dit Betty. Ce que tu vois là c'est surement de la pure protection. Elle est loin d'être bête et à mon avis si c'est bien Victor elle l'a compris avant vous, c'est son fils.

— Pourquoi s'accuser alors ?

— Par protection maternelle, c'est tout. Elle a perdu Victoire et pense devoir protéger son fils bec et ongles.

— Comment peut-on protéger un meurtrier si c'est ça ?

— Il suffit d'être mère...

— Tout ça c'est la faute de ce Canif de mes deux ! ! Bordel je vais lui faire la peau.

— La haine t'aveugle PA, attention. Ne fais rien d'inconsidéré.

— OK ok, j'entends la sirène, ils arrivent. De toute façon je le vois demain, il a demandé à me voir. Je vais lui sauter à la gorge et l'étrangler de mes propres mains !

— Dis pas d'ânerie, appelle-moi demain avant d'y aller, ne fais rien de... Allo ? Allo ? Merde...

***

— Entre nous soit-dit, qu'est-ce qui me dit que Canif va tenir parole ?

— Pince-à-Sucre soutient le regard du directeur. Il a les jambes en coton et redoute que Plantu ne remarque le tremblement de ses mains. Il a réussi à se contenir pendant l'épreuve mais là, sur le pas de la porte, prêt à partir, il est à la limite de s'effondrer. Courage, dans cinq minutes c'est terminé.

— Je ne sais pas monsieur le directeur, il m'a semblé complètement désemparé, enfin c'est comme ça que je l'ai ressenti. L'enterrement de sa mère est très important pour lui. Il doit vraiment aider sa sœur à traverser cette épreuve, ne serait-ce que par sa présence.

— Sa mère, sa sœur, graines de folles. Elle aurait dû le noyer à sa naissance sa putain de mère. Et sa sœur ne doit guère mieux valoir que lui, les liens du sang n'est-ce pas ? se désole Plantu, et il est prêt à prendre le risque de finir au gnouf avec sa proposition pour enterrer sa mère ? J'ai un doute, ça sent le coup fourré.

– Je pense qu'il a été manipulé avec cette affaire de drogue. Ça le met dans un énorme embarras, il a envie d'en sortir et de « rentrer dans le rang ». L'enterrement de sa mère lui en donne l'occasion.

– Manipulé c'est ça oui ! Quand on est mauvais on est mauvais. Un ancien flic, non mais vous vous rendez compte ?

– Sauf votre respect je pense pour ma part que tout le monde a une part de sombre et une histoire qui…

– Foutaises ! Dites-lui que je veux le paquet complet avant sa sortie.

– Il a été clair, pas de sortie pas de drogue. Il n'a aucune confiance en vous je dois bien le dire. Il m'a demandé de vous préciser que vous auriez le tout juste après être rentré de la cérémonie.

Plantu, les dents serrées et les phalanges blanchies aurait bien envoyé cet arrogant au diable mais l'avidité lui ronge le cerveau. De toute façon il a maintenant assez pour tenir à jusqu'à la fin de la semaine avec les deux nouveaux sachets de poudre… Alors pourquoi ne pas jouer ce coup de poker ? Et si jamais ce tordu lui fait à l'envers il lui fera regretter d'être né par un traitement approprié dans la discrétion lugubre du couloir des isolés.

3

10 janvier 2015

— Police ! Ouvre !

Ça y'est, c'est reparti, à peine rentré et le voilà directement dans le bain. Il est déjà loin le ti-punch et les langoustes sur la plage pas plus tard qu'hier. Encore deux ans et c'est décidé, il va s'installer là-bas. Ils en ont discuté avec Valérie, les enfants sont grands et ils ont bien mérité de se la couler douce quelques années sous le soleil des cocotiers à écouter du zouk les pieds dans l'eau. Concentré, le flingue bien serré en position réglementaire, Beluga se demande quand même ce qu'il fout ici, inconscient qu'il joue là sa dernière scène. Il jette un regard circulaire pour s'assurer que tout le monde est en place.

« Eh voilà », se dit Chuck. Fin. Une pensée pour Sébastien qui court après son ballon... Encore une ou deux respirations...

— Allez on entre, dit Beluga de l'autre côté de la porte en faisant signe de la tête au gars qui tient le bélier.

***

Pierre-Antoine n'a pas fermé l'œil. Les yeux rougis par le manque de sommeil il regarde le petit gars qui vient d'entrer dans le parloir. Il espère et redoute à la fois de voir Bruno dans son sillage. Curieusement il est calme malgré l'emballement de son cœur à la vue de celui qu'il considère comme le responsable de l'échec de sa vie. Celui-ci entre effectivement dans la pièce derrière le jeune au crâne rasé (un enfant). Il a envie de le tuer sur place et en même temps il a la sensation que cette entrevue est essentielle pour lui, peut-être l'occasion de s'épancher et de libérer un peu de cette éternelle pesanteur.

– Tu es venu, dit Bruno en s'asseyant face à lui, merci.

Pierre-Antoine se sent soudain las en entendant la voix de Bruno. Elle est presque familière, elle appartient au passé et elle est toujours là dans ce présent boueux, elle n'a pas varié depuis son adolescence. Il hait cette voix mais elle est comme un fil rouge, une raison à son parcours, une cause de son malheur bien-sûr, mais son détenteur l'a accompagné tout le long de sa vie et lui donne finalement un sens : celui d'avoir à le détruire un jour, et ça, c'est déjà un but en soi.

– Oh Kevin ! s'écrie la maman en se levant à la vue du jeune détenu, mon Dieu c'est pas vrai, oh Seigneur ! Et elle se met à pleurer en regardant son fils s'asseoir à la table.

Les yeux dans les yeux, Pierre-Antoine et Bruno n'entendent pas les plaintes de la table à côté.

– Espèce d'enfoiré, commence Pierre-Antoine, tu mériterais que je t'étrangle sur place !

– Eh bien, bonne entrée en matière, raille Bruno.

– Je viens de passer à l'hôpital et tu as de la chance elle va s'en sortir.

– De qui tu parles ?

– Judith bordel ! Elle a tenté de se suicider hier soir, et c'est à cause de toi, de tout ce merdier !

Bruno blêmit... Judith ?

– Si tu ne l'avais pas entrainée là-dedans elle n'en serait pas arrivée à ces extrémités.

– Comment va-t-elle ? demande Bruno d'un air grave.

– Elle a pris un tas de médocs, je l'ai trouvée quasi morte chez elle !

– Tu sais pourquoi elle a fait ça ? demande Bruno d'une voix visiblement affectée à l'annonce de la nouvelle.

– J'ai d'abord pensé qu'elle était impliquée dans les

meurtres mais j'ai ensuite découvert que c'est Victor le coupable. Elle a surement voulu le protéger en laissant une lettre d'aveux et en se suicidant...

— Attends une seconde, tu es en train de me dire que tu ne m'accuses plus ?

— Je sais que Victor est carrément impliqué mais je ne sais pas encore à quel point tu l'es aussi. En tout cas je suis certain que tu savais que c'était lui !

Bruno ne répond pas. Il tourne la tête pour voir la maman d'à-côté tendre ce qui semble être un rouleau entouré d'un ruban de raphia rouge à son fils.

— Tiens, c'est un dessin de ta sœur, elle pense à toi tu sais, dit-elle.

Pince-à-Sucre, de faction, se dirige alors vers la table et tend la main afin de saisir l'objet pour vérification, le gardien préposé aux fouilles étant souffrant aujourd'hui et il va sans dire, non remplacé. La mère blêmit instantanément alors que le maton regarde à l'intérieur du tube. Celui-ci s'arrête et regarde la femme qui le soutient de ses yeux humides, l'implorant en silence. Trois cigarettes soigneusement scotchées le long du tube... En regardant le jeune, Pince-à-Sucre ressent une grande lassitude. Qu'est-ce que ça peut bien foutre qu'il y ait trois clopes qui passent par ici alors qu'on en trouve bien évidemment à foison dans la maison ? Sans un mot il tend le tube au petit et s'en retourne tranquillement le long du mur. Bruno essaye de capter son regard à son passage pour y lire l'assurance qu'il va marcher, qu'il est bien allé voir le dirlo pour sa permission et qu'il va accessoirement l'aider à faire tomber Milou. Il n'a pas le temps d'approfondir.

— Tu es responsable de tout ce qui arrive, je te hais, crache Pierre-Antoine.

— Je sais... et je ne t'en veux pas.

— Manquerait plus que ça !

– Je sais à quel point tu aimes Judith, tente Bruno d'une voix grave et douce. On l'aime tous les deux. Elle t'a quitté, elle m'a quitté. On n'a pas été à la hauteur...

Pierre-Antoine, le visage crispé et fatigué a du mal à contenir ses larmes de rage, de tristesse et de frustration. Il ne lui fera pas ce plaisir.

– C'est bon ça suffit, pas besoin d'écouter tes analyses, repousse Pierre-Antoine en mettant sa main devant lui et en baissant les yeux pour tenter de dissimuler son émotion. Alors, pour Victor, tu savais hein ? Tu t'es bien foutu de moi encore une fois !

– Écoute, arrête de m'agresser, je ne suis pas responsable de tout ce qui t'arrive. Je n'étais pas là à Paris par exemple. Tes erreurs sont les tiennes, assume-les.

Pierre-Antoine se lève en renversant sa chaise, touché qu'on lui rappelle encore une fois son erreur de jugement de Paris, lui qui aurait tellement aimé être un modèle de perspicacité... Milou vient d'entrer dans le parloir et se précipite en bon fayot :

– Ça va Capitaine ? Un problème avec Chleuh... Canif ?

– C'est bon pas de souci, répond Pierre-Antoine agacé en relevant sa chaise et en reprenant place.

– Bon, pourquoi tu voulais me voir ?

On y est, ne pas rater le truc... Bruno a répété mais bon, c'est sans filet.

– Pour Victor, oui je savais, mais pas depuis longtemps, il ne m'a rien dit, je l'ai deviné.

– Et tu n'as rien dit.

– Compliqué, tu le sais. C'est pas si simple quand il s'agit de son propre fils. J'ai perdu Victoire, je ne voulais pas perdre Victor ni le voir malheureux, enfermé entre quatre murs pour le restant de sa vie.

– Un assassin.

– J'ai fait l'autruche oui, je l'admets. Comme Judith sans

doute.

— Laisse-la tranquille !

— Ce qui est fait est fait. Maintenant j'ai voulu te voir pour une raison précise.

— Balance.

— Voilà... j'ai réfléchi, j'ai tout mon temps pour ça, et tu as raison : ça doit cesser. Je pensais sincèrement que Victor s'arrêterait. Je ne savais pas avant la mort de Delpierre. J'ai eu la faiblesse de me dire que c'était une erreur et qu'il avait terminé sa quête. Il tuait pour me protéger ou me venger je ne sais pas très bien, et je ne pensais pas qu'il continuerait. Mais il a trouvé Sasha et là encore il l'a tuée. Je ne peux pas continuer comme ça, il faut l'arrêter, peu importe que ce soit mon fils. Il est encore des vivants qu'il pourrait bien descendre.

— Comme ?

— Nathan par exemple.

— Je suis au courant de l'histoire.

— Oui et tu sais donc à quel point j'en ai bavé par sa faute. Si ma souffrance est le moteur de Victor, il va le tuer.

— Et tu sais comment empêcher ça? Il a disparu, impossible de mettre la main dessus.

C'est maintenant que ça se joue, se dit Bruno en inspirant.

— Ma mère est morte... elle est enterrée demain.

— Change pas de sujet.

— Victor y sera.

Pierre-Antoine le regarde et percute :

— Alors on va le cueillir !

— Seulement si j'y vais.

— Comment ça si tu y vas ?

— Je te propose un marché.

— Quoi ? Du chantage ?

— Non non, un marché. Maman est morte, je dois y aller.

Cécile doit se sentir abandonnée, c'est primordial, je dois y aller pour lui montrer que je n'ai pas cessé d'exister. Je veux être présent à ses côtés, même si ce n'est que fugitif, le temps d'une cérémonie.

– C'est n'importe quoi, ils ne te laisseront pas, qu'est-ce que tu crois ?

– C'est ici que tu interviens.

– Comment ça ? demande Pierre-Antoine avec une moue de méfiance.

– Tu en as assez de nouer avec les erreurs ? Tu ne veux pas un jour résoudre une véritable affaire ? Je t'offre aujourd'hui Victor sur un plateau. Il a disparu ? Je n'ai qu'un mot à dire pour qu'il soit à l'enterrement ou pas loin. Donc tu me fais sortir pour deux heures et tu es le héros de l'histoire.

Pierre-Antoine, les mains sur les yeux, réfléchit. Résoudre enfin une affaire de cette ampleur… effacer Paris, gommer le fait qu'il ait fait enfermer Bruno à tort, oublier les regards moqueurs et goguenards de ses collègues depuis la reprise des crimes malgré l'incarcération de Bruno…

– Et tu veux que je fasse comment ?

– Alors ça, c'est pas dans mes cordes. Tu argues du fait que c'est la seule chance d'arrêter un tueur en série, que tu protèges une victime potentielle, mets-les face à leurs responsabilités s'il arrive quoi que ce soit à Nathan par exemple.

– Ça ne marchera pas. Et non seulement il te faut l'accord de ma hiérarchie mais l'accord de la direction du pénitencier est obligatoire.

– T'inquiète pas pour ça, dit Bruno en jetant un œil à Pince-à-Sucre.

– Allez, il est l'heure dit celui-ci, visite terminée.

À la table d'à-côté la maman se met à sangloter

bruyamment et le jeune se lève en tenant les mains de sa mère. Il les lâche pour saisir le dessin de sa sœur avec son beau ruban rouge mais le tube tombe à terre. Il se penche pour le ramasser quand un pied s'abat lourdement sur le rouleau. Milou se penche et ramasse l'objet. En regardant à l'intérieur, il sourit :

– Eh bien mon ami, on croyait faire entrer des substances illégales en prison ? T'es bon pour le mitard et dis au revoir à ta mère, t'es pas près de la revoir, je vais y veiller.

La maman qui s'était levée tombe mollement sur le sol, évanouie. Pince-à-Sucre se précipite pour la secourir. Ce faisant, il croise le regard de Bruno qui lui fait discrètement un hochement de tête interrogateur. Pince-à-Sucre cligne des yeux en signe d'acquiescement. C'est OK, de ce côté-là, tout roule.

***

... Je ne t'en veux pas mon amour. Il t'a manipulé, je ne sais comment, mais il t'a attirée dans ses filets par je ne sais quel tour de magie. Mais je suis là, je te protègerai, même à distance en attendant que la raison te revienne...

... S'il s'avise de te faire le moindre mal, je te jure que je le tuerai...

... Je t'attendrai toute ma vie s'il le faut...

Marie-Claude replie la lettre et la replace sur la pile sortie du tiroir du bureau de Pierre-Antoine. Elle remonte à 1987 d'après l'en-tête où il a pris soin d'indiquer la date, l'année où Judith l'a laissé tomber pour partir avec Bruno. Elle est abasourdie de voir ces lettres écrites mais jamais envoyées. Il y en a huit... non neuf, écrites avec soin sur du joli papier à lettres, insérées dans des enveloppes tout aussi délicates. Toutes sont adressées à Judith mais non timbrées.

Elles s'étalent de 1984, année de leur séparation d'après les dires de Betty, à 1990. Dans cette dernière il vient d'apprendre la naissance des jumeaux et dit à Judith qu'il abandonne ses espoirs mais qu'il veille toujours au grain. Quelle tristesse, quel chagrin, elle tente de s'imaginer sa douleur. Il n'a jamais fait le deuil de cet amour perdu et il est comme damné, poursuivi par celui-là même qui lui a volé sa passion, du moins l'interprète-t-il ainsi. Il l'a coffré, persuadé de sa culpabilité, et il a finalement de ce fait protégé Judith. Mais là encore Bruno gagne à l'enfoncer encore plus profondément en ruinant sa crédibilité déjà mise à mal à Paris : il n'est pas l'assassin ! Marie-Claude comprend le malaise même si évidemment le capitaine est dans l'erreur… Pierre-Antoine est en ce moment-même à la prison, en visite à Bruno justement, et il a été facile pour elle d'ouvrir le bureau. Un petit double après lui avoir emprunté ses clés et la voilà avec cette pile de lettres devant elle, courriers trouvés au fond du tiroir de gauche. Elle sait que ce n'est pas bien, évidemment, mais voici l'occasion d'essayer de creuser un peu. Tant pis pour les entorses au règlement, Pierre-Antoine pourrait être fier d'elle à ce propos, tente-t-elle sans conviction de se persuader… Finalement, heureusement qu'un bon vieux gros mur et des barbelés les séparent ces deux-là, chacun son monde. Les dégâts potentiels sont dès lors limités. Elle espère cependant que l'entretien de ce matin se passe sans heurt et qu'il n'a pas tenté d'étriper Bruno par un élan de haine viscérale… Pauvre capitaine, elle le plaint de tout son cœur.

Les carnets de Bruno

J'aime la voisine. Depuis longtemps déjà. Elle ne le sait pas. J'en suis fou dingue. Oh je sais que c'est peine perdue, comment pourrait-elle m'aimer ? Et qui d'ailleurs le pourrait ? Je ne suis rien, je suis le raté de Chleuh de la maison des dingues d'à-côté. Tous les gars de la bande sont tellement plus intéressants, si pétillants, si vivants. Je la vois rire aux éclats de leurs blagues et de leurs grimaces. Le soir dans mon lit je me souviens du son de sa voix, je vois ses yeux humides quand elle rit à en avoir mal au ventre, et moi j'ai mal au mien et mes larmes sont tout autre. J'ai parfois envie que tout s'arrête. Je ne serai jamais heureux et je mourrai ici, dans cette bicoque, peut-être même tué par ma propre mère dans une de ses crises, ou comme mon père je mourrai d'un jaune d'œuf salvateur. Et si c'est le cas j'espère que ça ne sera pas sous les yeux de Cécile.

Judith, comme je l'aime. Oh bien sûr je n'ai pas la prestance de certains comme ce Pierre-Antoine par exemple. J'ai bien vu comment elle le regarde parfois. Alors lui je ne peux pas l'encadrer et à priori je ne suis pas le seul. Il se prend souvent la tête avec les autres, surtout dès qu'il a bu un peu. Mais Judith ne le critique jamais et de plus, maintenant qu'il revient en perm avec son uniforme elle le mange des yeux ! Je ne suis pas jaloux car je sais bien que c'est impossible elle et moi, mais ça me pince quand même un peu. Je ne peux pas imaginer qu'elle sorte avec lui un jour, il est tellement idiot. Il tient certainement de son collabo de père. On s'est quasiment battus à ce sujet il y a quelques années, et justement c'est Judith qui nous a séparés. Heureusement je pense car ce jour-là on était vraiment remontés tous les deux, chacun du côté du camp de nos pères jadis. C'est limite si on ne se serait pas entretués pour nos convictions paternelles. Bref, je ne vois pas pourquoi je parle de cet imbécile, de toute façon on ne va pas le voir pendant longtemps, à ses dires monsieur va se tirer de cette ville de débiles et devenir pilote de chasse… Bon vent et à jamais !

4

NathanQueToi : Demain…

Taïga : Oui demain.

NathanQueToi : Enfin, je n'arrive pas à réaliser. Je me dis qu'il va surement arriver un truc, c'est trop beau pour être vrai.

Taïga : Non mon colibri, c'est bien réel, attends-moi chez toi, j'arrive enfin.

Nathan relit ces derniers échanges. Elle a écrit juste avant de prendre l'avion à Guatemala City. Il ne peut plus la joindre désormais. Demain après-midi… chez lui… bon sang c'est un rêve ! Et si c'était vraiment la femme de sa vie ? Et si ça se passe mal ? Et si elle n'aime pas sa façon de pincer les lèvres ? Son rire ? Sa façon d'embrasser, de la toucher ? Et si le virtuel valait mieux que prendre ce risque ? Continuer dans l'illusion que ce soit possible, c'est peut-être la solution, ne pas savoir ce que sauter le pas impliquerait… Non, elle est là, presque, elle vole vers lui, il sera donc au rendez-vous. Alors pourquoi ce sentiment de malaise ? Ça sonne faux et il ne sait dire pourquoi, mais tant pis, il sera là pour l'accueillir, il ne peut pas rater cette opportunité. Il essaye d'éteindre le clignotement des loupiotes allumées dans un coin de son cerveau mais elles refusent d'obéir. Alors oui, il sera bien entendu sur le pont, mais il sera vigilant jusqu'à ce qu'elle se laisse aller dans ses bras et que la réalité prenne alors corps avec le sien qui s'abandonne. Nathan tout à ses réflexions ferme la fenêtre de discussion. Son regard se pose sur la fenêtre d'actualité ouverte en arrière-plan : qu'est-ce que c'est que ça ? « Incident majeur à la Bourse », titre l'article :« Ce matin à 00h43 heure de Paris le système informatique du Palais

Brongniart a été mis à mal par ce qui pourrait être une cyber-attaque. Les serveurs se sont tous mystérieusement arrêtés y compris les systèmes de sauvegarde et de relais pour ne redémarrer sans intervention que dix minutes plus tard sans explication identifiée. L'AFP a reporté un incident similaire à la même heure à Londres, à Berlin et à Rome. Les brigades anti-terroristes sont en cours d'investigation ainsi que l'ICC. Tout a ensuite redémarré à priori normalement et les pays hésitent encore à suspendre la cotation le temps d'analyser, les enjeux boursiers étant cruciaux. Ils ont cependant été basculés sur les installations de secours mais celles-ci s'étant arrêtées aussi lors de l'incident rien ne permet d'assurer qu'elles soient fiables. D'après les premières constatations l'affaire semble liée à l'explosion qui a eu lieu au même instant à Nantes lors de l'arrestation d'un hacker sur la piste duquel était déjà l'ICC suite à des précédentes tentatives d'intrusion dans le système. L'explosion a je vous le rappelle fait quatre morts : trois policiers de la police locale dont le capitaine Beluga chargé de l'opération et le surnommé Chuck le hackeur qu'ils étaient venus appréhender.»

Nathan relit l'article en blêmissant, essayant de ne pas céder à la panique en pensant que toutes ses actions pourraient être réduites à néant. Devenir pauvre, il ne le supporterait pas. Et il connaissait Beluga, un mec vraiment sympa qui passait volontiers prendre un café avec les gars du labo de temps en temps...

***

– Tout est en place? demande Pierre-Antoine au coordinateur des forces en descendant de voiture.

– Oui patron, sniper au premier étage du café Central, fait le gars en montrant le côté gauche de la place de l'église, un autre sur le toit de la boulangerie juste en face, et un autre sur le toit de la mairie à droite.

— Et les autres ?

— Comme prévu on a bien les deux cars de chaque côté près des sorties et les gars sont tous en faction. Tout est OK, on ne peut pas le rater s'il se pointe.

— Castelet vous me recevez ? demande-t-il en actionnant la radio.

— Cinq sur cinq capitaine, je suis en place derrière l'église avec trois hommes comme prévu.

— OK restez bien aux aguets, on ne sait pas du tout où il va se montrer. C'est parti on y va, terminé.

Il n'y a pas foule sur le parvis en ce début d'après-midi. Tout le monde est déjà entré dans l'édifice. Enfin tout le monde... La mère Canif n'avait pas une ribambelle d'admirateurs, mais Pierre-Antoine est quand même étonné de voir un bon petit paquet de vieux s'engouffrer à la suite du cercueil, sans doute des habitués, des spectateurs inconditionnels des enterrements du coin. À cet âge-là peut-être que ça devient un loisir, un lieu de rencontre pour tailler le bout de gras avant d'aller boire un petit coup de blanc puis de s'en retourner au jardin ou à la sieste en attendant d'être un jour à l'honneur dans la boite en sapin. Ainsi va la roue du temps, pense-t-il en ouvrant la porte de la voiture, une main sur son holster, prêt à dégainer s'il aperçoit Victor...

— Allez on y va, dit-il à Bruno, pas de blague hein.

Bruno, menottes aux poignets, s'extirpe de la voiture, encadré par deux policiers. La pluie le frappe au visage, douche froide et cinglante combinée aux images de la place bien connue, le replongeant dans cette enfance qu'il honnit tant. Il se revoit sur le parvis avec sa mère, attendant l'ouverture des portes de l'église le dimanche, et le son des cloches virevoltant à ses tympans lui donne le vertige. Il est là, du haut de ses dix ans, avec sa sœur Cécile, entrant dans le courant d'air de la grande porte, poussé par sa mère alors que son père les rejoindrait peut-être s'il terminait à temps le pichet de blanc qu'il éclusait tristement au Central. En général il finissait par venir, sa mère l'exigeait ainsi. Et s'il perdait la notion du temps et acceptait la tournée de trop d'un compagnon de boisson, il était bon pour se prendre une sacrée trempe en rentrant à la maison. Pendant toute la durée de la messe Bruno guettait l'apparition de son père et priait pour entendre le grincement de la porte latérale de l'église avant la communion qui marquait la quasi-fin de l'office. Oh il ne priait pas le Bon Dieu, il n'y avait jamais cru, mais il fermait les yeux fort, et il espérait…

Heureusement, Pierre-Antoine avait prévu une entrée par cette même porte latérale pour ne pas avoir à remonter l'allée centrale de la nef. Il avait fait réserver les deux premiers rangs à gauche du chœur pour Bruno, les deux flics et lui-même. Ça les arrangeait tous les deux d'ailleurs… Ils n'auraient pas à subir les regards des mégères ni leurs remarques désobligeantes à l'égard de l'un comme de l'autre.

« Oh regardez madame Chiltz, c'est Bruno, le fils ! Quel toupet vous vous rendez compte ? Un tueur, si si je vous dis, il n'a pas honte de venir dans une église ? À l'enterrement de sa propre mère ? La pauvre, si elle est morte c'est sa faute, comment vivre quand on a un fils assassin ? »

« Non mais c'est pas Dieu possible ! C'est Pierre-Antoine, mais si, vous vous rappelez ? Il habitait dans le lotissement pas loin de chez les Canif. Il paraît que c'est lui qui a arrêté Bruno. Si, je vous le dis, je tiens ça d'un collègue de mon mari. Il paraît qu'il boit vous le croyez ça ? On donne des armes à des alcooliques ! Ah eh bien elle est belle la France tiens, nous voilà bien ! »

« Dans notre église, menotté comme un chien, je croyais

que l'église était un lieu sain pas un repère d'assassins ! »

« C'est Pierre-Antoine, paraît que c'est un bon à rien d'après ses parents. Oh j'ai bien connu son père, un gars bien, un bon français ça c'est sûr. »

Au moins, en passant par le côté ils avaient pu tous les deux éviter d'entendre ces sarcasmes même si les regards seraient vraisemblablement davantage tournés vers eux que vers le prêtre... ledit curé ayant la lourde mission de tenter de relater positivement le résumé de la vie de feue Annie Canif, tâche particulièrement compliquée. Avait-il passé des heures pour rédiger son sermon ou n'avait-il même pas essayé ? Peut-être était-il simplement concentré pour ne pas laisser échapper un « La mère Chleuh » au cours de son allocution.

En entrant par la porte latérale les odeurs de bois et d'encens replongent Bruno encore plus profondément dans le passé. Ses jambes daignent cependant le porter, et il reste concentré sur les minutes à venir. Victor... assure mon fils... L'orgue joue un morceau ressemblant davantage à une plainte qu'à un morceau de musique. Il jette un œil à l'instrument, et oui, c'est toujours monsieur Touchard qui est à l'œuvre... enfin à l'œuvre... il penche, se dit Bruno, il penchait moins jadis, le temps fait ployer les plus grands arbres. Aujourd'hui il est plutôt vermoulu et ses doigts ne semblent plus appuyer sur les bonnes touches. Enfin bon, ça fait « un bruit de messe » c'est tout ce qui compte après tout.

En s'asseyant, encadré par les deux policiers, Pierre-Antoine juste derrière lui, Bruno croise le regard de sa sœur assise au premier rang elle aussi mais de l'autre côté de la nef.

Alors que monsieur le curé s'approche du cercueil pour débuter la cérémonie, Cécile se lève et traverse l'allée centrale pour se planter devant le policier à la droite de son frère.

– Pourrais-je m'asseoir ici ? demande-t-elle doucement.

– Madame veuillez reculer, répond le fonctionnaire d'une voix ferme amplifiée par la réverbération du lieu.

– Bruno se tourne vers Pierre-Antoine :

– S'il te plait, demande-t-il d'une voix couverte, c'est important.

Le capitaine soutient le regard de Bruno qui a un mal fou à réfréner son tic, ses bras se convulsant et commençant à frapper les côtés de sa cage thoracique. Après tout ça va changer quoi ? La pauvre n'y est pour rien dans tout ça et Bruno a demandé cette permission pour la soutenir, pour être présent... Et comme ça ils seront quatre devant lui, c'est mieux que trois...

– Décalez-vous, laissez-la s'asseoir, dit-il.

Le flic se décale d'un cran, ordre oblige, Bruno et sa sœur se retrouvant ainsi encadrés par deux policiers et chaperonnés par le regard concentré de Pierre-Antoine. Cécile regarde son frère d'un regard d'une tristesse absolue et qui bouleverse Bruno. Mon dieu qu'elle a vieilli et comme elle ressemble à papa. Les yeux humides, Cécile pose doucement la main sur celles de Bruno, un peu comme à l'époque où tous deux guettaient l'apparition de leur père dans cette même église. Les derniers accords malmenés de Touchard meurent dans une dernière plainte et font place à un silence à peine ébréché par quelques reniflements de l'assistance, tout au plus composée de cinq rangées clairsemées dans la grande nef. En faisant un rapide tour des invités auto-proclamés Bruno aperçoit quelques anciens voisins. Il revoit sa mère, la gueule dans le caniveau avec ces mêmes voisins autour d'elles, comme des hyènes, la regardant avec une curiosité avide de sensations. Ils sont encore là, pour une dernière jouissance de charognards, le dernier spectacle, l'ultime épisode de l'histoire épique de la mère Chleuh... Eh bien chers voisins, vous n'allez pas être déçus...

***

— Tout est en place ? demande Plantu à Milou.

— Oui monsieur le directeur, la sécurité est parfaitement assurée. Tout le monde est en cellule à part la délégation. On a dix détenus, le préfet, sa clique et nous-mêmes. Ils sont arrivés on peut y aller, j'ai déjà fait entrer le bétail ils attendent.

— Et Lequin il est où ?

— Ah celui-là... il est encore à préparer votre projection pour la messe, enfin s'il y arrive avec ses gros doigts, ricane Milou en mimant grossièrement de la main l'infirmité de son collègue.

— Il a intérêt.

En se dirigeant vers le gymnase Plantu se dit qu'au moins il ne sera pas emmerdé par Canif, un de moins c'est toujours ça. À l'heure qu'il est, il doit être en train de chanter le Te Deum pour aider sa mère à franchir les portes de l'enfer. Si tout va bien, à la fin de cette journée il aura les félicitations du préfet et aura entre les mains une quantité de poudre confortable pour voir passer les prochains mois sereinement.

En entrant par la porte principale de la salle, Plantu entend bien montrer qui est le maitre des lieux. Milou annonce :

— Monsieur le Directeur !

Et l'assistance de prisonniers de se lever dans un fracas de chaises. Le plus bruyant est Quanah, le peau-rouge ventripotent. Il a eu un peu de mal à se mettre au garde-à-vous promptement. En passant, le directeur le fusille du regard, ce qui ne l'impressionne pas et de toute façon il est incapable de rougir davantage. Au milieu de la pièce Lequin bidouille encore le rétroprojecteur en visant l'écran blanc avec application pour avoir la pleine image. Pas évident avec sa main mais ça le fait. Le directeur lui fait un signe interrogatif du menton.

– On est bon monsieur le directeur… Ça va être terrible, ajoute-t-il en lui-même en souriant à demi bien qu'il sente son cœur s'affoler dans sa poitrine.

Le directeur aurait bien voulu s'assurer que le briefing de la délégation a été correctement effectué et avec suffisamment de persuasion pour n'avoir aucune mauvaise surprise, mais moins de deux minutes après être grimpé sur l'estrade improvisée et s'être assis sans avoir dit à l'assistance de faire de même, il se relève en affichant un air de fayot de première. Le préfet entre, accompagné de trois sbires et vraisemblablement une de ses assistantes.

– On y est, sourit Pince-à-Sucre malgré le stress.

– On y est, sourit Milou avec l'impatience des vainqueurs.

Plantu n'a pas remarqué les deux représentants des tatoués, parfait. Milou avait voulu évincer Quanah qui avait été désigné mais c'était trop tard, à moins de l'en avoir empêché physiquement. Mais c'eut été prendre un autre risque, et il n'y en avait pas beaucoup à introduire Jeff dans la salle, après tout, qui irait contrôler ?

– On y est, sourit Quanah prêt pour le spectacle et répétant une dernière fois dans sa tête le rôle que Bruno lui avait indiqué. S'il réussissait, il lui avait promis ses desserts « à vie » !

– On y est, sourit Jeff une main dans la poche…

– Entre nous soit dit, je pense que nous y sommes, se dit le directeur, la paupière gauche mitraillant le préfet en photo à cinq clichés à la seconde à son arrivée au niveau de l'estrade.

Que le spectacle commence…

***

– Annie Canif, entonne le curé, nous sommes réunis aujourd'hui dans la maison du Seigneur pour fêter ton accueil en sa maison.

– Castelet, c'est commencé. Rien à signaler ? demande Pierre-Antoine à mi-voix dans sa radio.

– Rien pour le moment capitaine, tout est calme, répond Marie-Claude en refusant de la main le café tendu par son collègue en remontant dans la voiture. Qu'est-ce que c'est que cette manie de boire du café dans les voitures de police, pense-t-elle, encore un qui regarde un peu trop les séries américaines. En faisant un rapide tour d'horizon elle se demande par où Victor pourrait bien apparaître. Il sait certainement que la zone est quadrillée, quel intérêt aurait-il à se jeter dans la gueule du loup ? OK d'après Bruno il devrait être tout près et ils vont pouvoir le cueillir, mais ça paraît quand même étrange… livrer son fils après l'avoir protégé, ça n'a pas de sens… non, il y a surement autre chose…

– Ouvrez l'œil, c'est pas le moment de dormir, dit Pierre-Antoine, terminé.

Il se penche sur Bruno juste devant lui :

– Alors… il est où ? Je te préviens si tu m'as fait un coup…

– Il va venir… dit Bruno en se retournant à demi.

La main de sa sœur l'étreint plus fortement et il peut en sentir la moiteur. Elle est concentrée. Il perçoit la tension dans les muscles de ses doigts, comme une coureuse de cent mètres dans les starting-blocks. Bien… Victor l'a briefée.

– Tes amis, ta famille, tes connaissances, tous sont présents pour te célébrer, continue le prêtre, famille, voisins, commerçants que tu as accompagnés tout au long du chemin qui fut le tien dans la passion du Christ.

Le curé marque une pause, semble réfléchir ou remettre en ordre sa mémoire pour y puiser le texte approprié, puis reprend.

– Jésus est venu parmi nous afin de donner sa vie en rançon pour la multitude. Et depuis sa mort, celle-ci n'est plus la fin de tout mais un début...

Pierre-Antoine n'écoute que d'une oreille mais se demande bien où on a pu aller chercher toutes ces conneries.

– Savoir mourir, oui, continue l'orateur, car la mort n'est pas l'horrible chose que l'on imagine. Quand on n'y voit qu'atrocité, c'est qu'on la regarde à l'envers. On ne contemple guère de la mort que le côté répugnant : la maladie, les contractions, le visage hideux, les râles, les affres de l'agonie... C'est son envers et c'est effrayant...

Au secours, pense le capitaine...

– ... Pour celui qui aime vraiment Jésus, la mort est au contraire le plus beau jour de la vie, s'emballe le prêtre les bras montant vers le haut plafond de la nef gothique... c'est l'heure où il va enfin voir Dieu, Lui, la source et la plénitude de la vie et de tout bien, le moment où il va recevoir la révélation de ce que son existence avait de caché dans le Christ...

Quelques bigotes marmonnent le sermon en même temps que le curé, toutes habituées à entendre l'oraison resservie à chaque office funéraire.

– Annie Canif, tu n'as pas dérogé à la règle, tu as vécu en chrétienne et les épreuves ont jalonné ton chemin, autant de cahots, autant de souffrances, autant de méduses...

Méduses ? Bruno a capté le mot... Victor... Il est ici, il a fait passé le mot au curé... Pierre-Antoine a saisi aussi : « méduses »... qu'est-ce que ça fout dans un sermon ? Et dans ce contexte, cette histoire... bon sang il se passe quoi ? Ses mains se crispent sur le banc devant lui, à quelques centimètres de la tête de Bruno.

Monsieur Touchard plaque un accord à l'orgue. Immédiatement le prêtre se retourne pour lui lancer un regard qui n'a rien de chrétien. Manifestement l'organiste a dégainé un peu vite en coupant monsieur le curé au milieu de sa diatribe. Ce dernier reprend, une note d'agacement dans la voix :

— Tu as souffert de tes démons Annie, Satan ne t'a pas épargné en te mettant à l'épreuve. Mais malgré ça tu n'as pas failli, tu as élevé tes enfants, tu as aimé ton mari, tu les as guidés dans la Foi et le chemin de la lumière.

Bruno lui sauterait bien à la gorge tandis que l'oraison délivre son lot d'inepties et de mensonges. Pourquoi lors d'un enterrement ne pourrait-on pas dire que la défunte était une connasse ? Curé… porte-parole du Saint Siège, porte-parole des chrétiens, porte-parole de l'aveuglement, du mensonge et du secret… Comment croire en tout ça…

Quelques chants s'enchaînent, alternant les « on va se mettre debout » et les « on va s'asseoir » suivant les moments codifiés de la cérémonie.

Toujours rien, pense Pierre-Antoine, ça va être à la sortie c'est sûr.

Le prêtre coupe en silence une grande hostie de ses mains après l'avoir présentée à l'assistance et lui avoir assurée que c'était bel et bien le corps du Christ accompagné de son sang changé en vin premier prix. L'Agnus Dei retentit et monsieur Touchard s'en donne à cœur joie en ajoutant quelques harmonies personnelles qu'il considère du plus bel effet.

— Nous allons nous approcher par l'allée centrale pour prendre ensemble le repas de communion, reprend le curé, puis nous remonterons par les allées latérales. Tandis que nous entonnerons le chant « Avec l'ami que nous pleurons » page cent treize, des corbeilles circulerons parmi vous pour les besoins et la solidarité de la communauté chrétienne.

Les invités de la mère Chleuh se mettent en branle dans l'allée centrale et tendent chacun leur tour tantôt la main tenue en coupe tantôt la bouche ouverte et la langue tirée pour accueillir des mains du curé le corps du Christ histoire d'effacer les péchés de la semaine. Chacun alors d'aller toucher hypocritement et la mine contrite le cercueil de feue Annie, leur si regrettée camarade…

Une détonation assourdissante transperce soudain l'atmosphère recueillie, et une sorte de boulet roule du côté gauche du chœur vers les deux premiers rangs dans un sifflement de cocotte-minute pour s'immobiliser sous la chaise de Bruno. Une épaisse fumée blanche se dégage en boucles épaisses pendant la course de l'objet. Pierre-Antoine se lève d'un bond en dégainant son arme. La fumée s'épaissit en à peine trois secondes et des coups de feu retentissent, impossibles à localiser de par la résonnance de la nef. Des cris s'élèvent. Cécile a lâché la main de son frère et referme la menotte qu'elle tenait cachée sur le poignet du policier venant de lui céder la place. Pendant l'office elle avait attaché l'autre partie au banc. On ne voit strictement plus rien dans l'épais brouillard blanc et les détonations continuent de se succéder. Bruno se lève, agrippé par une silhouette ayant violemment percuté le second policier à sa gauche l'instant précédent. Celui-ci s'affale par terre et dégaine son arme. Il tire au jugé en direction d'une ombre à travers la purée de pois. L'orgue se met à crier, une bonne quinzaine de touches enfoncées par le corps de monsieur Touchard qui vient de livrer son dernier concert, une balle dans la tempe. Pierre-Antoine bondit par-dessus la rangée le séparant de Bruno mais ne fait que deviner l'espace d'une fraction de seconde deux silhouettes évanescentes.

Il tente de les mettre en joue mais sa réticence à faire feu a raison de sa seule chance d'en stopper une des deux. L'assistance pousse des cris d'orfraie. Certains se sont laissés tomber sur le sol, d'autres s'agglutinent à la grand-porte en hurlant, poussant et frappant son voisin... en bons chrétiens.

— Bouclez tout, crie Pierre-Antoine, on les tient ! À toutes les voitures, il est à l'intérieur, hurle-t-il à la radio, ouvrez l'œil sur les sorties, ne le ratez pas !

Il se tient debout dans l'allée centrale, les deux mains sur son revolver, faisant des tours sur lui-même pour tenter de faire le point. La nef est grande et la fumée ne remplit pas tout l'espace. Elle est cantonnée à la zone gauche du chœur. Ils ne sont surement pas en terrain découvert, pense-t-il, il faut retourner vers la fumée. En remontant l'allée vers le chœur il trébuche sur madame Chilz qui s'est manifestement fait malmener par un quidam désireux de retrouver plus vite que sa voisine la lumière du jour. Les détonations ont cessé et Pierre-Antoine s'enfonce dans le brouillard...

— Qu'est-ce que vous foutez putain, demande-t-il à l'adresse des deux policiers qui l'accompagnent ?

Mais c'est compliqué de se faire entendre sous l'accord dramatique et puissant de la dernière interprétation organique de monsieur Touchard. Alors qu'il traverse le nuage il sent un choc derrière lui et quelque chose, ou plutôt quelqu'un s'agrippe à son cou. Cécile, telle une furie, s'est jetée sur lui et l'enserre de ses bras et de ses jambes. Il tente alors de la frapper à la tête mais elle plante ses dents dans le cartilage de son oreille droite. Il hurle de douleur et recule de toutes ses forces contre la statue de la vierge pour tenter de lui faire lâcher prise. Heurtant de la tête celle du divin enfant dans les bras de Marie, Cécile perd instantanément connaissance dans un bruit d'œuf dur que l'on ébrèche d'un revers de cuiller, entrainant Pierre-Antoine dans sa chute molle et silencieuse.

— Putain de salope, s'écrit-il en tentant de se remettre debout.

Son regard tombe alors sur un déchet de pétard encore incandescent près d'un seuil de ce qui semble bien être une porte. Bon, au moins pense-t-il, il ne devrait pas y avoir trop de victimes, ce ne sont que des pétards… réfléchir…vite… les arrêter. La porte est fermée… trouver autre chose…

— Ne laissez sortir personne ! crie-t-il à la radio, tirez à vue, il a Canif avec lui !

Le policier tombé sous l'impact de Victor s'est relevé tandis que le second se démène à tenter d'ouvrir ses menottes avec ses propres clés. Évidemment elles n'ouvrent pas et il se demande déjà à quelle sauce il va être mangé lors du débrief… pour la promotion attendue ça va vraisemblablement être compliqué. La fumée commençant à se dissiper dans l'immense nef, Pierre-Antoine lance au milieu des cris et de l'accord discordant de l'orgue :

— Il y a des blessés ?

— Au secours ! Je saigne du nez ! Et madame Chilz est par terre ! fait une voix.

— Allez voir, vite ! dit Pierre-Antoine à son subordonné avant de se diriger vers l'autel de derrière lequel dépasse un bout de chasuble.

— Hey vous, ça va ? La porte là, où est la clé ? crie-t-il en soulevant le curé par le col.

— Euh… quelle porte ? répond le prêtre qui ne voit rien dans la direction montrée à cause de la fumée.

— Celle-là imbécile, à côté de la Vierge !

— Ah euh, eh bien…

— Vite !

— Dans l'orgue, on la cache dans l'orgue, on ne s'en sert jamais.

— Ça mène où ?

— Il y a deux pièces avec du vieux matériel.

— C'est tout ?

— Et ça débouche dans le cimetière...

— Nom de Dieu ! ... Allez me chercher la clé !

Le curé ne relève pas le blasphème et se précipite vers l'orgue en soulevant sa soutane, Pierre-Antoine sur les talons. En voyant monsieur Touchard avachi sur le clavier il lâche un « Seigneur Dieu ».

— Vite la clé !

— Elle est sous le clavier, montre-t-il du doigt.

Devant la minute qui s'égrène à vitesse grand V et diminue ses chances de rattraper les fuyards Pierre-Antoine pousse monsieur Touchard mais cent-soixante-deux kilos ne se déplacent pas comme ça.

— Aidez-moi, crie-t-il !

En se signant le prélat obtempère en se demandant furtivement la bonne attitude à adopter : aider la police, respecter un corps qui vient de terminer son calvaire terrestre, aider des fugitifs devant une horde de pharisiens ? Monsieur Touchard touche le sol avec un son mou qui met un point d'orgue à la plainte de l'éponyme instrument. En récupérant la grosse clé en fer sous le clavier Pierre-Antoine réalise combien il s'est fait avoir une fois de plus. Une haine et une colère immenses embrasent son cerveau. S'il les retrouve il les tue. Il se précipite alors vers la porte en enjambant le corps inerte de Cécile, revolver dans une main et clé dans l'autre.

— Capitaine, fait le policier menotté, vous pouvez m'aid...

Il ne le calcule même pas et introduit la clé dans la serrure... clé qui ne tourne évidemment pas, Victor ayant pris soin de laisser l'autre de son côté...

— Merde ! lâche-t-il.

Pas la peine d'essayer de faire sauter la serrure vu l'épaisseur de la porte et la grosseur de la clé.

— Code rouge ! dit-il radio en main. Les tireurs vous restez en place, équipe deux et trois au cimetière, vite ! Les fugitifs sont là-bas. Castelet, passez me chercher sortie gauche, maintenant !

Le ballet des voitures et cars de police se met en branle dans un concert de crissements de pneus et de gyrophares sur la petite place si tranquille d'ordinaire pour se diriger vers le cimetière à environ cent cinquante mètres de là.

***

— Monsieur le préfet, commence Plantu, permettez-moi au nom de tout le personnel pénitentiaire de vous souhaiter la bienvenue. Nous sommes honorés de vous recevoir au sein de notre établissement.

Le préfet, un petit homme chauve et ventru, hoche la tête en attendant la suite. Il se penche à l'oreille de son assistante et lui chuchote quelques mots. Il jette un œil à sa montre, manifestement pas très intéressé par l'événement, routine des visites officielles oblige… Plantu ne relève pas et continue :

— Vous allez pouvoir vous rendre compte que le budget que vous nous allouez généreusement est utilisé à bon escient n'est-ce pas ? Nous avons pu mener à bien moult projets importants grâce aux aides financières octroyées par le conseil général.

— Monsieur le directeur, dit le préfet d'une voix autoritaire tout en affichant le sourire de façade dû à son rang, permettez-moi de vous remercier d'avoir répondu à ma demande de visite de votre établissement. J'ose effectivement espérer que les budgets de l'État sont investis de façon rationnelle et intelligente. Il regarde à nouveau sa montre. Mais je suis bien certain que c'est le cas, ajoute-t-il.

– Au jour d'aujourd'hui vous allez pouvoir en prendre toute la mesure.

Pince-à-Sucre regarde la scène sans écouter. Assis devant l'ordinateur, il est prêt. Il lancera le petit film dès que le directeur en donnera l'ordre. Pourvu que tout aille bien, il est terrifié. Et si Bruno s'était trompé ? Et si ça tournait mal ? Il regarde la porte juste derrière lui, il pourra peut-être sortir au cas où...

Quanah a faim. Quand c'est comme ça il a du mal à réfléchir. Il a répété cinquante fois mais à deux doigts d'entrer en scène, tout se mélange et il ne serait pas contre une petite collation pour donner à manger à sa concentration. À quel moment déjà ? Ah oui c'est ça, Bruno lui a dit de se lever juste après le film.

Jeff a hâte. Son jeu préféré va commencer, il sent déjà le goût du sang. Il attend le signe de Milou. Celui-ci se tient droit, presque au garde-à-vous, légèrement en retrait du directeur. Il a l'air concentré lui aussi pendant que Plantu et le préfet échangent sur les mérites et les vertus d'une bonne maison d'arrêt. « Réinsertion » : le maître-mot revient toutes les deux phrases dans les bouches des deux interlocuteurs tandis que le seul préfet ponctue de temps à autre un « maitrise des coûts » au détour d'une phrase convenue. Après quelques échanges protocolaires entrecoupés par les coups d'œil furtifs du préfet à son téléphone et quelques messes basses de la part de son assistante, Plantu, loin de s'en formaliser, décrète :

– Eh bien monsieur le préfet, je vous propose de prendre connaissance de la petite présentation des évolutions de notre établissement préparée à l'occasion de votre venue. À la suite de quoi nous échangerons avec la délégation de détenus ici présente. Vous pouvez tirer les rideaux s'il vous plait ? s'adresse-t-il à l'assistance.

Personne ne bouge, pas un détenu n'ayant envie de collaborer avec la direction, par principe... Énervé, l'œil froid, le directeur s'adresse à Pince-à-Sucre :

– Lequin ! les rideaux !

Les jambes tremblantes, le cœur lui cognant aux tempes, Pince-à-Sucre se lève et marche d'un pas de zombie jusqu' aux fenêtres et tire les rideaux. En revenant à sa place il imagine tous les regards tournés vers lui, et il pense accessoirement être en train de faire la plus grosse connerie de toute sa vie.

– Ça y'est, vous êtes prêts ? demande Plantu.

– Oui, marmonne Pince-à-Sucre en effectuant dans sa tête un signe de croix imaginaire.

– Alors entre nous soit dit, c'est parti, bon visionnage à tous.

Là-dessus, il mime l'appui sur un bouton. Pince-à-Sucre ferme les yeux et après une seconde d'hésitation appuie sur « Entrée ».

Cadrage impeccable, Victor a bien fait son boulot. Bruno lui avait dit que son fils était un champion de l'informatique, mais de là à pirater la Webcam du directeur, il n'en revient pas. Sur l'écran on voit Plantu, seul, face à l'écran. Sur le bureau dégagé hormis l'immonde sculpture reçue pour la fête des pères et ses tampons chéris, on le voit terminer de s'affairer avec ce qui semble bien être une carte de crédit. L'instant d'après il se saisit d'une paille et aspire par le nez une substance blanche. Si on en croit l'aspect farineux que prend instantanément sa narine, le doute est faible quant à la nature du produit. C'est fou ce qu'on voit bien, se dit Pince-à-Sucre...

– Quoi ? Arrêtez ça ! hurle Plantu sous l'effet conjugué de l'adrénaline et du reste de dope absorbé juste avant la visite.

La scène a duré trois, cinq secondes au maximum. Bruno s'est bien douté qu'il ne fallait pas s'étaler et avait demandé à Victor d'axer sur l'essentiel avant que quelqu'un ne débranche. C'est plutôt réussi. Pince-à-Sucre fait semblant de faire son possible pour arrêter la diffusion en mimant des gestes affairés et essaye de prolonger comme il le peut le film ainsi que le lui a demandé Bruno.

— Qu'est-ce que ça signifie ? demande le préfet en rougissant, soudain beaucoup plus intéressé que jusque alors.

Aucun son ne sort de la bouche du directeur. Il cligne de l'œil, seul signe visible de communication avec l'extérieur, son regard allant de l'écran au préfet à plusieurs reprises. Les sbires du préfet n'en reviennent pas non plus et esquissent un mouvement vers le directeur, prêts à bondir sur un début d'ordre du préfet. L'un d'entre eux a déjà une main sur son arme. Sur l'écran les yeux révulsés du directeur montent au ciel et il s'affale en arrière sur son fauteuil en poussant un « putaiiiiin » parfaitement audible.

Le préfet, furieux, lance :

— Arrêtez-le ! Qu'est-ce que c'est que cette mascarade ?

Les trois sbires se précipitent et commencent à encadrer Plantu.

— Et c'est pas tout ! lance Quanah qui vient de se lever en renversant sa chaise.

Ça y'est c'est parti, c'est son heure, il aimerait que sa mère soit dans la salle, elle serait fière de lui. Il avait vu une pièce de théâtre avec elle quand il était petit, et elle lui avait demandé si ça lui plairait de monter sur les planches. Il n'avait pas vraiment compris le rapport avec les planches mais il avait répondu à sa mère que non. Mais aujourd'hui, en se remémorant cet épisode, il aurait voulu qu'elle soit ici avec un « regardez c'est mon fils » dans les yeux.

— Oui, crie-t-il en poursuivant avec emphase, l'adjoint

du directeur, oui, lui là, regardez dans ses poches, c'est lui qui fournit Plantu ! Zut, erreur de texte, il corrige : c'est lui qui fournit le directeur !

Tous les regards se portent alors sur Milou. Le préfet, les sbires, la secrétaire, les détenus, tout le monde est complètement abasourdi. Scène irréelle, le scoop sur Plantu n'est pas encore terminé qu'un nouveau deus ex machina fait son apparition. L'écran passe au blanc, le petit film de Victor a fait son office et les yeux de l'assistance sont posés sur Milou pour la suite. Les détenus ont quitté leur apathie, soudain heureux et excités de se trouver dans ce bordel, ça va surement les occuper de longs moments dans la cour de promenade.

– Quoi ? Mais pas du tout ! crie Milou de manière presque théâtrale, comme s'il jouait lui-même en donnant la réplique à Quanah. Je ne comprends pas, allez-y, fouillez-moi si vous voulez !

Pince-à-Sucre attend, le cœur au bord de chavirer. Ils vont trouver les sachets, et Milou va couler avec le directeur, lui laissant le champ libre pour aller soutenir sa mère. Merci Bruno, du fond du cœur.

– Fouillez-le, crie le préfet à ses hommes. L'un des gorilles se dirige vers Milou. Celui-ci recule tout en ouvrant sa veste et en retournant ses poches pour prouver sa bonne foi.

– Je n'ai rien, je vous assure ! dit-il, c'est pas moi vous vous trompez ! En revanche... regardez l'autre là, il en est blindé, il en a plein les poches ! Et il désigne Pince-à-Sucre d'un doigt d'accusateur public.

Il est gonflé, pense Pince-à-Sucre toujours assis à l'ordinateur. Quand il est désespéré un rat ferait n'importe quoi.

Sur ordre gestuel du préfet qui ne sait plus où donner de la tête, le sbire « libre » se dirige vers Pince-à-Sucre.

Qu'est-ce qui se passe ? se demande Pince-à-Sucre, c'est pas prévu ça.

Il se lève, ne sachant l'attitude à adopter, cette fois dardé par la totalité des regards de l'assistance. Paniqué, toujours sous le choc d'avoir déclenché la vidéo de Victor, il reste figé.

— Oui c'est lui, dans ses poches intérieures, je l'ai vu faire juste avant l'arrivée de monsieur le préfet ! continue Milou maintenant acculé au fond de la salle, les mains en l'air et toujours fouillé par le gorille.

L'assistance des détenus s'est levée dans son ensemble et s'agite déjà, poings en l'air et chaises tombant dans le plus grand désordre. À l'instar de Milou, Pince-à-Sucre ouvre aussi sa veste et met la main à sa poche intérieure pour prouver en direct l'absurdité de l'ignoble accusation de son collègue proférée dans le seul but de faire diversion. En sentant sous ses doigts le plastique son sang se fige. Dans une totale incompréhension il retire de sa poche deux sachets de drogue et les tient face à lui et aux yeux de tous.

— Qu'est-ce que... mais c'est pas à moi, dit-il dans un souffle tremblotant. Il regarde la face de Milou affichant en retour un sourire carnassier et des yeux remplis de haine.

En une fraction de seconde Pince-à-Sucre comprend. Il s'est fait berner. Il ne sait pas comment mais l'enfoiré de Milou a retourné la situation. Il a dû le voir mettre les sachets dans sa veste, et il les a glissés dans sa propre poche : boomerang, retour à l'envoyeur. Le colosse désigné pour fouiller Pince-à-Sucre est gêné par l'assistance maintenant debout. Il a de la peine à rejoindre son objectif.

— Sus à l'enculé ! entend-on soudain.

Les détenus ne savent pas trop qui est l'enculé dans l'affaire mais le mouvement se dirige vers Pince-à-Sucre, dernier acteur de la saynète, emmené par Jeff. Il a répété lui aussi avant d'entrainer la délégation avec lui comme autant de sans-culottes assoiffés de faire la peau à Louis XVI sans même savoir forcément pourquoi. Pince-à-Sucre tente de reculer comme il le peut et se dirige en titubant vers la porte mais Jeff est plus rapide, il a calculé sa trajectoire et sait parfaitement où est sa cible. Talonné par le reste de la meute il arrive à sa hauteur et l'attrape en lui enserrant la gorge avec le bras.

– De la part de Milou, lui dit-il à l'oreille.

Une douleur atroce fuse dans le cerveau de Pince-à-Sucre, lui coupant la respiration. La lame ressort de son dos pour s'y replanter à nouveau. Sa vision s'obscurcit instantanément et sa dernière pensée est un mélange de « maman » et de « c'est pas juste ». L'instant d'après le couteau le transperce une troisième fois.

Milou exulte. Il regarde son collègue s'affaler dans un silence relatif vu les cris et les mouvements de l'assistance. Bonjour à ta mère.

Calculateur jusqu'au bout il se précipite alors vers le préfet et l'agrippe :

– Monsieur le préfet, vite, par ici ! lui crie-t-il en l'attirant vers la porte de sortie juste derrière lui. Sauver la peau d'un préfet ça peut servir, surtout quand on pense que la tête de la prison va se retrouver vacante dès demain...

***

15H20, elle ne va plus tarder, pense Nathan en regardant sa montre pour la centième fois, je n'y crois pas, enfin ! Il a du mal à tenir en place et il sent son cœur qui cogne dans sa poitrine. Taïga : l'irréelle va prendre corps. Céleste... est-ce bien son vrai prénom ? Qui est-elle, comment est-elle, quel est le son de sa voix ? Et si le charme se rompait au premier regard ? Oh bien sûr il y a les photos échangées depuis tout ce temps, mais pas beaucoup finalement. Elle a toujours entretenu le mystère, si bien qu'en six mois il n'a ni son adresse précise ni même son adresse mail, encore moins son téléphone. Il flirte virtuellement avec une bruxelloise partie au Guatemala, en gros c'est tout ce qu'il a. Mais si cette fois c'était sérieux ? À force d'histoires il allait peut-être finir par se poser... Ça pourrait être un joli conte à narrer le soir à ses enfants. Des enfants... n'importe quoi, que lui arrive-t-il lui qui n'a jamais envisagé pareille absurdité ? Pourquoi se mettre à songer à ça aujourd'hui ? Ses pensées fusent et se télescopent sous l'effet d'un mélange d'excitation et d'appréhension, comme s'il jouait sa vie sur cette rencontre. Pourquoi elle ? Il n'en sait rien mais il en est fou amoureux. Il ne se souvient pas d'un sentiment aussi fort, d'une telle envie de construire, projeter et pourquoi pas fonder. C'est dingue au regard du fait qu'ils ne se soient jamais rencontrés. Évidemment, il y avait eu Mary, il aurait tout fait pour elle, sa délicieuse prof d'anglais, le traumatisme affectif de sa vie. Mais Céleste « Taïga » est peut-être bien en train de lever le sortilège qui l'a cloué si longtemps dans sa douleur, verrouillant ainsi ses capacités à donner et même à recevoir l'amour. Si c'est bien le cas, il lui en saura gré jusqu'à la fin des temps, et même s'il faut lui faire un enfant tiens ! Impatient, il fait les cent pas, se déplace d'une pièce à l'autre, vérifie son col de chemise à chaque passage devant le miroir du couloir, regarde ses mains, ronge une petite peau imaginaire sur l'un ou l'autre de ses ongles impeccables. Il sent bon, la maison est rangée, rien ne traine. Il a disposé un bouquet de roses rouges sur la table de la cuisine, la bouteille est ouverte, elle chambre doucement. C'est son vin préféré à ses dires. D'un moment à l'autre il connaitra son parfum. Tout se présente bien. Il se dirige vers la fenêtre de la cuisine et soulève le rideau pour vérifier si elle ne remonte pas déjà l'allée. Il se penche pour regarder la rue de chaque côté et soudain son cœur s'arrête : le Land Rover là... c'est celui de Bruno, non c'est impossible ! La voiture est passée au ralenti et elle entre dans le petit chemin à trois maisons de la sienne. Non il doit se tromper, mon Dieu faites que ce soit une erreur ! Il existe peut-être un autre Land Rover avec une roue de secours rouge à l'arrière... Il se penche du plus qu'il le peut pour guetter la sortie du chemin en retenant sa respiration. En moins d'une minute il voit émerger Bruno... suivi de son fils Victor courbé en deux ! Il suffoque. Qu'est-ce que ça veut dire ? Je suis bien réveillé ? Ils l'ont libéré ? Alors qu'est-ce qu'il fait ici ? Et Victor ? Et si Taïga arrive maintenant ? Que veulent-ils ? Bon sang... mais c'est simple, ils veulent me tuer, me faire la peau comme les autres, comme... Sasha ! Il s'est évadé !

De Kerimel, appeler De Kerimel, vite. Le portable, sur la table de la salle à manger près des roses... putain de code PIN, erreur. Merde ! Voilà... Contacts... De Kerimel... rien. Pas de réseau. Depuis le changement d'opérateur il est obligé de sortir sur la terrasse, super... voilà, ça sonne... décrochez ! Pas de réponse. Putain c'est pas vrai. Vite, Castelet, annuaire du commissariat, du calme... Ça sonne.

***

– Oui j'arrive, deux minutes !

Pierre-Antoine, adossé à la porte de son bureau, les yeux fermés et la tête appuyée en arrière tente sans beaucoup de succès de se maitriser.

– Capitaine on vous attend immédiatement à la pref, le plan Epervier va être déclenché, crie une voix de l'autre côté de la porte, et le commissaire n'est pas de bonne humeur.

– J'ai dit que j'arrivais ! J'y vais directement, qu'il ne m'attende pas.

— Il y est déjà, il est parti juste après votre alerte.

Il est maudit. Pourquoi faut-il que ça arrive encore à lui ? Des larmes coulent sur son visage, de rage, de tristesse, de désespoir. Qu'est-ce qui cloche bon sang ? Il a toujours voulu être un bon flic et voilà, il se retrouve encore au sein d'un bourbier dont il est responsable. Cette fois c'est fini, il ne s'en relèvera pas. Peut-être à la limite s'il retrouve Bruno aujourd'hui, et encore, avec ce qui s'est passé, les morts dans l'église… non c'est foutu de toute façon. Bruno a passé sa vie à essayer de le détruire et cette fois, il l'achève. Il n'a plus qu'une seule chose à faire, le retrouver et mettre fin à tout ça. Le reste n'a plus aucune importance. Les doigts tremblants il saisit la fiole de whisky dans la poche intérieure de son cuir et la vide d'un trait. Encore un appel, ça n'arrête pas. Il regarde son téléphone, il ne connaît pas ce numéro, qu'ils aillent se faire foutre. Il lui faut juste deux minutes de répit, ça ne va pas changer la donne, deux minutes pour reprendre pied avant d'entrer dans l'arène de la cellule de crise. Il va surement en prendre plein la gueule d'entrée de jeu, et après ça il va falloir tout expliquer, se justifier, exposer, répondre aux « pourquoi vous avez fait ceci, pourquoi vous n'avez pas fait cela ? ». Ça le fatigue d'avance, c'est toujours tellement facile quand on n'y était pas et tous ces ronds de cuir vont se faire un plaisir de le lyncher.

Marie-Claude, concentrée sur l'écran de son ordinateur, essaye de se focaliser sur le fil de dépêches qui tombent mais ses pensées s'échappent tous azimuts. Ils n'avaient bien sûr trouvé personne au cimetière, ils étaient arrivés trop tard. Comment avaient-ils pu se laisser berner ? Bruno Canif avait tout planifié. Le couple père/fils est terriblement dangereux et ils sont dans la nature ! Où sont-ils ? Quelle est la suite de leur plan ? Ça ne s'arrête surement pas là. Le capitaine a l'air bien sonné, il n'a pas décroché un mot ou presque durant le retour toutes sirènes hurlantes. La suite va être difficile pour lui, évidemment. Mais il ne faut pas faiblir maintenant, il faut finir, réagir, réparer ce qui peut l'être, ou en tout cas limiter la casse même si elle ne voit pas encore ce qui pourrait être pire. Tout le monde court autour d'elle, l'open-space est bruyant. Infos et ordres fusent de toute part dans une anarchie frénétique. Elle tente de s'isoler dans sa bulle pour mieux réfléchir mais c'est compliqué. Les dépêches se succèdent entre l'évasion de Bruno, la mort de Beluga, le piratage de la bourse et l'incident à la prison où il y aurait eu au moins un mort pendant la visite du préfet en début d'après-midi. Apparemment celui-ci serait sain et sauf. Eh bien ça va lui faire une drôle de journée à lui aussi, pense-t-elle. Tout est lié, c'est sûr, ce n'est pas possible autrement, tous les évènements concernent directement le commissariat et en particulier les affaires menées par Pierre-Antoine : l'évasion de Bruno Canif, la mort de Beluga dont le capitaine a assuré l'interim, l'affaire de la bourse et la fuite informatique de la prison. Avec la piste Victor et la complicité présumée entre lui et ce Chuck, mort lui aussi pendant l'attaque menée par Beluga, Pierre-Antoine va avoir du mal à s'en sortir indemne. Elle est tellement triste et désolée pour lui. Allez, ça suffit, où est Bruno, que fait-il ? Elle se connecte à nouveau au dossier pour tenter de deviner ses motivations du jour. Ils ont assassiné un paquet de personnes, ou en tout cas son fils. Mais est-ce que ce n'est que du fait de Victor ? Elle en doute. Pourquoi Bruno s'évaderait-il alors que tout désigne son fils ? Et comment a-t-il planifié son évasion ? Ça ne s'improvise pas du jour au lendemain un truc pareil. Pourtant sa mère est morte il y a seulement deux jours, il ne pouvait pas savoir à l'avance… ne pas savoir… sauf s'il a quelque chose à voir avec sa mort ! Non n'importe quoi…

Marie-Claude parcourt les pages du dossier. Les morts : Boss son « ami » d'enfance, l'amant de sa femme, son ancienne maitresse, le gars qui a abusé de lui quand il était enfant, Delpierre, Sasha... que des personnes qui lui ont nui. Et si on ajoute sa mère avant-hier... d'après le dossier elle avait été loin d'être tendre avec lui. En résumé c'est un nettoyage, voilà ce que c'est : Victor nettoie le passé de son père. Mais l'évasion ? La mère de Bruno... Comment pouvait-il savoir si ce n'est que de l'avoir assassinée ? Et si Bruno utilisait son fils ? Et s'il avait commandité la mort de sa mère ? Mort naturelle... qui avait vérifié ? Marie-Claude toujours sur le coup de l'adrénaline générée par l'épisode de l'église réfléchit à toute vitesse et a du mal à canaliser le flot de ses pensées... Et maintenant ? Si tout le monde est mort que cherchent-ils ? À s'enfuir leur mission macabre terminée ? Pourquoi, pour où ?

Marie-Claude saisit son portable, elle doit prévenir Izzy. Elle va surement rentrer très tard, elle est peut-être déjà au courant du grabuge à l'église, les infos doivent certainement déjà relater l'événement. Ah, un appel en absence, numéro inconnu, étrange. Elle tente d'appeler Izzy mais elle ne répond pas. Elle a peut-être essayé de la joindre via une autre ligne... Elle tente d'appeler le numéro en absence :

« Vous êtes bien sur le portable de Nathan Sergent, je ne peux répondre actuellement laissez-moi un message »

Son sang ne fait qu'un tour.

— Capitaine ? demande Marie-Claude en frappant à la porte du bureau.

Pas de réponse. Elle entre et découvre un bureau vide empestant le tabac et le whisky.

— Si vous cherchez le capitaine, je viens de le croiser au parking, dit un collègue affairé dans le couloir.

— Pourvu qu'il décroche, se dit-elle en composant son

numéro.

— Quoi qu'est-ce qu'il y a, c'est pas le moment, dit rudement Pierre-Antoine, on m'attend à la pref je suis en route.

— C'est Canif, je crois savoir où il est !

— Madame Irma, raille-t-il.

— Nathan, Nathan Sergent ! Il a essayé de m'appeler et si j'essaye de le joindre je tombe sur son répondeur !

— Et ?

— Il ne m'appelle jamais ! Et on l'a interrogé cette semaine. On en a déduit qu'il était potentiellement en danger, la méduse sur son bras, le trio amoureux avec Bruno…

— Faut pas tout mélanger, chaque chose en son temps, on a autre chose à faire que d'écouter pleurer Nathan Sergent !

— Capitaine, si on se place dans la tête de Canif et s'il a tout organisé en pilotant son fils à distance, alors peut-être… qu'il voulait garder Nathan pour lui, qui sait, c'est peut-être sa plus grande douleur finalement. Il veut peut-être lui faire payer sa trahison lui-même !

— Genre d'homme à homme ? demande Pierre-Antoine les méninges embrumées par trop d'agressions combinées à l'effet de l'alcool.

— Exactement, c'est plausible.

Nathan, Bruno, Sasha… La haine, ça il connait bien. Ça pousserait à n'importe quoi.

— Capitaine, vous êtes toujours là ?

Et si elle avait raison ? Il n'est pas très loin, ça n'engage à rien de vérifier, les cravatés vont attendre, de toute façon il est grillé. C'est peut-être l'occasion de mettre un terme à tout ça.

— Vous avez peut-être raison, je vais vérifier. J'y fonce.

— Capitaine, je peux rassembler une équipe d'intervention avec le commissaire, revenez et on y va ensemble, c'est plus prudent.

— Le commissaire est déjà avec les pingouins de la cellule de crise. Si je les rejoins on va perdre un temps précieux pour leur exposer l'histoire. J'y vais, on se rejoint là-bas. Formez l'équipe, vous savez où c'est.

Pierre-Antoine coupe la communication et sort son arme de service. Tout en conduisant la R16 il sort le chargeur et compte les balles de son Sig Sauer. Huit, il n'a pas tiré un coup de feu dans l'église. Le chargeur n'est pas plein de ses quinze balles contrairement au règlement mais il ne le remplit jamais. Huit balles, il aime bien, ça sonne juste, son chiffre pair préféré. Et c'est bien suffisant pour abattre Bruno comme un chien. S'il est là-bas il va sortir de sa vie une bonne fois pour toutes, et les pieds devant. Les infos crachées par la radio n'en ont que pour lui, indirectement pour le moment : la prison et le préfet sauvé in-extremis, l'évasion de Canif, les morts de l'église, l'explosion chez Chuck... Tout ça va lui sauter à la gueule, demain il va faire la une de tous les journaux. C'est pas encore aujourd'hui que son père va être fier de lui...

***

Une fulgurante douleur au bras ramène Nathan à la réalité. Ses yeux s'ouvrent et il voudrait crier mais aucun son ne sort de sa bouche. Il est bâillonné et ne peut plus bouger...

— Arrête Victor, attends un peu, on va d'abord avoir une petite explication avec ce cher ami Nathan.

Victor, une lueur d'incompréhension dans les yeux relâche le bras de Nathan et relève le scalpel déjà entaché de sang. Il regarde la méduse verte avec une expression de petit garçon frustré de ne pouvoir s'amuser avec le jouet placé juste sous ses yeux. Nathan, attaché sur sa propre table de salle à manger regarde autour de lui pour chercher à comprendre. Bruno, Victor, tout lui revient, ils sont entrés. Sa tête lui fait un mal de chien et malgré sa vue brouillée il voit les yeux de Bruno plantés dans les siens.

– Bonjour mon très cher ami, dit Bruno, enfin nous sommes seuls, enfin je vais pouvoir t'expliquer tout le bien que je pense de toi.

Nathan, les yeux exorbités, tente à nouveau de parler mais l'adhésif couvrant sa bouche empêche toute velléité de se faire entendre. Il regarde Bruno, terrorisé par son calme froid.

– Bien sûr, reprend Bruno, tu t'imagines bien de quoi je veux te parler. Tu m'as tellement déçu, tellement fait mal, je ne suis pas certain que tu puisses imaginer à quel point.

– Mmmmm, fait Nathan.

– Vois un peu où ta trahison nous a tous menés. Tu as fait de ma vie un enfer. Oh ça n'est pas que de ton fait bien sûr et Sasha en est aussi une actrice de premier plan. Je suis aussi responsable, je ne veux pas me dédouaner. J'ai fait la connerie d'avoir cru en vous. Et vous m'avez infligé l'innommable. Résultat : je moisis en prison et Sasha est morte. Et toi… toi tu es là, tranquille dans ta petite vie, sans encombre, sans remords. Ça te paraît normal ?

Le regard de haine pure de Bruno révèle à Nathan qu'il est devenu complètement fou. Bon sang que va-t-il lui faire ? Il va mourir sur cette table, torturé sans pouvoir bouger !

– Alors tu vas me dire qu'on est amis, qu'on s'en est sorti, blablabla, continue Bruno, eh bien tu te trompes lourdement : je te hais, de tout mon être. Et tu vois mon ami, je voulais te le dire face à face, pas dans un parloir, pas dans une zone protégée, mais simplement d'homme à homme pour que tu jauges bien de la puissance de ce que tu as déclenché. Donc aujourd'hui tu me vois en homme libre, libre de mes décisions, libre de mes pensées et de mes actes. Et tu es sans protection contre ma fureur que je peux enfin laisser courir.

— Mmmm, mmmm, continue Nathan en essayant de relever la tête, les muscles saillant de son cou et la sueur dégoulinant sur son visage rougi.

— Tu veux parler c'est ça ? Eh bien c'est vrai ça, il n'y a pas de raison, tu vas pouvoir plaidoyer. N'importe quel accusé est en droit de se défendre dans ce pays alors même que les jurés savent déjà qu'ils vont le condamner. Et ne t'attends pas à ce que les flics débarquent comme dans les mauvais films, personne ne sait où je suis...

Bruno tire d'un coup sec sur l'adhésif recouvrant la bouche de Nathan.

— Qu'est-ce que tu fais ? demande Nathan d'une voix éraillée, je ne comprends pas, pourquoi ? Pourquoi tu fais ça ? On avait dépassé ça non ? Moi aussi j'ai souffert, souffert de ce pitoyable trio, souffert de t'avoir fait du mal. Je n'ai jamais voulu ça, tu le sais pourtant merde ! Te perdre a été pour moi une énorme pénitence, ça a été douloureux qu'est-ce que tu crois ? J'ai même démissionné !

— Foutaises, crie Bruno. Deux ans putain ! C'est normal ça ? Pendant deux ans je me suis confié à toi ! Et pendant que j'en crevais vous vous foutiez bien de ma gueule tous les deux !

— On ne voulait pas te perdre, ni elle ni moi. On ne pouvait pas te le dire !

— Tu l'aimais ?

Nathan hésite.

— Non, répond Nathan, tu le sais bien, rien à voir avec tes sentiments à toi.

— Alors tu es bien une ordure de premier plan. Comment as-tu pu ? Une simple baise dans mon dos alors que j'en étais fou !

– Bruno merde, on en a débattu des heures, on a fait le tour de tout ça, arrête !

– J'ai cru pouvoir passer par-dessus, je t'assure, mais c'est impossible. Je n'ai pas réussi à me sortir tout ça de la tête. Heureusement il y a du bon dans les derniers évènements. Je peux prendre les rênes aujourd'hui, je ne subis plus. Victor a trouvé la solution, il faut s'absoudre des règles, il faut juger et trancher. Je suis maitre de mon univers et j'ai la toute-puissance de décider qui mérite de vivre ou non dans mon monde.

– S'il te plait, non, implore Nathan, ne fais pas ça, tu peux t'en sortir, reviens à la raison ! Je te jure que tu es mon ami, mon seul ami !

– C'est ça ta plaidoirie ? se moque Bruno avec une lueur démente dans les yeux, des excuses en deux phrases, eh bien tu aurais fait un piètre avocat.

– Non attends, je t'en prie, crie Nathan en regardant Bruno se pencher et lui remettre l'adhésif sur la bouche.

– Alors voilà, tu vois, je te sais gré de tes efforts pour qu'on reste amis malgré ta forfaiture. Donc sois heureux, je ne suis pas venu pour te tuer. Simplement on va mettre un terme à tout ça, et toi comme moi on pourra peut-être envisager l'avenir plus sereinement.

– Mmmmm.

– Donc les choses étant dites, je vais faire en sorte de reprendre ce qui m'appartient... ou plutôt Victor va s'en charger.

Victor patiente en essayant d'aligner son scalpel sur les lignes de la nappe sur laquelle est ligoté Nathan. Il se relève, guettant un signe de son père pour entamer son opération de découpe.

– Evidemment tu reconnais Victor, reprend Bruno. Eh bien non tu vois, ce n'est pas Taïga qui est venue à ton rendez-vous.

Les yeux de Nathan s'écarquillent. Que lui ont-ils fait ? Elle devrait être arrivée.

— Oui je sais, continue-t-il, ça aurait été bien de voir ton exilée chérie. Mais vois-tu, elle ne viendra pas. Victor la remplace depuis un bon moment déjà, sourit-il. Bon, j'espère que ça aura fait l'affaire quand même. Excuse-le, mais c'était un moyen sûr pour que tu sois à mon petit rendez-vous. Et si je suis ici aujourd'hui, ce n'est pas seulement pour moi, mais c'est aussi pour lui. Victor a un problème, oui, lui aussi… Je ne vais pas m'étaler sur la question, mais il a besoin de certaines méduses. Tu vois, celle que tu as sur le bras, cette méduse que l'on s'est fait tatouer tous les trois dans un moment de complicité intense alors même que tu m'enculais ! Eh bien ces méduses vont encore servir, mais le Bien cette fois. Victor en a besoin pour se libérer de sa sœur. Elle le hante comprends-tu ? Pour qu'elle cesse enfin de bruler devant ses yeux, je me dois d'agir en bon papa et donc de l'aider à trouver la sortie.

— Mmmmm !

— Oui je sais Nathan, moi aussi j'en ai une au bras, chaque chose en son temps veux-tu ? Sasha a déjà donné la sienne et c'est à ton tour de participer à la guérison de mon fils. Moi, ma foi ça ne te regarde pas.

Victor, pensif, regarde son père.

Oui c'est vrai, papa a une méduse aussi, comment faire pour la récupérer ? S'il faut laisser partir Victoire il va falloir trouver une solution… Impossible d'aligner correctement le manche du scalpel sur la nappe, il doit être très légèrement courbe. Si j'aligne le haut le bas de l'ustensile est en léger décalage gauche. En mettant ma main jusqu'aux trois quarts du manche on ne détecte rien à l'œil nu. La courbure ne doit pas être répartie de la même façon sur toute la longueur…

— Comme je ne suis pas cruel, on va te shooter un peu

pendant l'opération, sourit Bruno. Ah oui, et comme je te prends quelque chose, on va faire un petit échange et je vais te laisser un autre souvenir en échange ne t'en fais pas, ajoute-t-il en retroussant sa manche gauche.

Nathan regarde Bruno sortir une seringue, une petite fiole et un garrot que Bruno s'attache lui-même en s'aidant de ses dents. La terreur de Nathan tétanise ses muscles et il tente de se débattre.

– Doucement, ça ne va pas durer longtemps. Je suis bien conscient que tout ça doit être extrêmement désagréable. Bruno enfonce l'aiguille de la seringue dans une veine de son propre bras gauche. Il la regarde s'emplir doucement de son sang. Il retire la seringue à mi-course et reprend :

– Comme tu le sais, mon excellent ami Delpierre m'a gentiment refilé le Sida, conséquence de vos actes à Sasha et toi. Oui il a bien fallu que je trouve un peu d'affection ailleurs non ? Tu n'aurais pas fait la même chose ? Pour te rassurer, je suis O+ donc tu ne vas pas mourir à cause de la transfusion… ou en tout cas pas de cette manière-là, ajoute-t-il en souriant. Donc histoire d'être juste, on fait cet échange : je te reprends la méduse, et je t'en donne une autre. Tu as empoisonné ma vie, je vais empoisonner ton sang. Avec un peu de chance tu ne vas même pas attraper le VIH va savoir. Je laisse la justice divine en décider. Bruno s'applique à remplir la seconde moitié de la seringue avec le sédatif contenu dans la petite fiole. Le téléphone de Nathan se met soudain à jouer « Besoin de personne » tout seul par terre sur la terrasse, mais c'est suffisamment atténué pour ne pas interrompre la concentration de Bruno. Il s'approche et saisit le bras de Nathan. Ses yeux sont remplis d'effroi. Le Sida ! Et puis quoi encore ? Il est complètement dingue, c'est impossible ! « Noooon ! », essaye-t-il de crier avant de sentir l'aiguille se planter dans son bras.

– Voilà… c'est fini Nathan, pour moi c'est bon, on peut

rester amis si tu le souhaites maintenant, un prêté pour un rendu, c'est juste non? dit Bruno soudain fatigué. Tu vas vivre avec l'angoisse au ventre ajoutée à la haine mortelle contre moi. Tu vas pouvoir ressentir ce qui m'a habité pendant ces dernières années. Peut-être que comme moi tu trouveras finalement le chemin vers la rédemption et la paix. Quant à la méduse, je laisse le soin à Victor d'opérer. Ce n'est pas le grand confort, mais ça devrait être à peu près supportable. Bruno passe doucement la main sur le front brulant de Nathan dans un geste las, puis s'efface sans un mot pour laisser le champ libre à son fils.

***

Arme au poing, Pierre-Antoine est tapi à l'angle de la maison de Nathan. Il a aperçu à travers les rideaux tirés du salon au moins deux silhouettes. Nathan est donc bien chez lui. D'une main il prend son portable et cherche le numéro qui l'a appelé tout à l'heure. S'il va bien alors il décrochera. Quelques secondes plus tard il entend Véronique Samson entonner un de ses plus grands succès. Ça semble venir de derrière, juste à l'autre angle... En se penchant il peut voir le téléphone de Nathan tressauter tout seul par terre en clamant « Besoin de personne quand je me suis fait ma loi ». Il regarde sa montre. Ça fait vingt minutes qu'il a eu Marie-Claude. Réunir des gars ça ne prend pas longtemps mais il se pourrait bien qu'elle arrive trop tard s'il ne tente rien. Bruno est là c'est clair maintenant. Victor aussi sans doute... Et Nathan va y passer c'est sûr. Il faut entrer.

La baie vitrée est fermée et il aperçoit des silhouettes en contrejour, mais pas la peine d'entrer par ici sauf carnage annoncé. Il opère un demi-tour et se dirige en courant vers le garage, le point faible de ces maisons de lotissement, un jeu d'enfant à ouvrir. Celui-ci donne sur une cuisine que

Pierre-Antoine traverse arme tendue devant lui. Le cran de sureté est enlevé et il sent l'arme faire corps avec lui. Il a toujours eu la phobie d'avoir un jour à s'en servir mais à cet instant, curieusement, une combinaison d'adrénaline et de rancœur lui font ressentir son revolver comme un prolongement de lui-même, prêt à vomir une mort qu'il a une terrible envie de distribuer. Comme en transe il éprouve presque un sentiment de bien-être, certainement aidé en cela par la quantité de whisky absorbée une demi-heure plus tôt. Il est davantage concentré sur sa mission d'abattre Bruno que sur celle de sauver Nathan, qui au vu de ce qu'il a entendu mériterait effectivement au moins qu'on lui casse la gueule. Toujours sans un bruit il traverse un petit couloir pour se retrouver à l'entrée de la salle à manger-salon. Il entend un râle étouffé et lancinant, sans doute ont-ils bâillonné Nathan. Accroupi il jette un œil furtif pour évaluer la situation. Il se retranche dans le couloir en tentant de rassembler exactement ce qu'il a vu : Nathan est allongé et attaché sur une table, Bruno est en arrière-plan, le regard au plafond pendant que Victor semble s'affairer sur Nathan. C'est maintenant qu'il faut y aller, c'est la bonne décision, il n'y a que cette alternative, cette fois il ne peut pas se tromper.

– Mains en l'air, ne bougez plus ! crie-t-il en faisant irruption dans la pièce.

Bruno se fige mais se reprend en une fraction de seconde. Il s'accroupit derrière la table et en saisit un pied.

– Victor !! appelle-t-il.

Victor s'est déjà accroupi lui aussi et alors que la première détonation de Pierre-Antoine retentit, dans une synchronisation parfaite Victor et Bruno soulèvent deux des pieds de table où gît Nathan et la basculent pour s'offrir un bouclier de circonstance. Malgré l'anesthésiant Nathan pousse un cri en vidant ses poumons sous le choc. L'adhésif qui le saucissonne cède sur le haut de son corps, le libérant à demi et sa tête frappe le sol. La douleur vive le ramène un tant soit peu à la réalité tandis que la peau de son bras se retrousse comme un scalp, Victor n'ayant pu en terminer la découpe. Il regarde son bras libéré et se met à vomir.

— Vous êtes foutus, sortez de là ! dit Pierre-Antoine.

Victor, le Lüger déjà en main, passe la tête par le côté de la table et tire en direction de l'assaillant. Surpris, Pierre-Antoine réalise ne pas être le seul à être armé. Comment a-t-il pu être aussi négligent ? Curieusement il s'était senti tout-puissant en faisant irruption dans la pièce, comme si ça allait être facile, que c'était gagné d'avance. Dans sa tête il avait déjà le film du sang dégoulinant de la tête de Bruno. Il va falloir compter sur le flingue, sans doute le fameux Lüger. Il se jette derrière le fauteuil en cuir.

Bruno tente de jauger la situation : Pierre-Antoine est-il seul ? Quelles sont leurs chances ? Adossé à la table il regarde vers la baie vitrée par laquelle ils sont entrés : sans doute leur seule possibilité de sortir à condition de faire vite car si le capitaine est bien seul, la cavalerie est déjà très certainement en route. Mais s'ils se lèvent maintenant ils ne s'en sortiront vraisemblablement pas tous les deux. Pour le moment le Lüger tient encore l'ennemi en respect.

— Laissez tomber vous ne pouvez pas vous en tirer, dit Pierre-Antoine, assez de conneries, vous avez fait suffisamment de dégâts !

Victor passe la tête et le Lüger une nouvelle fois sur le côté de la table et tire au juger vers la voix… mais un simple clic remplace la détonation attendue. Encore enraillé ? C'est étrange, il doit vraiment avoir une pièce faussée car après Sasha je l'ai entièrement démonté et huilé. C'est vrai qu'il n'est pas tout jeune le pistolet de grand-père. Bon, il va falloir encore le démonter et vérifier tout cela. Il regarde l'arme et s'interroge sur les motivations de l'homme qui a choisi ce motif sur la crosse.

Bruno regarde Victor et se demande pourquoi il n'a pas tiré. Étrangement il se sent grisé. Il se revoit sur la plage dans le blockhaus de la Pointe Saint-Gildas enfant, à bander en s'imaginant être assailli par les boches et à les arroser avec une sulfateuse imaginaire en criant des « Tatatata » à s'en faire mal à la gorge. Aujourd'hui il est réellement en guerre, avec son fils, sur les traces de son héros de père, avec la même arme, à tenir tête aux boches. Il sourit, il se sent bien. Si tout s'arrête après tout, ce sera surement un bien pour tout le monde. Mais il fera ce qu'il faut pour au moins essayer de sauver son fils, reste à savoir comment. Il regarde à nouveau Victor qui s'affaire sur le petit sac qu'il avait sur le dos depuis le début. Une décharge d'excitation supplémentaire le traverse en voyant Victor retirer du sac un objet qu'il n'a pas vu depuis très longtemps : la grenade à manche allemande trouvée par son père sur la dépouille de l'officier en quarante-quatre ! Il l'avait tenue lui aussi dans la main, fasciné, avant de la remettre dans la vieille boite dénichée dans le capharnaüm de la cave. Il s'était alors senti si fier d'avoir sous les yeux les preuves que son père était bel et bien un héros de guerre. L'histoire est étrange et tout a certainement un sens. Aujourd'hui la vieille grenade à manche va jouer le rôle pour lequel elle a été fabriquée, et ceci pour sauver le fils et le petit-fils de celui qui en est devenu propriétaire, voilà soixante-dix ans. Bon, évidemment, si elle est toujours en état de fonctionner...

— Victor ! tu dévisses le manche et tu la jettes ! dit Bruno en mimant le geste, et après...

Il montre la baie vitrée du doigt. Victor n'a pas besoin de cours sur la question, il a tout étudié et il en connaît un rayon sur les « presse-purée » allemandes, et même si tout reste théorique il sait comment manipuler l'engin. Dos à la table il dévisse l'embout du manche, libère la cordelette, tire un coup sec et balance la grenade par-dessus la table en direction de Pierre-Antoine. La grenade virevolte en un vol majestueux, on percevrait presque les « wouf wouf » de sa rotation. Mais elle heurte l'imposant abat-jour de la pièce, interrompant par là même l'élégante ellipse de sa course. Elle retombe alors dans un bruit sourd sur la moquette au niveau de la tête de Nathan. Il faut à ce dernier environ une seconde trente pour capter de quoi il s'agit. Il a vu suffisamment de films de guerre pour n'avoir aucun doute, aussi incongru soit-il d'avoir une grenade allemande sur le sol de son salon. Il tend son bras droit, saisit le manche, et dans un effort purement réflexe de survie tente de jeter la grenade par-dessus la table. La grenade quitte la main de Nathan à « heure-d'armement » plus quatre secondes et demie.

5

12 janvier 2015

— Ça n'est pas sérieux capitaine, dit Marie-Claude en voyant Pierre-Antoine porter la main à la tête de sa main libre, l'autre posée sur le volant de la R16. Vous n'auriez pas dû partir comme ça.

— Ça va aller ne vous inquiétez pas.

Pierre-Antoine avait quitté l'hôpital de son propre chef sans rien dire à personne dès l'appel du légiste à 7h15. De toute façon il n'avait pas la moindre envie de moisir dans son lit d'hosto en attendant la suite. Il était passé prendre Marie-Claude sur le chemin avant d'aller au frigo.

— Alors de quoi s'agit-il ? demande Marie-Claude.

— Je n'en sais rien, il n'a pas voulu me dire. Il a juste dit de faire au plus vite, qu'on n'en croirait pas nos yeux. J'ai insisté mais il n'a rien dit.

— J'aurais pu y aller seule, vous devriez être à vous reposer, franchement.

Pierre-Antoine a été blessé dans l'explosion : un éclat de grenade dans l'épaule et un autre à la tête au-dessus de l'œil, c'était pas passé loin. L'imposant fauteuil l'avait protégé mais à peine suffisamment. Nathan, lui, avait aussi eu de la chance, la grenade était bien passée par-dessus la table avant d'exploser l'instant d'après, et ladite table l'avait totalement protégé.

— Vous n'avez pas de feu par hasard, demande Pierre-Antoine, une cigarette fichée au coin du bec.

— Non, désolée, je ne fume toujours pas...

— Il serait bien qu'un de ces jours vous me rendiez mon allume-cigare, ça peut servir, dit-il en esquissant un sourire.

Marie-Claude rougit jusqu'aux oreilles.

– Votre allume-cigare, je ne comprends pas, bredouille-t-elle

– Et mon briquet aussi j'y tiens... Et vous me ferez le plaisir d'aller voir un psy pour vous soigner, sourit-il.

Marie-Claude se tait, honteuse. Elle sent malgré la raillerie un étrange changement chez Pierre-Antoine, comme si la chape de haine dans laquelle il était engoncé s'était désagrégée. Il semble calme et posé contrairement à ce qu'elle a pu observer jusqu'alors. Pourtant après les évènements d'hier elle s'attendait à le trouver au moins fidèle à lui-même. À l'annonce du flash info Pierre-Antoine tend la main pour monter le volume :

«... nous confirmons la mort du dangereux criminel Bruno Canif dans une explosion au domicile de Nathan Sergent dans lequel il était entré en compagnie de son fils hier en fin d'après-midi. Celui-ci l'avait aidé dans son évasion spectaculaire dans l'église de Dol-le-Chétif qui a fait je vous le rappelle deux morts et deux blessés plus tôt dans la journée. Les deux hommes se sont alors enfuis au nez et à la barbe des forces de police qui accompagnaient le captif à l'enterrement de sa propre mère. Ils auraient emprunté un souterrain pour se volatiliser. Nous n'avons pas encore tous les détails de ce qui s'est passé au domicile de Nathan Sergent mais il semblerait que le capitaine de police De Kerimel soit allé les débusquer, à priori seul. D'après nos sources ils seraient tous les deux blessés. Nous en saurons davantage tout à l'heure lors de l'allocution du ministre de l'Intérieur qui doit s'exprimer sur le sujet. Tout ceci pourrait par ailleurs être lié à l'explosion meurtrière chez le hacker surnommé « Chuck » samedi dernier. Ce qui nous amène avec une transition toute trouvée aux conséquences de l'intrusion informatique dans les systèmes boursiers européens par ce même pirate : la panique règne toujours et les places boursières sont sur le point de suspendre la cotation dans une partie des pays de l'UE. Il aurait été détecté des ponctions financières infimes sur certaines opérations. Il est pour le moment impossible de savoir pourquoi et vers qui sont détournés ces fonds. On estime déjà la fuite à des millions d'euros et la crainte des experts se focalise sur les possibilités de mutation du virus, ce qui risque de compliquer la...»

Pierre-Antoine éteint la radio.

– Je sens que ça va être ma fête, dit Pierre-Antoine. Remarquez, c'était déjà fichu hier alors perdu pour perdu...

– Ne dites pas ça, vous avez sauvé Nathan.

– Oh ça ? Ça ne suffira pas. Je suis foutu avec l'église et tout le tintouin. Mais vous savez quoi Marie-Claude ? Je m'en tape complètement. C'est fini c'est tout. Ma carrière est morte mais ça ne me fait rien. Et mieux que ça : je me sens presque bien !

« Marie-Claude », elle n'en revient pas, décidemment il n'est pas dans son état normal... Ou alors, pense-t-elle, il l'est enfin. Bruno Canif est mort et peut-être emporte-t-il avec lui les souffrances du capitaine. La R16 se gare sur le parking du frigo et le légiste ouvre la porte pour les accueillir avant même qu'ils ne frappent. Il devait guetter leur arrivée. Il allume une cigarette sous le porche. Pierre-Antoine est à deux doigts de lui demander du feu mais préfère entrer dans le vif du sujet :

– Salut, dit-il en lui serrant la main, alors que me vaut cet appel mystérieux aux aurores ?

– Eh bien, ça a l'air d'aller, tu ne t'en sors pas trop mal, répond le légiste en regardant le pansement sur le front du capitaine et en ignorant totalement Marie-Claude. C'est pas le cas de notre Canif, on dirait une passoire. Il a tout mangé ou presque.

– Comment tu expliques que Victor ait pu s'enfuir si son père est criblé d'éclats ?

— Oh je pense que son père s'est jeté sur lui pour le protéger ou un truc comme ça, tu sais la nature, l'instinct, la paternité quoi, continue-t-il en écrasant de ses doigts le bout de sa cigarette pour l'enfouir ensuite dans la poche de sa blouse. Être père ça rend marteau, c'est pour ça que j'ai toujours voulu garder la tête froide, pas de marmot chez moi, niet !

Marie-Claude pense plutôt qu'il n'a vraisemblablement jamais pu trouver de moitié consentante pour procréer... et peut-être même jamais de partenaire gratuite ne serait-ce que pour s'entrainer. Après avoir traversé un petit hall et un couloir le légiste les fait entrer dans le proprement-dit frigo où une dizaine de tiroirs à cadavres sont fermés à l'exception d'un seul à demi ouvert. L'occupant est vraisemblablement présentement allongé sur la table d'autopsie. Pierre-Antoine regarde la dépouille de la personne qu'il haïssait le plus au monde et se sent serein malgré quelques vertiges dus soit au choc de la scène d'hier, soit à l'explosion qui a pu endommager son sens de l'équilibre.

— Alors quoi ? Oui il y a quelques blessures mais je m'attendais à pire que ça d'après ce que tu viens de me dire.

— Ah non mais là il est ventre en l'air, si on le retourne tu vas voir qu'il en a une bonne cinquantaine dans le dos. Les bouts de ferraille ont pénétré partout. Toi t'as eu du pot, dans le crâne ça n'a pas pu traverser même si ça a au pire fait un impact dans l'os. Mais pour lui ça a perforé ses entrailles et ses poumons. C'est dingue qu'un engin comme ça, aussi vieux, puisse encore fonctionner aussi bien. Y'a pas à dire, nos anciens savaient y faire. Tiens regarde aujourd'hui, t'achètes une machine à laver et elle te claque dans les doigts dès la fin de la garantie. Bah les vieux boches eux, ils ont fait des grenades qui tiennent soixante-dix ans même si je pense qu'elle a perdu un peu de sa puissance, et heureusement pour toi d'ailleurs.

— Bon effectivement il a bien dégusté, dit Pierre-Antoine en s'approchant et en regardant le visage de Bruno. Bon eh bien merci d'avoir pensé à nous faire voir ça, mais bon, je m'en doutais un peu.

— Non mais attends, ne partez pas, dit le légiste avec un grand sourire, tu penses bien que je ne t'aurais pas sorti du lit pour ça, il y a mieux.

— Comment ça ?

— Eh bien tu vois ce bon monsieur Canif à poil sur la table ?

— Euh oui…

— Ça n'est pas moi qui l'ai mis là.

— Pierre-Antoine regarde le légiste sans comprendre.

— Je l'avais mis à dormir dans son lit douillet, reprend le légiste en montrant le tiroir ouvert. Et quand je suis arrivé ce matin de bonne heure pour commencer l'autopsie, il était là, sur la table.

— Comment ça il était sur la table ?

— Oui, exactement. Cette nuit, quelqu'un s'est introduit dans le frigo et a sorti le macchabée pour comment dirais-je, commencer l'autopsie avant moi, sourit-il de ses dents jaunâtres. Et ça n'est pas tout, continue-t-il, mesdames et messieurs, veuillez admirer le travail.

Le légiste est passé de l'autre côté de la table et comme au spectacle il ménage son effet en scrutant l'expression de ses spectateurs comme s'il allait réaliser le tour de magie du siècle. Il lève le bras gauche de Bruno pour le montrer à son auditoire en jubilant d'avance.

— Merde ! dit Pierre-Antoine.

Marie-Claude ne dit rien mais ouvre de grands yeux ronds : le tatouage de Bruno a été découpé comme celui de Sasha. Des coupures bien nettes balafrent le bras de

Bruno et le sang n'a pas coulé du fait même de la mort des fonctions vitales. Il manque un bout, c'est tout, et la chair est à vif sur environ dix centimètres sur huit.

– Personne n'a rien vu ou entendu ?

– Non, je ne crois pas, je suis arrivé et la porte d'entrée était ouverte, même pas forcée.

– Pas d'alarme ou de caméra ?

– Une fois j'ai demandé ça et on m'a ri au nez comme quoi personne ne viendrait piquer de la viande dans mes frigos. Alors bon j'ai pas insisté. Et puis tu sais ce que c'est hein, restrictions budgétaires et compagnie. Ça n'empêche pas ces empaffés de se faire des gueuletons aux frais des employés qui ne peuvent même pas demander de scalpel neuf. Ah moi si j'avais un scalpel du type de celui qui a découpé ce gars je serais le plus heureux des légistes. Au lieu de ça c'est tout juste si j'ai pas un opinel pour bosser…

– C'est Victor évidemment, comme pour Sasha.

– Oui ça y ressemble trait pour trait, ou entaille pour entaille, dit le légiste en riant.

– Bon sang Capitaine, Nathan était avec vous à l'hôpital ? demande Marie-Claude affolée.

– Oui, en tout cas il y était hier soir, je ne l'ai pas vu mais c'est ce qu'on m'a dit. Il était sonné mais à priori aucune blessure due à la grenade et si Victor et Bruno en avaient après son tatouage, il n'ont pas eu le temps de finir le boulot, il l'a toujours, même s'ils ont surement dû le recoudre.

– J'appelle l'hôpital et le bureau pour le mettre sous protection maximale.

– Oui allons-y, dit Pierre-Antoine en prenant subrepticement le briquet que le légiste a posé sur la petite desserte métallique près de la table. Il lance un clin d'œil à Marie-Claude qui lui rend malgré elle un petit sourire.

6

09 février 2015

Nathan est au Guatemala depuis maintenant deux jours et pas encore de trace de Taïga. Ça n'est pas grave, il a tout son temps. Plus aucune obligation, plus de stress si on omet le fait qu'il a toujours cette épée de Damoclès de Sida au-dessus de la tête. Le dépistage a été négatif mais le délai est encore incertain et il faudra confirmer. Il a eu le temps de réfléchir à l'hôpital et il a conclu que le mieux à faire pour lui est de retrouver Taïga, pour changer de vie, pour croire enfin en quelque chose, pour tenter de donner une réalité et une solidité à un potentiel avenir affectif et cesser cette errance sur les planches de son radeau perdu. Il avait donc préparé sa valise, bien décidé à oublier toute cette histoire. Les affaires de méduses sont maintenant derrière lui, et son leitmotiv pour passer à autre chose est de chercher son amour, ici, ou ailleurs... Et s'il ne trouve pas son idéal fantasmé dans ce pays alors il reprendra ses valises et même s'il a le cœur lourd il partira sans se retourner, heureux d'avoir tout tenté pour la rencontrer, en chair et en os cette fois. Non mais quel imbécile, comment avait-il pu croire qu'elle viendrait de si loin pour lui, comment avait-il pu marcher et continuer à deviser sur internet avec Victor Canif? La vie réserve tellement de pièges qu'on ne se méfie malheureusement pas de tout. Et quand l'espoir imprégné d'amour nous habite, on est prêt à croire n'importe quoi... de la part de n'importe qui. Il regarde la méduse verte tatouée recousue à l'intérieur de son bras nu et une fois encore les sentiments les plus divers l'assaillent. Il est parfaitement conscient du temps nécessaire pour être guéri de tout ça. Bruno est mort.

Certes il était devenu fou, du moins c'est ce qu'il pense, mais leur amitié n'avait pas été feinte, il se refuse à le croire. Jamais il n'avait été si proche de quelqu'un et ils s'étaient épaulés à maintes reprises. Avoir cédé aux avances de Sasha avait mis fin à cette belle amitié mais il avait cru que c'était derrière pour Bruno, et il avait cru en son pardon. Mais après tout, Sasha n'appartenait à personne, pas même à son mari alors... Comme souvent, la tristesse ressentie en pensant à Bruno se meut en colère. De quel droit s'était-il octroyé cette sensation d'exclusivité avec Sasha ? Elle était libre de faire ce qu'elle voulait non ? Bruno n'était pas plus légitime que lui-même pour profiter de ses faveurs ! Certes les sentiments éprouvés pour elle n'étaient pas les mêmes et alors ? Chacun fait ce qu'il peut dans la vie, chacun a ses raisons, bonnes ou mauvaises. On ne peut jamais connaitre les conséquences de ses actes, et s'il avait su que ça puisse coûter la vie de Sasha (et de Bruno) il se serait abstenu... enfin il le croit. Et merde, pourquoi culpabiliser, il n'est quand même pas responsable des actes commis par son ancien ami, si ? Les yeux toujours posés sur sa méduse et les points de suture sur les trois quarts de son pourtour, Nathan se demande s'ils n'auraient pas mieux fait de mettre ce morceau de peau à la poubelle plutôt que de lui infliger le fait d'avoir à porter ce dessin toute sa vie. Enfin bon, il est vivant, il s'en sort plutôt bien physiquement parlant. Il n'a plus qu'à avancer et essayer d'enterrer tout ça pour le côté psychologique. Pour la méduse, il verra plus tard, il existe des moyens d'effacer les tatouages.

Il a déjà visité trois haras au sud de Guatemala City. D'après leurs échanges Taïga doit travailler dans cette zone, vers le volcan Pacaya. Bon évidemment ce n'est pas très précis mais il va tous les faire, et si ses recherches sont infructueuses il élargira un peu la zone, dans la limite du raisonnable, si tant est que ce le soit déjà d'être ici. Il y passera le temps qu'il juge nécessaire, il n'est à cours ni de temps ni d'argent, et sa raison de vivre aujourd'hui réside dans l'existence hypothétique de cette Taïga, alors...

Aujourd'hui sur le marché de Santa Catarina Pinula au sud de la ville, il découvre avec délectation les produits locaux. Les fruits, succulents et odorants, les légumes et autres épices sur les étals multicolores réveillent ses papilles en cette fin de matinée. Le bruit de la foule bigarrée l'enveloppe dans un doux cocon rassurant et bienveillant. Ce midi ce sera du kaq'ik, la fille de l'étal est trop jolie pour résister et son sourire illumine le stand dans un nuage au fumet délicieux. Au moment de régler, il relève la tête de son portefeuille et regarde derrière la fille, vers l'allée juste derrière. Son sang se fige. Il ne rêve pas, c'est Victor qui le regarde, là, droit dans les yeux, les mains dans les poches de sa veste. Impossible, impensable, et pourtant c'est lui, il ne peut pas se tromper. Paniqué, Nathan tourne la tête pour chercher un appui ou un représentant de l'ordre. Les évènements du mois dernier lui reviennent en mémoire dans un indescriptible chaos. Il n'a plus d'autre idée que de chercher de l'air et de l'aide. Il tente d'appeler sans y parvenir. Il retourne les yeux vers l'apparition, mais Victor a disparu.

FIN

LA VALSE DES MEDUSES

Victor redescend tout au fond
Il dit bonjour aux demoiselles
Voudriez-vous d'autre plancton
Il en a plein son escarcelle

Victor danse au fond de l'eau
Un pas chez Red, un pas chez Blue
Remonte vite sur ton bateau
Avant que Green ne soit jaloux

Il rêve au fond de l'aquarium
Les cheveux en apesanteur
Tourne et tourne petit homme
Dans le silence tu n'as plus peur

Et l'une ne va jamais sans l'autre
Green est Blue et Blue est Red
Et si l'une devait s'échapper
Victor irait la rattraper

Victoire

Sommaire

Dépôt légal janvier 2022

Librinova
www.librinova.com

www.ingramcontent.com/pod-product-compliance
Lightning Source LLC
LaVergne TN
LVHW100134061126
851857LV00010B/81